黑河生态水量调度优化研究

刘　钢　董国涛　范正军　等著

黄河水利出版社
·郑州·

内 容 提 要

本书以水资源矛盾突出的黑河流域为研究区，系统梳理了黑河干流现行水量分配方案的编制背景及实施情况，总结了黑河干流水量调度实施的经验与存在问题，分析了影响干流水量调度的控制要素及关键指标，研究了绿洲生态演化规律及驱动机制，探索黑河干流水量调度的优化方法，提出水量调度优化建议。

本书可供水利、农业、环保等部门的工程技术人员和政府决策部门的行政管理人员借鉴，也可供相关专业大中专院校师生参阅。

图书在版编目（CIP）数据

黑河生态水量调度优化研究/刘钢等著.—郑州：黄河水利出版社，2018.12

ISBN 978-7-5509-2227-3

Ⅰ.①黑… Ⅱ.①刘… Ⅲ.①黑河-流域-水资源管理-研究 Ⅳ.①TV213.4

中国版本图书馆 CIP 数据核字（2018）第 291589 号

出 版 社：黄河水利出版社　　网址：www.yrcp.com

地址：河南省郑州市顺河路黄委会综合楼 14 层　邮政编码：450003

发行单位：黄河水利出版社

发行部电话：0371-66026940、66020550、66028024、66022620（传真）

E-mail：hhslcbs@126.com

承印单位：河南瑞之光印刷股份有限公司

开本：710 mm×1 000 mm　1/16

印张：17.25

字数：247 千字　　印数：1—1 000

版次：2018 年 12 月第 1 版　　印次：2018 年 12 月第 1 次印刷

定价：88.00 元

前　言

黑河发源于祁连山北麓,流经青海、甘肃、内蒙古三省(区),流域面积14.3万 km^2,干流全长928 km,是流域内人与自然和谐相处的重要纽带。自20世纪中叶起,水资源无序开发利用,水资源供需矛盾加剧,致使下游来水量减少,生态环境恶化,尾闾西居延海、东居延海分别于1961年、1992年干涸,额济纳地区逐渐成为沙尘暴的策源地之一。

针对日益严峻的形势,国务院决策实施黑河水量统一调度。经过多年的生态水量调度探索与实践,有效缓解了流域水事矛盾,初步遏制了生态环境恶化趋势,局部生态环境得到明显改善。近年来,流域经济社会迅速发展,黑河来用水条件也在不断发生变化,为积极应对生态水量调度面临的困难和挑战,增强适应变化的主动性,全面提升流域生态水量调度成效,逐步构建与水资源承载力相适应的流域生态—经济用水模式,促进流域经济社会可持续发展和生态环境可持续改善,黑河流域管理局组织开展了黑河生态水量调度优化研究工作。在总结梳理生态水量调度经验的基础上,采用资料收集、现场调查、理论分析及模型模拟等方法,利用遥感、GIS、数学模型等手段,分析现行水量调度方案的合理性和适应性,通过构建中下游水资源配置模型,提出了生态水量调度优化建议方案,为流域水资源调度和管理提供科技支撑。

本书分为八章。第一章介绍黑河流域概况及研究技术路线;第二章梳理黑河流域用水管理历史沿革和水量分配方案形成过程;第三章分析现状黑河分水方案的合理性;第四章评价变化条件下分水方案的适应性;第五章研究影响水量调度的控制要素和关键指标,构建中下游水资源配置模型并计算正义峡断面可控下泄水量;第六章研究生态演化驱动机制以及下游生态需水;第七章提出生态水量调度曲线优化控制阈值及不同情景下调度方案;第八章总结研究成果。

本书由刘钢总体策划，董国涛负责统稿，董国涛、廉耀康负责主要图件的绘制。具体撰写人员及分工如下：前言、第一章和第八章由董国涛撰写；第二章由柳小龙撰写；第三章由杜得彦撰写；第四章第一节和第三节由李凯撰写；第四章第二节由畅祥生撰写；第五章和第六章第三节由鲁学纲撰写；第六章第一节和第二节由范正军撰写；第七章由廉耀康撰写。本书在撰写过程中，得到了多位专家、领导和同行的鼎力支持和帮助，在此一并表示衷心的感谢。

由于作者水平有限，加之时间紧迫，书中难免存在疏漏和不当之处，恳请读者批评指正。

编　者

2018年11月

目　录

第一章 绪 论

第一节 流域概况

黑河是我国西北地区第二大内陆河,古名弱水。黑河流域是西北干旱区的重要内陆河流域之一(见图1-1),地理位置介于97.1°E~102.0°E和37.7°N~42.7°N。流域东起山丹县境内的大黄山,与石羊河流域接壤;西以嘉峪关境内的黑山为界,与疏勒河流域毗邻;南起祁连县境内的南北分水岭;北至额济纳旗境内的居延海,与蒙古国接壤。黑河流域涉及青海、甘肃、内蒙古三省(自治区),流域国土总面积约14.3万km^2,有35条小支流。随着用水的不断增加,部分支流已与干流失去地表水力联系,形成了东、中、西三个独立的子水系。东部子水系即黑河干流水系,包括黑河干流、梨园河及20多条沿山小支流,面积约11.6万km^2。

黑河干流全长928 km,出山口莺落峡水文断面以上为上游,河道长313 km,面积1.0万km^2,是黑河流域的产流区;莺落峡水文断面至正义峡水文断面为中游,河道长204 km,面积2.56万km^2,是黑河流域的径流耗用区;正义峡水文断面以下为下游,河道长411 km,面积8.04万km^2,除河流沿岸和居延三角洲外,大部分为沙漠戈壁,属极端干旱区,是黑河流域的径流消散区。

黑河发源于南部祁连山区,分东西两支:东支为干流,上游分东西两岔,东岔俄博河又称八宝河,源于俄博滩东的锦阳岭,自东向西流长80余km;西岔野牛沟,源于铁里干山,由西向东流长190余km,东西两岔汇于黄藏寺折向北流称为甘州河,流程90 km至莺落峡进入走廊平原,始称黑河。西支源于陶勒寺,上游称讨赖河,也有东西两岔,于朱龙庙附近汇合,称北大河(或临水河)。黑河从莺落峡进入河西走廊,于张掖市城西北10 km附近,

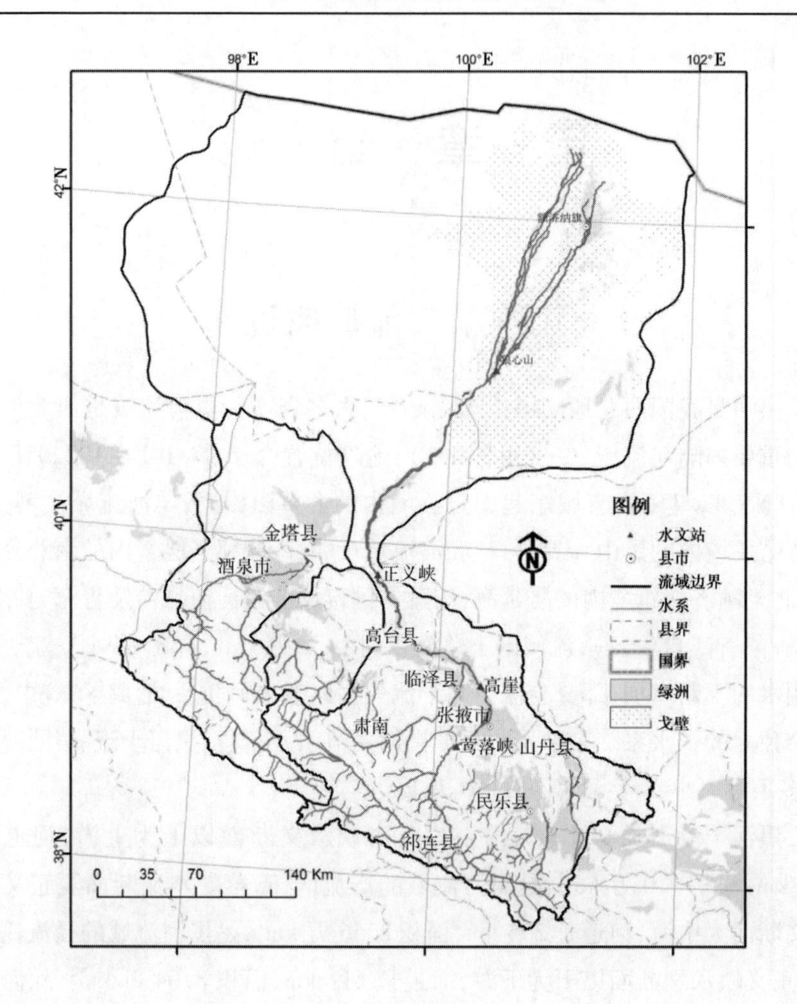

图 1-1　黑河流域

纳山丹河、洪水河,流向西北,经临泽县、高台县汇梨园河、摆浪河后穿越正义峡(北山),进入阿拉善平原。莺落峡至正义峡流程 204 km,河床平均比降 2‰,为黑河(干流)的中游。黑河流经正义峡谷后,在甘肃省金塔县境内的鼎新镇与北大河汇合,北流 150 km 至内蒙古自治区额济纳旗境内的狼心山西麓,又分为东西两河,东河(达西敖包河)向北分八条支流(纳林河、保都格河、昂茨河等)呈扇形注入东居延海(索果淖尔);西河(穆林河)向北分五条支流(龚子河、科立杜河、马蹄格格河等)注入西居延海(嘎顺淖尔)。

黑河中游的张掖地区，地处古丝绸之路、今欧亚大陆桥和“一带一路”之要地，农牧业开发历史悠久，享有“金张掖”之美誉；下游额济纳旗的边境线长达507 km，区内有我国重要的国防科研基地和额济纳三角洲，后者既是阻挡风沙侵袭、保护生态的天然屏障，也是当地人民生息繁衍、国防科研和边防建设的重要依托。黑河流域生态系统保护与建设是西部大开发的重要内容，关系着流域经济社会发展、居民生存环境乃至整个西北、华北地区生态系统的保护和改善，事关国防巩固、民族团结、社会安定的大局，战略地位十分重要。

黑河流域是典型的资源型缺水区域，加上历来缺乏水资源的统一管理，导致开发失度、用水失序、生态失衡，中、下游水资源供需矛盾突出。在20世纪60～90年代，随着中游人口的增加和对绿洲的大规模开发，加之大量兴修水利工程，用水量迅速增加，使进入下游的水量逐渐减少，由50年代初的11.6亿 m^3减少到90年代后期的7.3亿 m^3，由于下游上段用水户的拦截利用，实际进入额济纳绿洲的水量仅有3.0亿 m^3。进入额济纳绿洲水量的锐减直接造成河道断流加剧、湖泊干涸、地下水位下降、水质矿化度明显升高、天然林草覆盖率大幅度降低，土地荒漠化和沙漠化迅速蔓延，使这个地区成为我国沙尘暴的重要策源地之一，已经影响到北方广大地区生态环境，给实施西部大开发战略、加强国防科研和稳固边疆带来负面影响。流域内省（自治区）之间、省（自治区）内上下游之间用水矛盾突出，水事纠纷时常发生。

黑河流域水资源供需严重失衡、生态系统恶化局面和突出的水事矛盾引起了党和国家的高度重视，要求加强水资源统一管理和调度。中央机构编制委员会办公室于1999年1月批准成立黑河流域管理局，隶属黄河水利委员会，负责黑河水资源统一管理和调度。2000年1月，黑河流域管理局在兰州市正式挂牌，当年即组织实施黑河干流水量统一调度。2001年2月，国务院第94次总理办公会议专门研究黑河治理问题，同年8月，国务院批复了《黑河流域近期治理规划》。在水利部和黄河水利委员会的领导下，在流域各方的共同努力下，黑河干流水量统一调度得以顺利实施。

黑河干流实施水量统一调度以来,促进中游调整经济结构和农业种植结构,提高水资源利用效率,加快节水型社会建设,使进入下游绿洲的水量明显增加,缓解了流域生态环境恶化的趋势,流域生活、生产、生态用水初步得到较为合理的配置。黑河调水实践证明,黑河生态环境恢复和改善将是一个长期而艰巨的过程。一方面,流域资源型缺水的基本特性并未改变;另一方面,在社会发展的大背景下,流域用水规模和现状来水条件不相适应。按照“九七分水方案”,正义峡断面下泄水量与下泄指标尚存在一定的差距。特别是自2005年以来,上游来水连年偏丰,黑河连年都属丰水年份,但每年分给下游的水量与下泄指标都有差距,正义峡断面2005~2014年年均下泄水量与下泄指标差2.09亿m^3。正义峡断面下泄水量欠账的原因除缺乏黄藏寺等骨干水利调蓄工程、中游耗水量增加等影响因素外,水量分配方案的不适应是主要因素之一。现行分水方案确实存在越是丰水年份,完成分水指标越困难的技术特点,加大了流域机构水量调度协调工作的难度。

近几年来,流域内讨论黑河年、月水量调度工作时,现行分水方案优化和欠账偿还问题是甘肃、内蒙古两省(自治区)争论的焦点。下游用水户对水量调度的过程控制也提出了更高的要求,用水需求的时机和时间都有所扩展。每逢全国“两会”期间,人大代表、政协委员围绕现行分水方案调整和正义峡断面下泄水量欠账偿还问题提出多个建议和提案,要求解决相关问题。因此,分析中游用水规模和下游生态需水情况,开展黑河生态水量调度优化研究,就成为黑河流域水资源统一管理的重要议题。时任水利部副部长胡四一在黄河水利委员会上报的《关于当前黑河水量调度情况的报告》中对黑河生态水量调度优化工作进行了批示,要求尽快开展相关研究工作。

第二节 研究内容

通过分析现行黑河干流水量分配方案的编制背景及实施情况,总结评价现行黑河干流水量分配方案及调度实施的经验与问题;根据近年流域基本情势变化，研究影响水量调度实施的主要因素；针对当前水量调度实际，进一步研究下游绿洲需水量及需水过程；在分析中游地区灌溉需求的基础上，确定正义峡断面各时段下泄水量指标；综合现状条件下正义峡断面水量可控下泄量与下游水量需求等因素，研究黑河干流调度曲线和调度方案的优化方法，提出水量分配方案、调度曲线优化建议。

研究内容包括以下四个方面。

一、黑河干流水量分配方案及调度实施现状评价

调查现行黑河干流水量分配方案编制的历史背景和基本过程，分析干流莺落峡断面、正义峡断面及支流梨园河的径流变化及水文频率同步响应关系，研究现行水量分配方案编制的基础条件、技术方法及演化过程，调查分析近年来水量调度实施的效果及存在的问题，结合分配方案出台后水文情势及经济社会发展变化，评价现行水量分配方案调度曲线的适应性；调查流域水文、气象、用水量需求变化及经济社会发展，研究分析“全线闭口、集中下泄”调度的数学表达，综合评价现行水量调度方案实施的效果及存在的问题。

二、黑河干流水量调度控制要素及关键指标分析

调查分析影响黑河干流水量调度的社会、经济、工程、技术、水文、气象和管理等方面的因素，分析各因素对水量调度效果的影响，提出影响水量调度的控制要素集；分析水量调度中的工程条件、调水方式及管理情景，建立中游地区地表水、地下水联合调度仿真模型；模拟分析在不同水文条件、用水条件和调水情景下的水量输送效果，综合考虑中游用水需求以及干流现状和未来工程条件，研究提出水量调度关键指标及正义峡下泄指标。

三、黑河中下游生态水文演化驱动机制及一般规律研究

补充黑河中下游的水文气象、地下水、植被、土地利用、地形地貌、遥感等有关研究成果和资料，研究流域生态景观与水文情势的响应关系；分析流域人工绿洲经济发展与天然绿洲退化萎缩的响应关系，定性提出流域社会

经济发展对水资源再分布规律和生态演化格局的影响,对比分析黑河水量统一调度前后中下游经济社会和生态环境的变化;结合气候变化及流域经济社会发展布局和情势,提出下游的植被生态保护与水量配置的分区、分级范围及相应的生态需水量。

四、黑河干流水量分配方案优化研究

在干流水量调度控制要素、关键指标分析和中下游生态水文演化驱动机制及一般规律研究的基础上,利用地表水、地下水耦合的水量调度模型,综合分析不同情境下满足中游最低用水需求和下游绿洲基本需水的水量分配方案,确定现状工程条件下调度曲线优化的控制阈值,提出黑河干流水量分配方案、调度曲线优化建议和方案,并对未来工程条件分水方案的优化提出初步建议。

第三节 国内外研究现状

流域水量分配是流域水资源管理的重要基础,是发达国家常用的流域水资源管理手段,也是我国近年来全面开展的水资源管理基础工作。

国外对流域水资源合理分配的研究起步比较早。美国的科罗拉多河流域管理成功地应用立法来开发和管理水资源,早在1922年,该流域内的7个州就签署了第一份水资源分配协议,以流域径流量控制站立佛里为界将科罗拉多河流域分为上、下两个区,并以该站年径流量为基准进行水量分配(王浩等,2006)。

进入20世纪50年代,随着计算机技术的发展,以模拟技术、规划方法为基础的水资源系统分析方法得以迅速推广和广泛应用(Mtalas N C,1969)。1979年,美国麻省理工学院(MIT)采用模拟优化技术完成了阿根廷河流域的水资源开发规划,是当时最成功的例子(李雪萍,2002);1982年,D. Pearson和P. D. Walsh(1982)利用多个水库的控制曲线,以产值最大为目标,以输水能力和预测的需求值作为约束条件,用二次规划方法对区域用水量的优化分配问题进行了研究;荷兰学者E. Romijn(1982)考虑了水

的多功能性和多种利益的关系，强调决策者和决策分析者间的合作，建立了水资源量分配问题的多层次模型，体现了水资源配置问题的多目标和层次结构的特点；1983 年，D. P. Sheer 经过长时间的努力，利用优化和模拟相结合的技术在华盛顿特区建立了城市配水系统（李雪萍，2002）；随后，R. Willis等（1987）应用线性规划方法求解了地表水、地下水的运行管理问题，地下水运动用基本方程的有限差分式表达，目标为供水费用最小或当供水不足情况下缺水损失最小。

进入 21 世纪，Qin Zhang 等（2007）以稻米生产最大化与河流取水量最小为目标，建立了随机多目标模型，形成了取水口设定和水量分配优化方案。N. Van Cauwenbergh 等（2008）针对安达拉克斯河流域水资源分配多目标问题，结合相应流域不同级别用水户要求，设计了公共参与模式，根据流域 2005 年调查数据，考虑到水价、技术等方面因素，通过决策支持系统，对 2010 年水资源配置进行了预测。M. L. Mul 等（2011）研究了坦桑尼亚南部山区农民水量分配的实践，该地区农民实行资源共享协议，在流域尺度上没有用水分享协议，只在小流域和村庄才有。研究表明，流域水量分配需要政府层面统一协商解决，而小流域和村庄可以建立相应的用水协议，协调好流域水量分配。Mehmet Kucukmehmetoglu（2012）研究了博弈论和帕累托前沿概念用于跨界水资源分配，所提出的方法是搜索一个可以接受的和可行的分水方案，通过博弈论基础的理性约束设置在帕累托前沿面，博弈论基础策略和相关约束提供了决定性的高效和有效利用所产生的帕累托边界曲面。Fi-John Chang 等（2013）针对逐渐增加的干旱事件，提出了减轻干旱影响的系统化水量分配方案，它集成系统分析功能与人工智能技术，为决策者提供建议以减轻干旱的威胁。

国内分水研究起步较晚，曹永潇等（2008）介绍了中华人民共和国成立以来黄河流域水量分配方案的发展历程，在界定水权的基础上构建黄河流域初始水权分配体系；关锋等（2009）针对塔里木河流域水量分配方案中存在的问题和不足，提出了新的水量分配方案；陈进（2011）根据长江流域特点和水量分配中存在的问题，探讨水量分配原则、方法和管理途径；石亚东等(2012)进行了太湖水量分配方案实施保障措施探讨,通过建立并完善太湖水资源预报和监控系统,为太湖水量分配方案的顺利实施奠定坚实的基础;郑宝滨(2012)对黑龙江流域水量分配原则、方法及实施进行了探析。

在黑河分水方案研究方面,张永贵等(2008)根据7年调水实践,针对黑河“九七分水方案”存在的弊端,提出了丰、枯水年份分水方案的修正意见。柳小龙等(2012)通过分析黑河12年水量调度实践,阐述了黑河干流调水方案以及分水关系曲线中存在的问题和不足,并对现行调度方案的影响进行了分析,提出了修改意见和建议。可以看出,目前对黑河分水方案的研究还比较少。

水资源系统的复杂性,要求我们认知系统的表现和规律必须从人文和自然结合的角度出发,从国内外研究的理论方法上来讲,采用生态—水文—经济耦合模型方法分析流域演变与调控管理策略,已经成为发展的趋势和研究热点,在我国被广泛称为“自然—人工二元系统”。随着人们对问题认识的深入以及计算能力和计算方法的进步,生态—水文—经济的整体模型技术得到了广泛的研究和应用。Cai(2003)提出了一个流域水文—农业—经济整体模型,用于分析流域的长期和短期的用水效率,并且在非线性解法问题上提出了新的方法,应用于Syr Darya流域。赵建世等(2004)提出了水文—经济—生态—制度的整体分析模型方法,并在黄河流域进行了应用分析。

黑河流域的水资源配置模型及其研究近些年也有不小进展。在黑河水文模型上,一些学者在山区建立分布式水文模型对黑河流域的产流进行了研究。如黄清华、张万昌(2004)利用改进的SWAT分布式模型,陈仁升等(2004)利用内陆河流域分布式水文模型,分别对黑河干流山区流域出山径流进行了模拟,识别出影响模型模拟精度的关键因子;在平原区水文模型以地表水和地下水的交互作用和相互转化为特征,聂振龙等(2005)通过分析黑河干流地表水与地下水的水化学特征,识别了干流不同地带地表水、地下水的相互转化关系,李福生等(2008)基于地下水数值计算的黑河中游地表水、地下水转化及配置模型,模拟其转化规律和水资源配置问题,钱云平等

(2005)利用同位素研究了黑河中游地表水和地下水的相互转换关系。

土地利用涉及改变土地生物物理属性的方式以及这种改变的意图或目的,可以理解为人类为满足自身各种需求而对土地使用的行为过程;土地覆盖是地球陆地表层和近地表层的生物物理状态(覆盖状况),由自然形成或人类活动引起,或由两者共同作用形成(Turner 等,1995;陈佑启和杨鹏,2001)。土地利用导致了土地覆盖的改变,是其变化的外在驱动力,而土地覆盖的改变又会对土地利用的方式产生影响,两者相互作用、互为因果,共同构成了土地生态系统的双重属性(李昭阳,2006)。

土地利用/土地覆盖变化研究是一个跨学科的综合课题,旨在提高对土地利用/土地覆盖变化动态的理解与预测。其最根本的目标在于提高对区域性土地利用与土地覆盖之间相互作用(尤其是通过模型方法得到的结果)的理解与认识并从中获取新的认知,而更为明确的目标则是改善并发展用以回顾和预测土地利用/土地覆盖变化的方法(Lambin 等,1999)。

土地利用/土地覆盖变化研究涉及范围十分广泛(Lambin 等,1999),有很多国际项目针对不同研究地区或围绕不同研究目的而展开。具有代表性的包括:LU/GEC 项目旨在提出东亚可持续的土地利用方式(张新时等,1997);CLUE 模型以拉丁美洲和东亚地区为主要研究对象,综合考虑生物物理和人类因素驱动机制下土地利用的时空变化(Veldkamp 和 Fresco,1996);IMPEL 项目综合了物理和社会经济模型以评价气候变化对欧洲土地利用系统的影响(Rounsevell 等,1997);IISAS - LUC 项目则针对欧洲和北亚的土地利用/土地覆盖变化情况进行模拟(Stolbovoi 等,1997)等。在学术及应用研究方面,Herzog 等(2001)利用 FRAGSTATS 软件计算了德国东部 Saxony 地区土地景观格局的相关指标(斑块数量、形状、多样性、配置结构等),用于评价土地退化和复原过程。Lambin 等(2001)基于案例研究揭示了土地利用和土地覆盖变化的主要驱动机制(人类对经济机会的响应)。Maldonado 等(2002)基于主成分分析研究了巴西半干旱地区的土地利用动态变化。

目前国际上关于土地利用/土地覆盖变化的研究方兴未艾,对我国的相关研究也有重要参考价值。从20世纪90年代后期开始,我国土地利用/土地覆盖变化研究主要涉及的领域包括:利用遥感数据和地面测量数据(地形图、土地利用调查图等)对土地利用/土地覆盖变化进行监测,利用GIS和景观格局分析软件(如FRAGSTATS)对时空变化特征进行分析,利用回归分析等方法对变化驱动机制进行探讨以及关于变化的建模分析等。基于遥感影像分类、土地利用数据比较等方法,有学者对国内不同地区土地利用类型的时空分布和变化特征开展研究,并对变化机制进行分析(史培军等,2000;朱会义等,2001)。针对覆盖全国的土地利用/土地覆盖变化,有学者结合RS和GIS技术以及相关数据产品对中国的土地利用类型变化、城市化进程以及耕地的时空变化特征展开分析研究(Tian等,2005;刘纪远等,2003)。另外,通过引入生态景观学的相关概念和计算指标,有学者从斑块类型水平和景观水平分析不同时期土地利用空间格局的演变特征(Yue等,2003)。从研究范围来看,局地区域、干支流域和全国范围均有涉及;从研究时段来看,多是对两个时间断面的变化进行对比。

20世纪90年代以来,生态水文学迅速发展并逐渐成为相对独立的学科。1992年,在Dublin国际水与环境大会上正式提出生态水文学(eco-hydrology)概念。1996年9月,在法国召开的"小流域生态水文学过程"研讨会,以生态水文过程为主题。1997年,国际水文计划(IHP)出版了专集:生态水文学—水生资源可持续利用的新范例;国际水文计划(IHP)第五阶段研究计划主要研究方向是"脆弱环境中的水文水资源开发",把生态水文学列为核心研究内容;国际水文计划(IHP)第六阶段(IHP-Ⅵ,2002~2007)计划中明确指出陆地生境水文学是生态水文学核心内容;国际水文计划(IHP)第七阶段(IHP-Ⅶ,2008~2013)计划的主题之一是生态水文学与环境可持续性。由此可见,生态水文学作为IHP的核心内容之一,得到了迅速发展,成为水文学家和生态学家的研究热点。

生态水文学是揭示生态系统中生态格局和生态过程中水文学机制的科学(夏军,2003)。Zalewski(2000)认为生态水文学是在流域尺度上研究水文和生物相互功能关系的科学,同时指出气候、地形、植被群落和动态、人类活动4个因素决定了环境中水的动态变化。而 Rodriguez(2000)认为生态水文学是在生态模式和生态过程的基础上,寻求水文机制的科学。土壤水是时空尺度内连接气候变化和植被动态的关键因子,植物是生态水文学的核心内容。与 Rodriguez 的概念和观点基本一致,Nuttle(2002)认为生态水文学是生态学和水文学的亚学科,主要研究的是水文过程对生态系统配置、结构和动态的影响,以及生物过程对水循环要素的影响。我国学者夏军(2003)则认为生态水文学主要研究水文过程对生态系统结构、分布、格局、生长状况的影响,同时研究生态系统(生态系统中植被类型、格局、配置等)变化对水文循环的影响。

生态水文过程研究是生态水文学的一个重要研究方向,随着研究的深入,生态学家越来越认识到水文过程在生态系统中的重要性。目前,国内外已经开展了多种生态系统类型条件下的生态水文过程研究。Baird 和 Wilby(1999)对包括干旱区、湿地、森林、河流和湖泊等生态系统的生态水文学过程进行研究。对森林生态系统深入的定量研究始于20世纪90年代。在国外,Eagleson(2002)进行了森林生态水文过程的研究;我国学者也从不同角度对森林生态系统的生态水文过程进行了研究(王金叶,2008)。在湿地生态系统的研究方面,Bragg(1991)研究了湿地生态水文过程;Jansen(1993)等用模型方法研究平坦湿地的生态水文过程;我国学者以松辽流域为对象,对其主要湿地生态水文结构及生态需水进行分析计算(王立群,2008)。在荒漠生态系统中对生态水文过程的研究,包括定性与定量分析、短期与长期调查观测以及生态水文过程模拟,主要集中在影响因素(如植被类型、降水、蒸散发、土壤水分、土壤性质等)对它的贡献大小的研究,很多学者在这方面也取得了相应的成果。

在黑河流域,关于生态水文的研究也比较多,王根绪、程国栋(1998)对近50年来黑河流域水文及生态环境的变化特征和对比关系进行了分析;卢玲、程国栋等(2001)对黑河流域生态景观变化进行了研究;金博文、康尔泗等(2003)研究了黑河流域山区水源涵养林在水文过程中的作用,分析了植被的生态水文功能;何志斌、赵文智等(2005)利用气象资料和土壤水监测数据，对黑河中游地区植被的生态需水量进行估算；赵传燕、李守波等(2008)在黑河下游地下水波动带采用对数正态分布模型，基于野外观测数据建立了胡杨和柽柳植被盖度与地下水埋深的经验模型；肖洪浪、程国栋等(2008)系统提出了生态－水文研究的问题、内容和方法。这些成果为水文－生态系统的研究提供了良好基础条件，对于搭建水文－生态集成模型有重要参考价值。

目前，国内外对水资源分配的研究重点已转移到水资源环境效益、水资源可持续利用等水资源综合管理方面，即水资源分配思路从单一部门单一目标向整体水资源系统多目标优化转变，流域水量分配也根据流域特点在分配原则、方法、机制等方面进行了探讨。

有关黑河流域水资源配置的研究虽然已经不少，但对流域水资源分配考虑更多的是利用相关数学理论方法、模型等进行合理配置，并没有在流域水资源统一管理后对分水效果开展分析。针对"九七分水方案"实施以来水量调度任务难以完成的实际情况，还缺乏对水资源时空变化规律、影响正义峡水量下泄指标完成的因素等问题开展系统研究，这也正是优化黑河水量调度迫切需要解决的基本问题。

第四节　技术路线

采用资料收集、现场调查、理论分析及模拟计算等方法，应用遥感、数学模型等手段，对黑河干流水量调度数据进行综合分析，开展相关研究工作。技术路线如图1-2 所示。

(1)在现有成果资料的基础上，收集和整理干流莺落峡、正义峡等主要水文站点数据、流域主要社会经济数据、气象数据以及水资源管理的相关数据资料。回顾黑河流域用水管理沿革，梳理黑河干流水量分配方案形成过程。

(2)梳理水量分配方案编制原则及其论证，总结分水方案实施情况，分析水量调度实施的效果，探讨水量分配方案在当时条件下的合理性，通过对

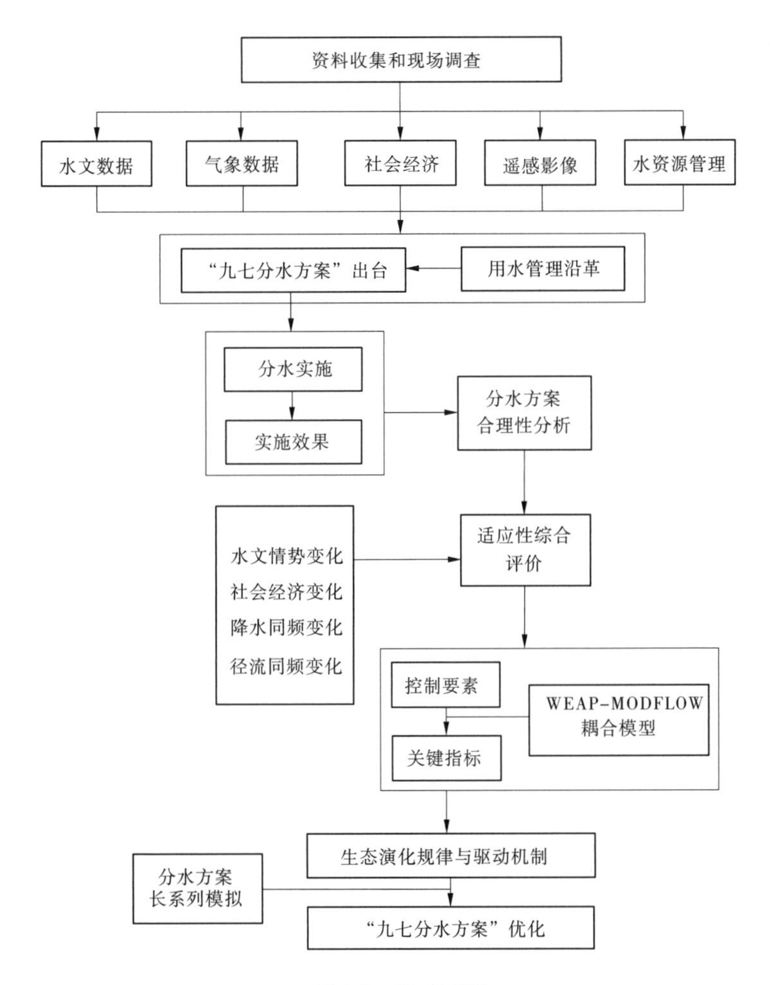

图 1-2 技术路线

水量调度方案实施前后水文情势、降水同频、径流同频及社会经济变化等背景条件的综合分析，对现状黑河干流水量分配方案调度关系曲线的适应性进行综合评价。

(3)分析水量调度中的水文气象、用水条件、调水方式及监督管理等各因素对水量调度效果的影响，提出影响水量调度的控制要素集；建立中游地区地表水、地下水联合调度仿真模型，运用现代地理信息技术、模型计算等手段，综合考虑中游用水需求以及干流现状和未来工程条件，研究提出水量调度关键指标及正义峡断面可控下泄水量。

(4)通过水文变化和生态格局变化分析,揭示黑河中、下游流域分水驱动下生态演替机制,分析下游生态演化的驱动因素,计算下游的生态需水量。

(5)研究社会经济需水,在此基础上,通过对分水方案长系列模拟,验证分水方案的合理性,研究提出黑河分配方案调度曲线优化的修订原则、修订方向,提出调度关系曲线优化的建议和方案。

第二章　黑河流域用水管理沿革及现状

第一节　黑河流域用水管理沿革

一、汉唐夏元时期

黑河流域水利开发历史悠久。位于黑河东支山丹河水系的民乐东灰山遗址出土有距今4 000年的炭化小麦籽粒，证明黑河流域是我国较早种植小麦的农业区域，并可能存在原始灌溉活动。但黑河流域这些分布零星、发展水平处于青铜时代早期的考古文化，因生产力水平有限，即使存在某些灌溉活动，但尚无法形成主动的、自觉的用水管理体制。公元前1世纪，新征服此地的西汉王朝从中原引入先进的水利技术，在全流域展开大规模水利建设，灌区深入下游居延海一带。与灌区建设同步的是用水管理体制的建立，具体而言有以下三个重要特征：

(1)在某些灌区按照干、支顺序将渠道进行统一编号。

此点可从居延汉简中著名的“甲渠候官简”看出，并为后世历代屯田活动的水利活动所继承，至清代黑河下游屯田改为按《千字文》顺序进行渠道编号，其容量更为丰富。此种按渠道位置自上游至下游进行编号的方式，可能暗示了全灌区渠道建设可能经过了整体规划，同时在用水管理方面可能也有先后顺序之别。

(2)形成一套具有科层制结构的水利管理体制。

该体制由“监渠佐史”“河渠卒”(或“治渠卒”)等人员构成，并与主管屯田的相关机构相配合(张芳《居延汉简所见屯田水利》，发表于《中国农史》1988年第3期，第45～47页)。

(3)地下水、地表水皆纳入管理体系。

汉代黑河流域存在渠灌与井灌两种灌溉形式，不但渠道有专人负责，而且井的开凿与看守都有专人负责（陈直《西汉屯戍研究》，收入《两汉经济史料论丛》，西安：陕西人民出版社，1958 年版）。

汉代虽然是黑河流域大规模水利开发的肇始阶段，但以上在用水管理方面的三个基本创造则对流域两千年用水管理体系产生了重大影响。

汉代以后，黑河流域水利开发在魏晋南北朝时期经历几度起落，在唐代得到重大发展，并取代石羊河流域成为河西走廊第一大粮食产区。但在公元 3 ~ 10 世纪，黑河流域的灌溉活动集中于中游，下游屯田基本废弃。公元 11 世纪，西夏征服整个黑河流域，重新开始在下游至居延海一带大兴水利，元代征服西夏故地后，进一步扩大了居延海地区开垦的面积，水利修建进一步发展，故夏、元时期的渠道遗迹至今可见。不过因为文献材料的匮乏，这一时期流域用水管理情况已无法知晓。值得一提的是，西夏时由皇帝亲自过问，在黑河中游修建了 3 座龙王庙，成为后世民间水利秩序的重要象征与博弈地点。

二、明清时期

明代建立后，黑河流域的水利建设格局有了重大调整，夏、元时期灌区分布于中、下游的局面不复存在，水利开发向中游集中，正义峡以下灌区再次被放弃。明代时，流域内在卫所制度的促进下，今张掖市甘州区以及山丹、民乐、临泽等县的灌溉系统构架中，有一部分已逐渐基本成型（王元第，2003）。但从《甘州府志》等文献观察，直至 17 世纪后期，流域内仍有相当比例的农田没有灌溉条件，对降水的依赖很大，“求雨”活动屡见不鲜。此时流域人口总量与灌溉面积仍在较低水平徘徊，出现此种状况的原因是工程性缺水，而非流域水资源总量不敷应用。

清康熙朝末年（18 世纪初），清王朝为准备向新疆准噶尔部采取军事行动，开始在河西走廊大兴屯田。一方面，黑河中游兴建了一批新的渠道，灌溉网络明显加密，出现了一批新的灌区；另一方面正义峡以下的毛目、双树墩（今金塔县鼎新镇附近）开始大举开垦。由于没有调蓄手段，灌溉高峰时期流域水资源顿显紧张。雍正四年(1726 年)川陕总督岳钟琪在一份奏折中承认,每年夏初灌溉高峰,黑河正义峡以下已经没有径流通过。而早在康熙五十四年(1715 年),镇彝堡阎如岳等已经开始向当局请愿,要求在黑河流域诸县之间“均分水利”。康熙、雍正之际两任川陕总督年羹尧、岳钟琪对此事极为重视,多次亲自或派员实地考察。在此前后,著名的黑河均水制度出台,其核心是每年芒种前十日寅时起直到芒种当日卯时,高台县的镇江渠以上河段全线闭口,其间由高台县的镇彝五堡与更下游金塔县的毛目、双树墩灌区独享水源,其中高台县的镇彝五堡使用 7 天,金塔县的毛目、双树墩灌区使用 3 天,由驻军监督实施(崔云胜, 2005;中尾正义等, 2007;云开文, 2007)。

由于复杂的社会文化,黑河均水制的创立过程长期以来成为一个被不断建构、涂抹的过程,至清末形成“阎如岳康熙告状、年羹尧雍正均水”的经典论述,并将阎如岳祠所在的镇彝堡龙王庙作为流域水利秩序的象征。事实上,黑河均水制度经历了一个不断完善的过程,其内涵也十分丰富。除以独占灌溉时间为单位规定了流域主要灌区的水权配额外,均水制还包含以下几点重要内容。

(1)县级行政区在水权博弈主体中居主体地位。

雍正七年,岳钟琪奏报朝廷,将在黑河均水制度中处于下游的高台、毛目等地统一划入新设立的肃州直隶州管辖,在毛目新设立实际的县级行政机构,与上游甘州诸县(区)形成平行等级的行政关系。同时,对于高台、临泽、甘州三县(区)边界进行调整,形成高台渠首在临泽、临泽渠首在甘州的灌溉格局,使各县(区)相互制约,并形成了水利纠纷由县级主官之间进行协调的传统。

(2)水权概念初现端倪。

在全流域以时间水权作为主要管理依据的基础上,引入水量水权作为重要补充。在雍正、乾隆之际,黑河中游的三清渠作为生产军粮的屯田灌区,取得了闭口期间在闸板上开凿一定尺寸过水洞以继续用水的特权,由此成为黑河流域第一个特殊水权区域,上游山丹草四坝等灌区纷纷效仿,由此

“时间水权体系”与“水量水权体系”开始在黑河并存。

(3)水权交易初露萌芽。

以“均水罚款”为代表,建立起一套复杂、完备的水权交易体制。从清代中后期开始,凡上游因特殊原因须在全线闭口期间开口引水者,在下游灌区同意的前提下,由前者向后者支付谷物或货币,名为“均水罚款”。由于“均水罚款”逐渐演化为一种长期、普遍的经济行为,逐渐褪去惩罚色彩并增加契约精神,事实上成为一种水权交易行为,成为一种灌区间的水权交易制度。

总而言之,18 世纪开始形成的黑河均水制度以独占灌溉时间为单位规定了流域主要灌区的水权配额,建立起以“全线闭口”为基本管理手段、以复杂的水权交易体系以及严格的“军事—民事”双轨司法体系为运行保证,其主要制度要素一直沿用到 20 世纪(崔云胜, 2005;中尾正义等, 2007)。但“均水制”与现行黑河分水制度相比,具有几个重要的区别。

(1)“均水制”是以每年灌溉高峰期的用水管理作为着眼点,并非一个涵盖全年所有时段的用水管理制度,非灌溉期用水不在其关注之列。

(2)“均水制”的适用范围上起今张掖市的甘州区、下至今酒泉市金塔县的鼎新镇,全部在今甘肃省境内,不包括下游额济纳地区。

(3)“均水制”的创立初衷是为了解决流域内用水矛盾,没有生态方面的考虑。

三、中华民国时期

中华民国时期,黑河流域的用水管理沿袭了清代“均水制”的基本精神,流域用水秩序整体保持稳定。同时,政府与民间社会也对“均水制”做出了三点调整。

(1)完善各县主官“会同办理均水”制度。

由于电报、电话等现代通信手段的引入以及公路的修建,各县主要官员交流、会面的成本大为降低,由各县县长共同参加的水利会议成为常态,并可以根据实际情况,在遇到某些极端水文条件的时候较为迅速地决策临时变通之法，从而使制度更有弹性。

(2)融入现代水利技术。

尝试在不触动“均水制”基本制度精神的前提下，使其更好地与现代水利技术结合。从抗战时期开始，黑河流域借助来自中央政府的资金与技术力量，开启了水利现代化的历程。其中，调蓄工程的引入是最为重要的事件。黑河中游的第一座水库——马尾湖水库建成后，受益灌区经协商后放弃了“均水制”下的一部分水权，但仍然接受了包括“均水罚款”在内的一系列基本制度安排。

(3)制度意识主导均水。

“均水制”执行的最核心力量是民间社会的支持，国家机器的暴力威慑作用日益淡薄。长期以来，广大人民逐渐对这一制度有了内在认可，不再需要军队等机关予以强制。同时，民间社会对违反水规者有着自主的惩罚机制，有的虽然残忍并且与现代法治精神相悖，但却大为降低了政府的行政负担。在民国时期推动“地方自治”的时代背景下，“均水制”蕴含的文化软实力在流域大为加强。

四、中华人民共和国成立初期

中华人民共和国成立以后，地方政权从根本上废除了灌区以下的传统灌溉制度，但在流域层面的用水管理方面仍沿用“均水制”的内核，并进行了多次修订，决定每年4月21日2时至24日2时，张掖黑河总口当时水量的50%分给鼎新灌区三昼夜，中游各灌区不得截引。4月26日12时至4月29日12时，临泽、高台县黑河各渠道全部闭口，所有水量放给鼎新灌区三昼夜。5月27日9时至29日9时，黑河总口当时水量的80%分给下游的鼎新灌区。同时，三清渠等灌区的水量水权被统一取消，流域一度出现了整齐划一的水量水权体系，以“均水罚款制度”为代表的水权交易制度也遭到废除。

从总体上来看，20世纪50年代初期对“均水制”的调整思路是偏向维护下游灌区利益，体现了新政权对“公平”的高度强调。同时，黑河流域正式建立了由流域行政、水利负责人共同参与的流域委员会制度,这是对“均水制”中“会同办理均水”制度的发展与升华。但必须指出,这种调整仍然是为了消弭黑河流域甘肃省内部的农业用水矛盾,而上、中、下游特别是下游额济纳旗的生态用水一直未被提上议事日程。

第二节　干流水量分配方案形成过程

通过查阅历史文献和走访曾经参与制订黑河分水方案的有关专家,座谈、了解黑河分水方案制订、出台过程以及实施的历史背景,摸清黑河分水的历史变革,分析现行分水方案实施的现实需求。

1949 年以后,黑河流域现代化进程快速推进,导致中游地区社会经济用水量增加。尤其是中游中小型调蓄工程的大量修建,使得此前非灌溉时期尚能流入下游的径流逐年递减,引发生态环境退化和沙尘暴增加等问题。从 20 世纪 50 年代起,甘肃省与内蒙古自治区开始就黑河用水问题进行磋商。1992 年,为合理利用黑河流域地表水资源,协调中、下游地区的用水矛盾,国家批准了黑河干流(含梨园河)分水方案(简称“九二分水方案”),该方案的核心是对于莺落峡 15.8 亿 m^3 的年均径流量,保证下泄至正义峡河道 9.5 亿 m^3 的水量(水利部兰州勘测设计院,1992)。为提高分水方案具体实施的可操作性,自 2000 年开始实施干流水量的统一调度,对黑河干流不同丰、枯年份对应的莺落峡水量进行分配,基本依据《黑河流域水量分配方案》(简称“九七分水方案”)平行线原则,针对莺落峡径流量的丰、枯变化,确定相应的正义峡下泄水量目标,其中蕴含着流域水权分配的思想(水利部黄河水利委员会勘测规划设计研究院,1996;钟方雷等,2014)。按照该分水方案,不同莺落峡水文频率对应的正义峡下泄水量目标如表 2-1 所示。

表 2-1　“九七分水方案”规定的分水目标　(单位:亿 m^3)

水文频率	50%	25%	75%	90%
莺落峡径流量	15.8	17.1	14.2	12.9
正义峡分水目标	9.5	10.9	7.6	6.3

一、分水方案出台的现实需要

分水方案出台有着重要的现实需要，除客观的特殊水文条件制约因素外，流域水资源开发利用、生态退化、水事纠纷等问题越来越突出，涉水矛盾越来越尖锐，分水方案的出台就显得尤为迫切。

（一）黑河流域特殊的水文条件

（1）流域产水区、人工用水区和天然耗散区空间分离。

黑河流域产水区、用水区和耗水区明显分离，其中祁连山出山口以上流域面积占总面积的7%，几乎所有的河川径流都形成于此；而占流域面积93%的中、下游地区，几乎无地表径流形成；其中中游地区和下游的上部是利用径流的主要地区；最下游尾闾附近，是径流消失区。

黑河流域特定的流域水循环空间结构对于人工调控有着特殊的要求，一是必须维护上游稳定产水，以保证中、下游的用水安全；二是必须维持中、下游耗水一定的分配比例，以兼顾中游社会经济发展和下游生态环境保护。

（2）河川径流年内分配不均，但年际变化不大。

黑河流域河川径流年际差异不大，但年内分配很不均匀。以干流莺落峡站为代表，多年平均径流量15.8亿m^3，最大年径流量23.2亿m^3，最小年径流量11.2亿m^3，年径流量的最大值与最小值之比为2.1，年径流变差系数C_v值仅为0.2左右。但在年内径流过程上，枯水期（10月至翌年2月）径流量占年径流量的17.4%；从3月开始，随着气温的升高，冰川融化和河川积雪融化，径流逐渐增加，至5月出现春汛，径流量占年径流量的14.8%；6～9月降雨最多，且冰川融水也多，径流量占年径流量的67.8%，其中7～8月径流量占全年的41.6%。

针对流域河川径流的特点，迫切需要兴建骨干调蓄工程，达到年内季节调蓄，达到来水与需水的年内时程匹配。

（3）地表水、地下水转换频繁。

受地质条件控制，黑河流域地表水、地下水转换频繁，首先是地下水在径流出山之前几乎全部转化为地表水，经河道流出山外；河流进入山前平原后，一部分被引入灌溉供水系统；一部分沿河床下泄，沿河道和供水系统渗漏补给地下水。在一定条件下地下水以泉水形式溢出地面，变为地表水，成为平原河流的主要补给来源。在黑河平原区，这种河水—地下水—河水的转化过程重复出现多次。

在黑河流域中游水资源开发利用过程中，利用地表水、地下水这种频繁转换特征，可以充分采取地表水、地下水联合调配的措施来更好地满足用水需求，提高水资源利用效率。

（二）水资源开发利用存在的问题

(1)水资源严重短缺，供需矛盾相当突出。

黑河流域社会经济集中的中、下游地区，降水稀少，蒸发能力大，过境水量是其主要水源。按照水利部《黑河水量分配方案》确定的正义峡下泄水量，中游张掖市人均水资源量只有 1 250 m^3，亩均水量 511 m^3，分别为全国平均水平的 75% 和 29%。按现有人口增长速度，到 2015 年，人均水资源量将降为 1 000 m^3，属严重缺水地区。黑河径流年内分配不均，来水、需水过程极不协调，干流缺乏骨干调蓄工程，客观上加剧了水资源供需矛盾。其中 5～6 月黑河来水量占全年径流量的 20.4%，同期灌溉需水量约占全年的 35%，造成近 70 万亩（1 亩 = 1/15 hm^2）农田不能适时灌溉，成灾面积近 40 万亩，时常引发水事纠纷。

(2)经济生活用水挤占了生态用水。

20 世纪 60 年代末以来，在以粮为纲的思想指导下，大规模垦荒种粮，发展商品粮基地，特别是 90 年代后，甘肃省提出“兴西济中”发展战略，并向中游地区移民，灌溉面积发展很快。目前，中游地区年产粮食近 100 万 t，每年向国家出售商品粮 20 万～30 万 t。随着人口的增长和灌溉面积的增加，全流域生产生活用水量已由中华人民共和国成立初期的约 15 亿 m^3 增长到目前的 26.2 亿 m^3，其中中游地区用水量增加到 24.5 亿 m^3，进入下游的水量则从中华人民共和国成立初期的 11.6 亿 m^3 减少到 90 年代的 7.7 亿 m^3，实际进入额济纳旗的水量只有 3.0 亿～5.0 亿 m^3。深度挤占生态用水导致地下水位下降、尾闾湖泊消失、生态系统退化。

(3)用水结构不合理,水资源利用经济效益低下。

黑河流域以农业用水为主,20 世纪 90 年代中游张掖市农业、工业、生活、生态用水比例为 87.7∶2.8∶2.2∶7.3,而全国同期平均水平为 63.7∶20.7∶10.1∶5.5,用水结构中农业用水比例相对过大,其中农田灌溉用水比例占农业用水的 90%以上,这种"一头沉"的用水结构造成区域单方水 GDP 产出仅为 2.81 元,是全国平均水平的 1/6,导致水资源利用经济效益低下。

(4)水资源利用效率与水资源情势分布不匹配。

水资源利用效率与水资源情势不匹配主要表现为以下三个方面:一是干流缺乏控制性骨干调节工程,来水、用水过程不协调,供需矛盾突出;二是中游地区引水口、平原水库过多,渠系完好率低、工程配套差,工业用水重复利用率低,城镇生活用水长期存在低价和包费制现象,导致水资源利用效率低;三是供水结构不合理,地表供水份额过高,地下水开发利用程度较低,机电井成井规模小、配套不全,潜水无效蒸发损失很大。

(三)生态环境退化问题

黑河流域上游土地面积 1 万 km^2,其中高山地占 72%,河流台地占 27%,绿洲丘陵占 1%,该区地处高寒山地,植被生长缓慢;中游地区土地面积 2.56 万 km^2,其中戈壁沙漠占 31%,土质滩地占 29%,绿洲占 24%,低山丘陵占 16%,该区光热资源丰富,人工绿洲发育;下游是流域生态环境最为脆弱的地区,现有土地面积 8.04 万 km^2,主要为戈壁沙漠和剥蚀残山,面积占 94%,其中近一半是沙漠土地,绿洲仅占 6%。

受气候和人类活动的影响,黑河流域上、中、下游都不同程度地存在生态系统恶化问题。

上游地区主要表现为森林带下限退缩和天然林草退化,生物多样性减少等。祁连山地森林区 20 世纪 90 年代初森林保存面积仅为 100 余万亩,与中华人民共和国成立初期相比,森林面积减少约 16.5%。森林带下限高程由 1 900 m 退缩至 2 300 m。

中游地区人工林网有较大发展,在局部地带有效阻止了沙漠入侵并使部分沙化土地转为人工绿洲,但该地区土地沙化总体上仍呈发展趋势,同时由于不合理的灌排方式,部分地区土地盐碱化严重。

下游地区的生态问题最为突出,主要表现在如下几个方面:

(1)河道断流加剧,湖泊干涸,地下水位下降。

黑河下游狼心山断面断流时间愈来愈长,根据内蒙古自治区反映,黑河下游断流时间由20世纪50年代的约100 d延长至90年代的近200 d,而且河道尾闾干涸长度也呈逐年增加之势。西居延海、东居延海水面面积50年代分别为267 km^2和35 km^2,已先后于1961年和1992年干涸。60年代以来,多处泉眼和沼泽地先后消失,下游三角洲下段的地下水位下降,水质矿化度明显提高,水生态系统严重恶化。

(2)天然林面积大幅度减少。

1958~1980年,下游三角洲地区的胡杨、沙枣和柽柳等面积减少了86万亩,年均减少约3.9万亩。

(3)草地严重退化。

自20世纪80年代以来,黑河下游三角洲地区植被覆盖度大于70%的林灌草甸草地减少了约78%,覆盖度介于30%~70%的湖盆、低地、沼泽草甸草地减少了约40%;覆盖度小于30%的荒漠草地和戈壁、沙漠面积增加了68%。

(4)土地沙漠化和沙尘暴危害加剧。

20世纪60~80年代,下游额济纳旗植被覆盖率小于10%的戈壁、沙漠面积约增加了462 km^2,平均每年增加23.1 km^2。

造成上述生态问题的原因是多方面的,但根本原因是水资源问题,特别是中游地区农业灌溉用水大量挤占了生态用水。

(四)水事矛盾尖锐

黑河干流沿岸土地资源丰富,光热资源充足,但由于深居内陆,极度干旱,水资源是区域经济与社会发展及生态环境的主要制约因素之一。由于水土资源不协调,黑河干流省际、省内水事纠纷日趋突出,甚至成为影响区域社会稳定的潜在因素。

1993~1995年,甘肃省张掖市的甘州、临泽、高台三县(区)共发生水事纠纷 67 起，发生各类水事案件 55 起，其中 26 起是因抢水而破坏水利工程的恶性案件。

二、"九二分水方案"的形成

（一）20 世纪 50 年代

1956～1958 年，甘肃省在黑河中游地区连续修建 73 座平原水库和塘坝，增加灌溉面积 119 万亩，同时在绿洲边缘开荒扩大耕地，使中游地区农业得到发展，但对下游用水产生显著的不利影响。1957 年 7 月，内蒙古自治区额济纳旗致电甘肃省张掖地区和金塔县，要求给下游分水并就黑河分水问题进行了会谈。

1958 年，下游开始建设东风场区，增加了用水量，额济纳旗入境水量持续减少。

（二）20 世纪 60 年代至 70 年代

1960 年，内蒙古自治区面对西居延海即将干涸的现实，首次向国务院提出解决黑河分水的要求。应内蒙古自治区人民政府要求，水电部部长助理李伯宁在北京主持召开了第一次黑河分水会议，并开始着手黑河流域规划工作。

1960 年年底，水利电力部（以下简称"水电部"）委托西北勘测设计院主持，会同甘、蒙研究分水问题。三方组成工作组，于 1961 年 3 月提出了《关于黑河流域甘肃和内蒙水量分配的初步意见》，水电部办公厅在北京召集会议讨论该意见，但未达成协议。同年 4 月水电部发布《关于甘、蒙黑河分水意见》，包含三项内容：一是甘肃减少用水量，压缩春灌时间，内蒙古节约用水，开发地下水资源；二是兴建正义峡—双城子防渗渠道；三是成立黑河管理委员会，由西北院和甘肃、内蒙古参加，共同管理。但此意见未能付诸实施。

1965 年，水电部委托西北勘测设计院编制《黑河流域规划初步意见报告》，进行了全流域的水量平衡以后，提出以正义峡年水量作为中、下游分水标准。具体有两个方案：一是下游采取防渗渠道输水，正义峡下泄水量为

6.2 亿 m^3；二是下游采取天然河道输水，正义峡下泄水量为 8.45 亿 m^3。但该报告未获审批，分水方案亦未实施。同年 9 月，中共内蒙古自治区党委给中共中央华北局和西北局提出的解决内蒙古额济纳旗用水报告中，要求枯水年的水量是 5.5 亿 m^3，平水年的水量是 7 亿 m^3，丰水年的水量是 8 亿 m^3。

1966 年 7 月，中共甘肃省委上报中共中央西北局和中央的报告中建议，为了适应下游需要，中游走廊区新发展面积适当减少，使正义峡年水量控制在 8 亿 m^3左右。虽两省（自治区）党政机关进行了协商，但仍未形成统一的协议和实施措施。20 世纪 70 年代额济纳旗划归甘肃省管理，1975～1979 年间，甘肃省水电局研究黑河中游的开发治理时，曾对正义峡的下泄水量先后提出过 7.0 亿 m^3、8.01 亿 m^3 和 7.4 亿 m^3等几种方案，但均未被中、下游共同认可。

（三）20 世纪 80 年代至"九二分水方案"出台

1981 年 12 月起，内蒙古自治区人民政府向国务院多次报告关于额济纳旗缺水情况，提出黑河分水问题。1982 年初，水利电力部规划设计总院下达《黑河流域规划任务书》，要求兰州勘测设计院调查研究额济纳旗水源不足问题。兰州勘测设计院组织专业队伍，在青、甘、蒙三省（自治区）政府和水利部门配合下全面开展研究工作，历时十年，四次对全河做了全面性查勘，广泛收集、分析、整理历史资料和研究资料，认真听取有关方面的意见、建议和要求，深入分析、研讨、论证规划方案，完成不同深度的规划报告 12 份计 64 万字、规划图 5 份、水工程设计图 1 册、专业报告 4 份、专题研究材料 18 份，编辑规划附属文件多份。

1982～1992 年完成的正式成果有：《关于黑河中、下游用水问题的材料》（1982 年 8 月）、《黑河用水情况调研报告》（1982 年 10 月）、《黑河流域第一期调蓄工程选点规划报告（讨论稿）》（1983 年 10 月）、《关于〈黑河流域第一期调蓄工程选点规划报告〉的简要报告》（1984 年 10 月）、《黑河流域规划报告（初稿）》（1985 年 12 月）、《黑河流域规划汇报提纲》（1986 年 3 月）、《黑河干流（含梨园河）规划汇报提纲》（1986 年 6 月）、《关于黄藏寺水库参与黑河上、中游第一期调蓄工程选点的意见》(1986 年 12 月)、《黑河干流(含梨园河)水利规划报告(送审稿)》(1988 年 12 月)、《黑河干流(含梨园河)水利规划报告提要》(1989 年 5 月)、《黑河干流(含梨园河)水利规划报告(审查会汇报稿)》(1989 年 9 月)、《黑河干流水利规划简要报告》(1992 年 3 月)。专业报告为《黑河流域区域地质报告》、《黑河干流各水工程点工程地质报告》、《黑河干流规划土地核查报告》、《黑河干流规划水资源及水文分析报告》。

1984 年 11 月,水电部规划总院在北京召开会议,就《黑河流域第一期调蓄工程选点规划报告(讨论稿)》展开讨论,协调了三省(自治区)的意见,确定了中、下游分水和上、中游水工程系统布局的初步意见。

1986 年 8 月、9 月,水电部委托水利水电规划设计院和部计划司在黑河现场组织了黑河干流(含梨园河)规划查勘讨论会,对规划报告作了认真的研究和讨论,商定了水量分配意见,研究了水工程系统的布局,取得了积极效果,形成了"会议纪要"。

1989 年 6 月,兰州勘测设计院向水利部和能源部水利部水利水电规划设计总院就《黑河干流(含梨园河)水利规划报告(送审稿)》作了汇报,按照上级意见修改完善并再次征求三省(自治区)意见后,完成了《黑河干流(含梨园河)水利规划报告(审查会汇报稿)》。

1992 年 2 月 25 ~ 28 日,水利部在北京召开由国家计委、中国国际工程咨询公司、农业部、国家环保局、水利部有关司(院)及有关省(自治区)、东风场区、黄委、中科院沙漠所及其他部门参加的规划报告审查会议,规划报告顺利通过审查,并决定上报国家计委审批。

1992 年 12 月,国家计委在"《关于黑河干流(含梨园河)水利规划报告的批复》"(计国地〔1992〕2533 号)中,批准了多年平均情况下的黑河干流水量分配方案,即"九二分水方案"。

三、"九七分水方案"的形成

"九二分水方案"批复后,由于方案的可操作性较差,需要进一步提出现状工程条件下黑河水量分配方案。

1995 年 4 月 7 日,国务院副秘书长徐志坚主持召开由青海、甘肃、内蒙古、宁夏 4 省(自治区)和国务院 11 个部门参加的阿拉善地区生态环境问题专题会议。1995 年 11 月 6 日,国务院副总理邹家华主持召开了由国家计委、科委、财政部、水利部、环保总局等部门参加的阿拉善地区生态问题工作会议,要求尽快落实 1992 年确定的黑河分水方案。国务院召开的两次会议,研究黑河流域生态环境治理问题,指出黑河分水方案的落实是其中的关键,要求水利部及有关部门尽快提出具有可操作性的分水方案。

水利部立即组织黄委深入现场调查研究,1995 年 12 月,黄委主任助理徐乘带队到水利部,接受黑河工作任务:组建黑河流域管理局;制订黑河干流分水方案。1996 年 1 ~ 2 月,黄委派员组成水利部黑河水资源工作队赴黑河调查水资源利用情况。在调查研究的基础上,就有关问题与甘肃省水利厅、内蒙古自治区水利厅达成了共识。在广泛征求意见的基础上,提出了不同来水情况下的《黑河干流水量分配方案》。

1997 年 12 月,水利部以水政资〔1997〕496 号文《关于实施〈黑河干流水量分配方案〉有关问题的函》函告甘肃省和内蒙古自治区人民政府,《黑河干流水量分配方案》已经国务院审批,即黑河"九七分水方案"。

第三章　现状分水方案合理性分析

为合理开发黑河水资源和协调用水矛盾，水电部于1982年布置兰州水利水电勘测设计院开展黑河干流（含梨园河）水利规划。在青海、甘肃、内蒙古三省（自治区）支持配合下，兰州水利水电勘测设计院历时10年，提出了《黑河干流（含梨园河）水利规划报告》，水利部于1992年2月会同有关单位审查并提出关于水资源分配方案的审查意见，原则同意该规划报告。

1992年12月，国家计委在《关于黑河干流（含梨园河）水利规划报告的批复》（计国地〔1992〕2533号）中，批准了多年平均情况下的黑河干流（含梨园河）水量分配方案，“即在近期，当莺落峡多年平均河川径流量为15.8亿m^3时，正义峡下泄水量9.5亿m^3，其中分配给鼎新片毛引水量0.9亿m^3，东风场毛引水量0.6亿m^3”。并指出：“《黑河干流（含梨园河）水利规划报告》在进行了大量协调工作的基础上，提出了水资源分配方案及工程布局，对于合理开发利用黑河水资源，促进青海、甘肃、内蒙古三省（自治区）的繁荣和发展，保护生态环境，巩固国防具有重要意义。”此方案谓之“点”方案。

根据国务院《听取内蒙古关于阿拉善地区生态环境治理有关问题汇报的会议纪要》（国阅〔1995〕144号）的要求，在1992年国家计委批准的黑河多年平均水量分配议案基础上，黄委组织有关部门深入现场调查研究，广泛征求意见，提出了《黑河干流水量分配方案》。1997年12月水利部批复了“关于实施《黑河干流水量分配方案》有关问题的函”（水政资〔1997〕496号），明确了丰、枯水年份水量分配方案和年内水量分配方案。主要内容为：“在莺落峡多年平均来水15.8亿m^3时，分配正义峡下泄水量9.5亿m^3；莺落峡25%保证率来水17.1亿m^3时，分配正义峡下泄水量10.9亿m^3。”对于枯水年，其水量分配兼顾两省（自治区）的用水要求，也考虑了甘肃的节水力度，提出“莺落峡75%保证率来水14.2亿m^3时，正义峡下泄水量7.6亿m^3;莺落峡90%保证率来水12.9亿m^3时,正义峡下泄水量6.3亿m^3。其他保证率来水时,分配正义峡下泄水量按以上保证率水量直线内插求得。”此方案可谓之“线”方案(详见黑河干流莺落峡—正义峡来泄水对应关系,表2-1)。该方案经国务院审批后,由水利部于1997年12月转发甘、蒙两省(自治区)人民政府“遵照执行”(见图3-1)。

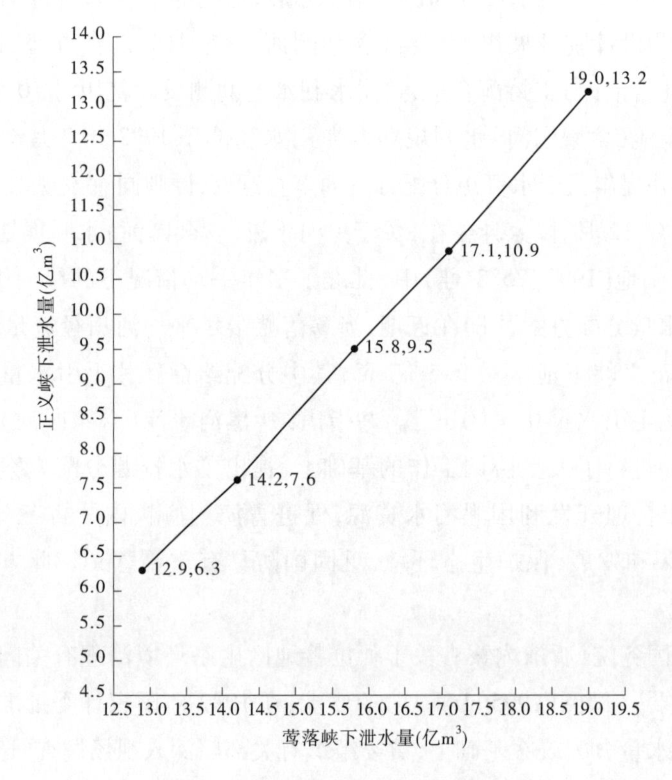

图3-1 莺落峡—正义峡分水关系曲线

第一节 水量分配方案编制原则

一、遵循国家计委批复的多年平均水量分配方案

国家计委1992年12月以计国地〔1992〕2533号文批复的黑河多年平

均水量分配方案,统筹协调了流域中、下游的生产及环境用水,甘、蒙两省(自治区)均应以分配限额拟定农、林、牧、工的发展规模和环境控制标准,使黑河干流水资源开发利用与保护尽早纳入法制轨道。

二、实施进度要考虑中游甘肃省张掖地区节水改造潜力

中游甘肃省张掖地区现状的耗水量已突破国家计委 1992 年批复的多年平均水量分配方案,拟定现状工程条件下分水方案的实施进度时,要充分考虑现有灌区可能的用水管理及节水改造潜力,以避免全面实施分水方案时对现有灌区影响过大。

三、丰、枯水年及年内分配要考虑现有工程条件和中、下游需水特点

现状工程条件下水量分配方案的制订,是以干流无骨干调蓄工程为前提的,由于黑河来水年内有较大变差,为合理利用水资源,制订水量分配方案时,要考虑中、下游甘肃省有关地区农业灌溉过程要求比较稳定,而下游额济纳旗生态环境需水相对弹性较大的特点。在水量分配总量指标满足中、下游配水原则的前提下,适当照顾甘肃省农业用水的季节要求。

由于现状条件下大墩门—狼心山河段蒸发渗漏损失较大,为减少河道输水损失率,水量分配方案中尽可能使正义峡断面以较大流量连续、集中下泄。

四、水量分配指标易于及时落实

各时段分水方案的拟订中,分水关系线的调控幅度需考虑时段内黑河径流和中游灌溉需水的特点,尽可能使时段分水指标易于及时落实,同时年内还应有若干时段通过强化用水管理,保证年度分水指标的落实。

第二节　水量分配方案优化论证

根据水利部水政资〔1996〕1 号签报及政资规〔1996〕13 号文要求,在分

析黑河水资源利用现状,考虑可能的节水改造投入的基础上,对黑河干流现状工程条件下水量分配方案进行编制和论证。需要论证的内容包括:

(1)在1992年12月国家计委批复的黑河多年平均水量分配方案基础上,考虑甘肃省实际用水现状和可能的节水改造、用水管理潜力,提出现状工程条件下丰、枯水年水量分配方案。

(2)根据黑河来水、用水的年内分配特征,年内划分为若干时段,并以年总量控制为原则,提出分时段的水量分配方案。

(3)提出甘肃省中、下游地区实施现状工程条件下水量分配方案的节水措施,初步估算相应的节水改造投入。

根据莺落峡断面同一保证率年份所拟定的正义峡断面下泄水量的差别,共提出了三组年水量分配关系线(见图3-2、表3-1)。

三组方案均满足"当莺落峡多年平均河川径流量为15.8亿m^3时,正义峡下泄水量9.5亿m^3"的要求。其中方案Ⅰ在莺落峡断面各种保证率年份,正义峡的下泄比例均采用国家计委批准的多年平均分水比例(9.5/15.8);方案Ⅱ更多兼顾甘肃省中游地区枯水年份的农业用水;方案Ⅲ则考虑到20世纪90年代以来下游额济纳旗生态环境更趋恶化的现实,使枯水年份正义峡断面的下泄量接近80年代中期的水平,该方案也考虑到2000年中游在一定的节水改造工程生效、用水管理不断完善及缺乏骨干调蓄工程条件下,对丰水年份水量的利用要求和对多余水量的控制利用能力。方案Ⅱ、Ⅲ的年水量分配关系定线时,考虑了丰、枯对应保证率(如10%与90%、25%与75%)组合时莺落峡断面径流量与正义峡分配下泄量的关系,且分水关系已经过莺落峡断面年径流系列的检验。

上述三组年水量分配方案中,由于方案Ⅰ要求75%、90%保证率年份中游的节水量分别达1.9亿m^3、2.5亿m^3,在10%保证率年份中游可增加耗水0.6亿m^3,考虑到黑河中游水利工程建设和水资源利用现状,该方案在现状工程条件下实施难度较大。根据分水方案Ⅱ、Ⅲ所要求中游的节水幅度,结合分析不同保证率年份中、下游分配水量的关系及现状分水方案所对应的用水年代,经综合比较论证,推荐方案Ⅲ。理由如下:

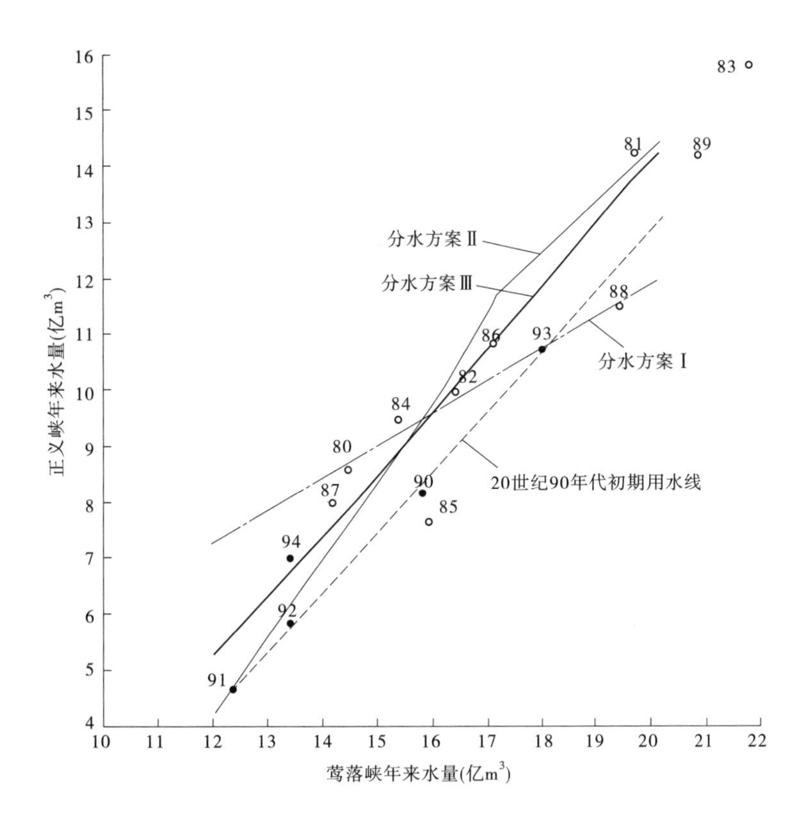

图 3-2　《现状工程条件下黑河干流(含梨园河)水量分配方案》中的分水线

表 3-1　《现状工程条件下黑河干流(含梨园河)水量分配方案》

中正义峡断面不同保证率年份下泄水量分配表　(单位:亿 m^3)

保证率 P(%)		10	25	75	90	多年平均
莺落峡年水量		19.0	17.1	14.2	12.9	15.8
正义峡分配下泄水量	方案Ⅰ	11.4	10.3	8.5	7.8	9.5
	方案Ⅱ	13.5	11.7	7.3	5.5	9.5
	方案Ⅲ	13.2	10.9	7.6	6.3	9.5
	20 世纪 90 年代中期	12.0	9.7	6.6	5.3	8.4

续表 3-1

保证率 P(%)		10	25	75	90	多年平均
中游可用水量	方案Ⅰ	7.6	6.8	5.7	5.1	6.3
	方案Ⅱ	5.5	5.4	6.9	7.4	6.3
	方案Ⅲ	5.8	6.2	6.6	6.6	6.3
	20 世纪 90 年代中期	7.0	7.4	7.6	7.6	7.4
中游需节水量(20 世纪 90 年代分水量)	方案Ⅰ	0.0	0.6	1.9	2.5	1.1
	方案Ⅱ	1.5	2.0	0.7	0.2	1.1
	方案Ⅲ	1.2	1.2	1.0	1.0	1.1

(1)从方案Ⅱ、Ⅲ要求的中游节水幅度看,两方案均要求中游多年平均较 20 世纪 90 年代节水 1.1 亿 m^3,其中方案Ⅲ要求不同保证率年份间节水幅度接近,10% ~90% 保证率分别要求节水 1.0 亿 ~1.2 亿 m^3;方案Ⅱ对中游不同保证率年份要求的节水幅度差别较大,10% ~90% 保证率年份分别为 0.2 亿 ~2.0 亿 m^3。不同保证率年份要求的节水量包括工程节水和管理节水,前者是指通过工程完善配套提高水资源利用率,后者则指通过强化用水管理减少无效和低效引水。根据对 1988 ~1994 年莺落峡水量与莺落峡—正义峡干流区间耗水量关系的分析,区间耗水量并未随来水的增加而加大。基于这一认识,认为分水方案Ⅱ、Ⅲ所要求的节水量均应取各保证率的最大值,方案Ⅱ、Ⅲ所要求的节水量分别为 2.0 亿 m^3、1.2 亿 m^3,从中游灌区改造的投资能力及完善配套进度分析,方案Ⅱ实施难度较大。

(2)从中、下游不同保证率年份分配方案的关系分析,方案Ⅲ优于方案Ⅱ。方案Ⅱ在 25% ~90% 保证率年份分配中游耗水 5.4 亿 ~7.4 亿 m^3,不同保证率年份最大相差最大 2.0 亿 m^3,分配正义峡下泄水量 5.5 亿 ~11.7 亿 m^3,最大变幅 6.2 亿 m^3;方案Ⅲ在 25% ~90% 保证率年份分配中游耗水 6.2 亿 ~6.6 亿 m^3,不同保证率年份相差最大 0.4 亿 m^3,分配正义峡下泄量 6.3 亿 ~10.9 亿 m^3,最大相差 4.6 亿 m^3,因此方案Ⅲ的水量分配方案,使中、下游绝大多数年份配水量相对稳定,尤其符合中游地区降雨稀少、灌溉制度稳定的特点。

(3)从现状工程分水方案相应的用水年代分析,方案Ⅲ优于方案Ⅱ。1992年国家计委所批复的黑河多年平均水量分配方案,大体相当于20世纪80年代中期黑河中游实际用水水平,本次拟订的水量分配方案也应大致相应于这一时期,因此亦认为方案Ⅲ较优。

该方案的形成主要基于两个重要的基本依据:一是黑河中游20世纪80年代的用水水平。根据分析黑河中游80年代的正义峡下泄水量为10亿m^3,考虑为今后黑河中游预留部分发展用水量,提出当莺落峡来水15.8亿m^3时,正义峡下泄水量9.5亿m^3,并控制鼎新片引水量在0.9亿m^3以内、东风场区引水量在0.6亿m^3以内的分水意见。二是黑河中游80年代的用水规模。“九二分水方案”依据的用水规模主要为80年代中期黑河中游的用水规模,当时黑河中游的人口总数为105万人,耕地面积为278.3万亩,灌溉面积为203.3万亩,在黑河干流水系出山口总水量为24.75亿m^3的情况下,黑河中游多年平均需要消耗河川径流量约为15亿m^3。

“九七分水方案”在“九二分水方案”的基础上,考虑黑河中游以农业灌溉用水为主,对用水的保证程度较高,下游以生态用水为主,相对用水的保证程度较低的实际情况,以枯水年照顾中游地区农业灌溉用水、丰水年照顾下游天然生态用水为基本原则,制订了“九七分水方案”。

第三节　分水方案实施情况

一、调度原则和调度责任

(一)黑河调度遵循的主要原则

(1)年总量控制原则:根据国务院和全国水行政主管部门批准的分水方案,对正义峡下泄水量和鼎新片等各用水户用水量实行年总量控制下的水量结算方法。在实时调度中,各时段水量分配关系仅作为参考。

(2)逐月滚动修正原则:根据调度年内已发生时段的来水和断面下泄水量情况,对余留期的调度计划进行滚动修正,逐步逼近年度分水方案。

(二)明确调度责任

(1)流域机构的责任:负责编制流域水量调度方案,组织协调省际水量调度;负责组织流域内重要水文控制站的监督工作,及时发布水情信息;监督检查水量调度方案的执行情况。

(2)地方政府及有关部门的责任:按照国务院分水方案要求,甘肃省、内蒙古自治区依据上级主管部门批准的《年度水量调度方案》,负责编制本省(自治区)黑河干流调度方案实施意见,健全组织机构,落实地方政府责任制,确保调度任务的全面完成。

二、调度方案及措施

(一)调度方案

根据水文部门的分析,预测莺落峡水文断面全年来水,确定正义峡断面年度下泄水量。在实时调度中,加强水情滚动分析,逐旬修正正义峡水文断面下泄水量指标。

1. 正义峡以上河段调度方案

1)一般调度期水量调度

“冬四月”(11 月 10 日至次年 3 月 10 日)用水管理:中游地区要合理安排辖区“冬四月”生活、生产、生态用水,合理安排冬灌面积,严格定额管理,以有效增加“冬四月”正义峡水文断面下泄水量。

融冰水量调度(3 月 11 日至 3 月底):组织实施开河融冰水量调度,做好下游狼心山东西河水资源配置。

春季水量调度(4 月初至 6 月底):根据来水和用水需求,在做好春灌的同时,组织实施好春季集中调水工作,并于 4 月初组织实施春季集中调水,闭口时间不少于 40 d。同时加强“大、小均水”期间的用水管理,加大一般调度期正义峡水文断面下泄水量,减轻后期调度压力。

2)关键调度期调度

中游地区要加强对 7 ~9 月灌溉时间节点的控制,合理制订用、配水计划;滚动分析水情,科学编制月调度方案,逐月制定正义峡断面下泄控制指标,抢抓有利时机,采取“全线闭口、集中下泄”措施,并尽可能延长闭口时间,确保完成关键调度期各月正义峡断面下泄指标。

3)实施洪水调度和限制引水措施

加强灌溉期用水管理,抢抓洪水调度,当莺落峡水文断面流量超过150 m^3/s 或中游地区出现有效降水过程灌溉需水量较小时,实施洪水调度或限制引水措施。

2. 正义峡—狼心山河段调度方案

(1)各用水户要及时上报引水申请,严格按照流域管理机构调度指令引水。

(2)有关单位应按计划组织实施辖区水量调度工作,加强引水监测和管理,按时向流域管理机构上报引水资料。

3. 狼心山以下河段调度方案

(1)充分利用春季河道融冰水较大和春季闭口时间长的有利时机,加强春季下游植被生长需水期用水管理,尽可能扩大林草地灌溉面积,实现春季东、西河全河段过流,有效补充沿河地下水。

(2)加强关键调度期配水管理,制订详细水量分配计划,优先向东河绿洲核心区输水,视情况向东居延海补充一定水量,保障尾闾地区生态需水;采取综合措施,充分利用已建工程,向绿洲边缘区和生态脆弱区配水,分区轮灌,精细调度,并合理安排东、西河沿河生态用水,最大限度地扩大林草地灌溉面积。

4. 应急水量调度

当流域内出现危及城乡生活供水安全等紧急情形或者预测年度正义峡水文断面下泄水量可能超过控制指标5%时,视情况按照黑河干流应急水量调度预案启动应急水量调度。

三省(自治区)县级以上地方人民政府水行政主管部门、东风场区水务部门、水库和水电站主管部门或者单位,按照应急水量调度实施方案和黑河流域管理局下达的实时调度指令,采取有效措施,优先保障生活用水,严格控制其他用水。黑河流域管理局要切实做好监督检查。

(二)保障措施

1. 全面落实水量调度责任制

流域内各级人民政府及水行政主管部门、东风场区水务部门、水库和水电站主管部门要切实加强组织领导,按照《黑河干流水量调度管理办法》规定的职责,落实水量调度责任制,确保责任到人,任务落实。流域各地方黑河水量调度行政首长责任人名单在相关媒体公告,接受社会监督。

2. 强化用水总量控制

流域有关省(自治区)要按照《实行最严格水资源管理制度考核工作实施方案》和国务院分水方案的要求,进一步落实水资源管理责任,全面实行用水总量、用水效率控制,加强农业用水需求管理,提高农业用水效率,严格水资源管理"三条红线"刚性约束。强化地下水开采管理,严禁私开滥垦土地,确保生态用水。加强农业用水计量监控,积极推动农业水价改革。

3. 严格落实水量调度管理措施

科学制订各时段调度方案,视情况适时采取全线闭口、限制引水和洪水调度等措施。严格执行《黑河干流水量调度管理办法》及水量调度方案和调度指令,自觉维护水量调度正常秩序,坚决杜绝各种违规行为。上游梯级电站要进一步加强运行管理,落实电量调度服从水量调度要求。

4. 强化水量调度落实情况监督检查

强化监督管理,落实分级督察、分级负责工作责任制,完善联合督察工作机制。"全线闭口、集中下泄"期间,采用远程视频督察与现场督察相结合、驻守和巡回督察等方式,加大执法力度,坚决杜绝违规引水行为,减少跑、冒、滴、漏现象。对重点河段、重要引水口门、上游梯级电站加大监督管理力度,确保调水效果。集中调水期,甘、蒙两省(自治区)水利厅要派员赴水量调度现场,与流域管理机构共同组成联合督察组,强化监督检查。

5. 加强水情预报和信息通报

水文部门要严格执行水文测报规范,进一步提高测报精度,及时准确报送引水、用水、退水等相关信息,确保水量调度工作顺利开展。流域有关各方要加强信息沟通,及时掌握来水、用水变化情况。流域管理机构每月初将流域内各省(自治区)、各单位水量调度执行情况报水利部、国家防办和黄委,并通报各省(自治区)、各有关单位及各级行政首长责任人。年底前,将水量调度执行情况在相关媒体上公告。

三、水量调度效果

(一)正义峡增泄水量显著

2000～2013年,黑河上游莺落峡断面累计来水249.05亿 m^3,年均来水17.79亿 m^3,较多年均值偏多1.99亿 m^3,通过黑河流域管理局组织调度,中游正义峡断面累计下泄水量143.95亿 m^3,下游狼心山断面累计下泄水量75.74亿 m^3,正义峡、狼心山断面年均下泄水量较20世纪90年代分别增加了2.41亿 m^3 和1.88亿 m^3,在来水基本持平的情况下,流域生态用水量明显增加(截至2016年11月10日,黑河上游莺落峡断面累计来水313.98亿 m^3,正义峡断面累计下泄水量185.37亿 m^3,狼心山断面累计下泄水量98.61亿 m^3)。

为合理计算分水方案实施后正义峡增泄了多少水量,采用调度指标对比、多元线性回归模型和BP人工神经网络预测三种方法对调度前后正义峡下泄水量进行分析。

1. 调度指标对比法

如图3-3所示,根据莺落峡断面与正义峡断面年水量调度关系,计算出2000～2015年正义峡断面下泄水量的调度指标值,计算结果见表3-2。

表3-2　调度指标对比法增泄水量计算结果　(单位:亿 m^3)

年份	制订方案后未实施调水年份(1995～1999年)	调水年份(2000～2015年)
正义峡下泄水量累计欠账	13.15	27.21
正义峡下泄水量年均欠账	2.63	1.70
年均增泄水量	0.93	

“九七分水方案”是根据1994年之前的水文资料制订的,2000年后黑

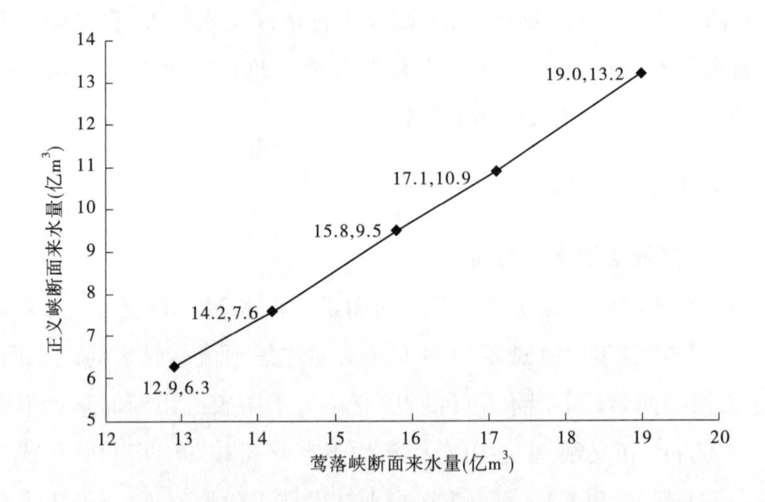

图 3-3 莺落峡—正义峡年水量调度线图

河干流水量统一调度管理后,进入正义峡断面的水量相对于20世纪90年代显著增多。通过比较调水前后正义峡断面实际下泄水量与下泄指标的差值,得到正义峡断面的增泄水量。调水和近期治理前黑河中游耗水量增大,下泄水量减少,调水和近期治理有效遏制了黑河中游耗水量增大的趋势。通过计算,以年均增泄水量平均值0.93亿m^3作为黑河调水和近期治理以后正义峡断面增泄的水量。

2. 多元线性回归模型法

多元线性回归分析主要用于研究一个随机变量或被解释变量Y与多个解释变量$X_1 \sim X_n$之间的相互依存关系,利用统计分析方法以及函数对这种关系的变化规律等进行分析解读,并加以形式化描述。

根据黑河调水的实际,构建多元线性回归模型,定量分析正义峡增泄水量。PAX多元线性回归模型综合考虑中游降水量P、中游耕地面积A、莺落峡断面来水量X等影响正义峡断面下泄水量的主要因素。PAX多元线性回归模型是基于最小二乘法原理产生古典统计假设下的最优无偏估计。

PAX多元线性回归模型为

$$Y'_i = \beta_0 + \beta_1 P_i + \beta_2 A_i + \beta_3 X_i$$

式中：Y'_i为无调水和近期治理工况下正义峡断面第 i 年下泄水量；$\beta_i(i=0,1,2,3)$为模型参数；P_i 为中游降水量；A_i 为中游耕地面积；X_i 为莺落峡断面来水量。

利用 1990～1999 年中游降水量、耕地面积及莺落峡断面来水量资料，运用多元线性回归方法预测无调水和近期治理工况下正义峡断面下泄水量。在 MATLAB 统计工具箱中使用函数 regress 实现多元线性回归，具体调用格式为：

[b,bint,r,rint,stats] = regress(y,x,alpha)

通过分析求解，得到多元线性回归方程

$$Y' = 3.9399 - 0.0019P - 0.0313A + 0.7784X$$

其中，相关系数 $R^2=0.8862$，$F=15.5802>F_\alpha(1,n-2)5.32$，对应的 $p=0.0031$，$\alpha=0.05$，这说明模型从整体上来说是显著的。

从表 3-3 中可看出模型计算值与实际数据比较接近，差值都比较小，相对误差一般都在 10% 以内，故此模型可以客观合理地反映无调水和近期治理工况下正义峡断面下泄水量。

根据 2000～2015 年中游的降水量、耕地面积及莺落峡断面来水量资料，计算得到无调水和近期治理工况下正义峡断面下泄水量及相对误差，结果见表 3-3。

表 3-3 PAX 模型计算结果分析 （单位：亿 m³）

年份	正义峡实测下泄水量 Y	模型计算 Y'	差值
2000	6.50	6.44	0.06
2001	6.48	4.99	1.49
2002	9.23	7.26	1.97
2003	11.61	9.44	2.17
2004	8.55	6.27	2.28
2005	10.49	8.69	1.8
2006	11.45	8.41	3.04
2007	11.96	10.11	1.85

续表 3-3

年份	正义峡实测下泄水量 Y	模型计算 Y'	差值
2008	11.82	8.81	3.01
2009	11.98	10.68	1.30
2010	9.57	7.55	2.02
2011	11.27	8.05	3.22
2012	11.13	9.06	2.07
2013	11.91	8.67	3.24
2014	13.02	9.88	3.14
2015	12.78	9.34	3.44
平均值	10.61	8.35	2.26

实施调水的 16 年(2000～2015 年),正义峡断面实测径流量的均值为 10.61 亿 m^3,PAX 模型计算的均值为 8.35 亿 m^3,两者差值为 2.26 亿 m^3,即调水和近期治理后正义峡每年平均增泄的水量为 2.26 亿 m^3。

3. BP 人工神经网络预测法

BP 人工神经网络的结构由 3 个神经元层组成,分别为输入层、隐含层和输出层。其中输入层各神经元负责接收来自外界的输入信息,并传递给中间层各神经元;中间层是内部信息处理层,负责信息变换;隐含层传递到输出层各神经元的信息,经进一步处理后,完成一次学习的正向传播处理过程,由输出层向外界输出信息处理结果。当实际输出与期望输出不符时,进入误差的反向传播阶段。误差通过输出层,按误差梯度下降的方式修正各层权值,向隐含层、输入层逐层反传。通过连续的正向传播和反向传播,最终使输出值与实际值达到允许值,BP 神经网络模型方建立完成。输入层与隐含层之间的传递函数一般采用 S 型变换函数,隐含层与输出层之间的传递函数一般采用纯线性变换函数。BP 神经网络能映射各影响要素之间未知的函数关系,其中心思想是调整权值使网络总误差最小。

建立 BP 人工神经网络预测径流模型,网络的输入向量为 2000～2012

年的中游降水量、耕地面积、莺落峡断面断面来水量，网络的目标向量为2000～2012年的正义峡断面径流量。网络的输入样本为1990～1999年的中游降水量、耕地面积、莺落峡断面来水量，网络的目标样本为1990～1999年的正义峡断面径流量。经过BP人工神经网络模型的计算，将预测得到的径流值与实测得到的径流值对比，得到正义峡断面增泄水量为2.03亿m^3，见表3-4，这与多元线性回归模型法计算得到的增泄水量非常接近。

表3-4　BP人工神经网络预测　（单位：亿m^3）

年份	正义峡实测下泄水量 Y	BP人工神经网络预测 Y'	差值
2000	6.50	7.23	-0.73
2001	6.48	6.41	0.07
2002	9.23	6.91	2.32
2003	11.61	10.36	1.25
2004	8.55	6.06	2.49
2005	10.49	6.28	4.21
2006	11.45	7.56	3.89
2007	11.96	10.48	1.48
2008	11.82	8.43	3.39
2009	11.98	9.06	2.92
2010	9.57	10.31	-0.74
2011	11.27	8.55	2.72
2012	11.13	7.94	3.19
平均值	10.16	8.12	2.03

调度指标对比法以国务院批复的分水方案为标准，比较直观地反映出调水后正义峡断面增泄水量，思路清晰，计算简便。PAX多元线性回归模型综合考虑中游降水量、中游耕地面积、莺落峡断面来水量等影响正义峡断面下泄水量的主要因素，结合了黑河流域实际，能动态地反映调水前后正义峡断面下泄水量随莺落峡断面来水量及中游降水、耕地变化的关系，结果客

观合理。BP 人工神经网络预测径流模型能很好地对历史数据进行非线性拟合，从而实现对正义峡径流量的预测。综合三种方法的计算结果，取三者的变化范围0.93 亿～2.26 亿 m^3作为2000～2012 年正义峡断面年均增泄水量。

（二）水资源得到合理配置

一是实现春季东、西河全线过流。由于合理配置了春季融冰和开河水量，在安排好东风水库和下游有关用水户用水的同时，东、西河连续6年在春季全线过水，并向东居延海补充一定水量。

二是实施春季集中调水，基本满足植被生长关键期用水。自2004年以来每年4～5月组织实施“全线闭口、集中下泄”措施，有效地增加了下游河道水量，河道两岸及河水所到之处，林草郁郁葱葱。特别在西居延海附近的巴彦塔拉，由于旱缺水造成生态恶化的趋势得到遏制，消失多年的芦苇大面积恢复，昔日的不毛之地又焕发出新的生机。

春季集中向下游调水，有效地补充了沿岸地下水，灌溉绿洲植被，对下游天然植被萌蘖繁殖、更新复壮发挥了积极作用，充分体现了根据植被生长规律选择调度时机的生态水量调度理念。

三是全流域生活、生产和生态用水得到了初步合理配置。在优先满足流域生活用水的同时，合理安排了中、下游地区的生产和生态用水。随着进入黑河下游水量的增加，过流时间延长，下游河道断流天数逐年减少。据统计，黑河下游额济纳绿洲狼心山断面断流天数，1995～1999年平均为250 d，实施统一调度后，2006～2013年平均为130 d，减少了120 d。

（三）生态环境明显改善

下游额济纳绿洲生态恶化趋势得到初步遏制。调水后高覆盖灌木和高覆盖草地面积明显增加，水域面积扩大46.31 km^2，绿洲面积由4 825 km^2增加到4 920 km^2（见表3-5）。额济纳绿洲相关区域地下水位均有不同程度的回升，东河地区地下水位平均回升0.48 m，西河地区地下水位平均回升0.36 m，东居延海周边地区地下水位平均回升0.48 m。下游一度濒临枯死的胡杨、柽柳得到抢救性保护，胡杨的最大胸径年生长量增加了2.72 mm，生长期延长 15 ~ 20 d。以草地、胡杨林和灌木林为主的绿洲面积增加了 40.16 km^2,野生动植物种类和数量增加。

表 3-5 黑河调水前后下游生态变化情况 (单位:km^2)

类型	1999 年	2012 年	1999 ~ 2012 年变化值
高覆盖度乔木	129.81	126.12	-3.69
中覆盖度乔木	155.65	152.24	-3.41
低覆盖度乔木	104.90	104.69	-0.21
高覆盖度灌木	251.07	303.23	52.16
中覆盖度灌木	570.46	610.25	39.79
低覆盖度灌木	171.92	169.94	-1.98
高覆盖度草地	492.98	516.20	23.22
中覆盖度草地	1 585.20	1 586.35	1.15
低覆盖度草地	1 363.02	1 350.62	-12.40
水体	172.10	218.41	46.31

中游生态整体改善。中游人工林面积增加,林地总面积减少的趋势较治理前有所缓解,盐碱化土地面积也有所减少。目前,张掖市森林总面积达到 674 万亩,覆盖率为 10.71%,比 2000 年提高了 1.54%。基本形成了以农田林网和防风固沙林为主体、带片网点相结合、渠路林田相配套的综合防护林体系。

黑河上游实施林草围栏封育和种草、种树以来,生态修复效果明显。目前,过载放牧缓解,林草地退化和森林面积萎缩情况也得到初步遏制,黑土滩和草地沙化治理项目区草地覆盖度增加近 30%,产草量每亩增加 15 kg 以上,水源涵养能力明显增强。

黑河流域生态环境改善也减小了影响我国西北、华北地区沙尘暴的发生概率,治理前 13 年(1987 ~ 1999 年)年均沙尘暴发生次数 5.85 次,治理后 13 年(2000 ~ 2013 年)年均沙尘暴发生次数为 3.5 次,年均减少 2.35

次,发挥了重要生态屏障作用。

自2004年8月20日以来,东居延海已连续9年不干涸,改变了以往当年输水、翌年干涸的情况。如今,湖区周边经常能见到天鹅、灰雁、黄鸭等珍稀动物出没,一度消失的黑河尾闾特有鱼类大头鱼重新畅游东居延海,捕捞到的最大个体身长已有20余cm,质量在150~300 g;湖面碧波荡漾、芦苇摇曳,周边盐爪爪、柽柳、梭梭等大面积恢复,生物多样性和植被覆盖度明显增加,呈现良性演替的趋势。东居延海连年维持一定的水面和水量,使湖区周边土壤含水量增加、地下水得到连续补给,有效地延伸了额济纳绿洲生态防护林带,阻挡了沙漠推移,一定程度上减小了沙尘暴的发生频率和强度,尾闾生态系统正在逐步改善和恢复。

(四)促进了流域经济社会发展

1. 中游经济社会分析

社会经济的发展不仅取决于自然条件和开发水平,而且取决于管理水平、生态环境状况和资源的利用效率等方面。根据黑河流域特征,选择包括GDP及增长率、产业结构、粮食产量及贸易、城市化水平、农民收入、交通及旅游等经济社会指标(见表3-6)来分析黑河中游社会经济发展状况。

通过产业结构调整,黑河中游地区第二、三产业迅速发展,生产总值15年间翻了近6倍。农民的纯收入是反映区内农业经济发展状况的重要指标,通过经济作物种植比例的增加,农民人均纯收入由2000年的0.29万元以每年5%左右的速度提高到2014年的0.99万元,说明了农业经济发展态势良好。通过15年的流域综合治理和产业结构调整,作为区内用水主体的第一产业所占的比重下降显著,中游地区2000年第一、二、三产业的比例为41:27:32,2007年第一、二、三产业的比例为30:36:34,2014年第一、二、三产业的比例为25:30:45,产业结构逐步优化,结构调整成效显著,区域经济更趋健康。

表 3-6　中游地区经济社会概况

年份	各产业发展概况				粮食总产量（亿 kg）	农民人均纯收入（万元）	农作物播种面积（万亩）	三县区社会消费品零售总额（亿元）			旅游经济	
	合计（亿元）	第一产业（亿元）	第二产业（亿元）	第三产业（亿元）				甘州区	临泽县	高台县	旅游业总人数（万人次）	旅游业总收入（亿元）
2000	42. 32	17. 36	11. 42	13. 54	5. 83	0. 29		9. 17	1. 64	1. 67		
2001	47. 29	18. 54	12. 84	15. 91	5. 55	0. 30		11. 30	1. 89	1. 69	57. 57	1. 10
2002	52. 86	19. 58	15. 31	17. 97	4. 98	0. 32		12. 78	1. 79	1. 90	60. 70	1. 50
2003	58. 80	20. 71	17. 85	20. 24	4. 93	0. 34		14. 15	1. 97	2. 08	61. 78	1. 60
2004	69. 42	24. 30	21. 95	23. 17	4. 98	0. 36		15. 89	2. 24	2. 40	69. 50	2. 30
2005	77. 42	25. 89	24. 53	27. 00	5. 30	0. 39	139. 61	18. 04	2. 52	2. 73	81. 35	2. 90
2006	88. 55	27. 17	30. 40	30. 98	5. 33	0. 40	131. 81	20. 38	2. 82	3. 10	86. 40	3. 20
2007	103. 28	31. 44	37. 04	34. 80	5. 38	0. 42	135. 10	23. 20	3. 20	3. 51	94. 38	3. 33
2008	119. 49	35. 05	44. 18	40. 27	5. 44	0. 46	137. 54	28. 35	3. 75	4. 12	103. 86	3. 71
2009	133. 23	38. 45	47. 78	47. 00	5. 94	0. 51	143. 08	34. 86	0. 45	4. 86	112. 20	4. 15
2010	147. 01	44. 75	48. 53	53. 73	5. 11	0. 58	151. 02	41. 60	5. 25	5. 71	187. 41	9. 16
2011	178. 71	52. 71	62. 24	63. 76	6. 88	0. 67	165. 96	49. 55	6. 21	6. 77	350. 00	17. 06
2012	198. 12	59. 39	64. 01	74. 72	7. 19	0. 78	183. 40	58. 15	7. 35	8. 02	521. 90	27. 10
2013	229. 85	61. 79	71. 03	97. 02	7. 47	0. 88	191. 12	65. 69	10. 95	12. 47	662. 70	36. 80
2014	245. 98	62. 42	71. 76	111. 80	7. 53	0. 99	193. 38	73. 81	12. 33	14. 04	1 100. 00	58. 95
2015											1 505. 75	76. 00

2000 年,黑河流域中游地区工业总产值 9. 3 亿元,以工业为主的第二产业的产值为 12. 42 亿元,占国民生产总值的 26. 98% (第一产业为 41. 02%);2007 年,黑河流域中游地区工业总产值 26. 74 亿元,以工业为主的第二产业的产值为 37. 04 亿元,占国民生产总值的 35. 87%(第一产业为 30. 44%);2014 年,黑河流域中游地区工业总产值 47. 64 亿元,以工业为主的第二产业的产值 71. 76 亿元,占国民生产总值的 29. 17%(第一产业为 25. 38%)。在积极发展第二产业的同时,还应建立工业用水定额指标,合理确定单位工业产品用水定额,大幅度提高工业用水重复利用率,降低水耗。

随着农业结构的调整和第二、三产业用水量的增加,黑河调水逐渐转向以增加内涵为主的调度方式,农作物播种面积增长速度虽然放缓,但依然保持着中游粮食产量每年 1 100 多万 kg 的增速。中游地区农民人均年纯收入实际增幅 9. 3%,增速连续多年快于城镇居民,对改善流域当前城乡收入差距、优化收入分配结构具有重要意义。

根据 2000 ~2014 年张掖市年鉴统计数据(见表 3-7),自 2000 年以来,中游三县(区)年末常住人口由 2000 年的 78. 33 万人增加到 2010 年的 82. 75万人,增加了 4. 42 万人,增长了 5. 64%;但是 2011 年末统计人口比 2010 年减少 3. 95 万人,之后人口又缓慢上升,至 2014 年底,人口数为 79. 36 万人,比 2000 年增长 1. 03 万人。可见,黑河中游三县(区)人口结构表现为农村人口多,城镇人口少。2014 年,其农村人口比重为 57. 20%,城镇人口比重为 42. 80%,2000 ~ 2014 年,城镇人口比重从 20. 4% 上升到 42. 80%,城镇化有所改善,城镇人口明显上升,农村人口比重由 79. 6% 下降到 57. 2%,城镇化水平有所提高,但是农村人口依旧占绝大多数。

2. 下游经济社会分析

统计 2006 ~2013 年下游金塔县的鼎新、航天两镇数据(见表 3-8)。由表 3-8 可见,鼎新、航天两镇人口结构表现为农业人口多,非农业人口少;农业人口逐步下降,非农业人口逐步上升,但变化幅度都不大。2006 ~ 2013 年,虽城镇化有所改善,但是农村人口依旧占绝大多数。农作物播种面积略有下降。地区农业趋向于发展经济作物,农业总产值不断提高。

表 3-7　黑河中游三县(区)人口规模情况

年份	三县(区)人口(万人)	城镇化率(%)	甘州区(万人)	临泽县(万人)	高台县(万人)
2000	78.33	20.4	47.94	14.61	15.78
2001	79.17		48.68	14.65	15.84
2002	80.37		49.82	14.66	15.89
2003	80.19		49.77	14.63	15.79
2004	79.98		49.54	14.64	15.80
2005	80.54	27.98	50.17	14.61	15.76
2006	81.01	28.50	50.66	14.62	15.73
2007	81.70	28.89	51.25	14.67	15.78
2008	82.13	29.21	51.63	14.70	15.80
2009	82.54	29.26	51.87	14.80	15.87
2010	82.75	29.33	52.04	14.86	15.85
2011	78.80	37.65	50.93	13.49	14.38
2012	78.99	39.41	51.05	13.52	14.42
2013	79.18	41.20	51.18	13.54	14.46
2014	79.36	42.80	51.30	13.57	14.49

表 3-8　鼎新镇、航天镇地区农业发展概况

项目	2006 年	2007 年	2008 年	2009 年	2010 年	2011 年	2012 年	2013 年
总人口(人)	24 998	25 272	25 390	25 523	25 116	25 252	25 162	25 062
非农业人口(人)	763	749	753	776	815	853	849	841
农作物播种面积(万亩)	8.20	8.30	8.68	8.18	8.21	8.11	8.15	8.20
粮食作物(t)	5 595.7	6 482.8	10 558	12 694.2	11 523.5	7 362	8 621	7 635
农业总产值(亿元)	2.99	3.36	2.53	3.57	4.92	5.49	6.42	6.96

下游额济纳地区产业总值迅猛发展,从 2000 年的 1.44 亿元增长到 2014 年的 49.19 亿元,翻了 34 倍多(见表 3-9)。2000 年第一、二、三产业的比例为 29∶31∶40,2007 年第一、二、三产业的比例为 6∶51∶43,2014 年第一、二、三产业的比例为 3∶58∶39,产业结构调整成效显著,区域经济实力不断增强,城镇化率提高很快,高达 70%。

表 3-9 额济纳地区经济社会概况

年份	生产总值(亿元)				全旗总人口(万人)	非农业人口(万人)	农牧民人均纯收入(万元)	农作物总播种面积(万亩)	粮食作物、棉花和蜜瓜总产量(万 t)	出入境人数(万人)	进出口贸易额(亿美元)
	合计	第一产业	第二产业	第三产业							
2000	1.44	0.42	0.44	0.58	1.63	1.07	0.28	2.31	0.86	3.34	0.34
2001	1.68	0.44	0.59	0.66	1.65	1.08	0.29	2.00	0.74	4.91	0.45
2002	1.90	0.45	0.67	0.78	1.66	1.10	0.30	2.48	1.79	4.48	0.58
2003	2.77	0.49	1.19	1.10	1.67	1.11	0.33	3.51	1.42	1.44	0.22
2004	6.64	0.44	3.58	2.62	1.69	1.13	0.39	4.19	2.24	11.46	1.74
2005	8.05	0.52	4.19	3.34	1.69	1.14	0.44	4.54	4.19	12.52	1.75
2006	10.52	0.62	5.38	4.52	1.70	1.13	0.50	6.66	7.76	2.67	0.16
2007	14.01	0.76	7.19	6.05	1.72	1.16	0.58	7.80	9.73	2.61	0.15
2008	20.42	0.94	11.45	8.03	1.71	1.17	0.71	7.00	9.69	3.28	0.67
2009	27.40	1.05	16.77	9.57	1.71	1.17	0.78	7.00	12.16	16.43	1.69
2010	31.53	1.19	18.52	11.82	1.73	1.20	0.92	6.72	10.42	28.42	4.42
2011	39.89	1.38	24.52	14.00	1.76	1.23	1.06	6.76	10.42	29.96	7.13
2012	43.91	1.48	26.94	15.49	1.81	1.52	1.22	6.77	11.01	24.03	5.92
2013	47.13	1.64	27.61	17.88	1.80	1.28	1.37	6.65	11.22	19.53	3.40
2014	49.19	1.68	28.45	19.06	1.83	1.28	1.54	7.32	12.56	23.91	15.20

(五)经济社会效益综合分析评价

1. 水资源管理措施不断完善

通过14年的不断探索和实践,逐步探索了流域统一管理与区域管理相结合,断面总量控制与用、配水管理相结合,统一调度与协商协调相结合,集中调水与大、小均水相结合,联合督察与分级负责相结合的调度模式,初步建立了涵盖调度督察、责任落实、协调沟通等多个环节的工作机制。

(1)建立流域管理与行政区域管理相结合的水资源统一管理体制。

初步建立了流域统一管理与行政区域管理相结合的黑河水量调度管理体制,流域机构负责制订水量调度方案并发布水量调度指令,负责水量调度执行情况的监督检查,协调通报有关情况,省(自治区)水行政主管部门负责调度方案的实施和执行,流域管理与区域管理相结合的调度模式定位日益清晰,权责更加明确,运转更加流畅。

(2)建立黑河水量调度协商协调机制。

制定《黑河干流省际用水水事协调规约》,成立水事协调小组,负责水事问题协调及有关决定执行情况的监督检查,积极预防和稳妥处理省际水事纠纷,初步形成沟通协商、团结治水、共谋发展的工作机制。促进社会稳定和民族团结,实现流域经济社会和生态环境协调发展。

(3)建立和完善水量统一调度规章制度。

为规范黑河水量调度工作,更好地实现国务院确定的分水目标,确保完成年度水量调度任务,水利部于2009年颁布实施《黑河干流水量调度管理办法》,对统一调度原则、权限、监督管理等作了初步规定,在维护黑河干流水量统一调度秩序、保障完成国务院批准的水量分配方案中发挥了重要作用。

(4)水量调度手段与措施不断强化。

一是加强供需分析,科学制订水量调度方案。二是抓住有利时机,实施“全线闭口、集中下泄”措施。三是强化监督检查,保证调水秩序和效果。四是实行黑河水量调度行政首长责任制。五是加强信息的通报和交流。

2. 综合评价

针对水资源本身的模糊性和不确定性,基于模糊数学综合评价模型,借鉴文献有关研究成果,以代表性好、针对性强、易于量化作为指标选取原则,选择水量、农业概况、产业结构、城市化水平和农业种植结构 5 个方面 12 个评价指标，结合 AHP 法确定指标权重，确定黑河流域 2000 ~ 2015 年 16 年的水资源价值变化趋势，从而得到经济社会综合评价结果。

1)层次分析法确定各指标权重

层次分析法步骤为：以每一层次各因素的相对重要性 1,2,…,9 及它们的倒数作为指标间相对重要性标度，构建指标两两对比判断矩阵；计算判断矩阵的特征根和特征向量，得到指标层对于要素层的重要性权值，进行层次排序；对判断矩阵进行一致性检验，进行层次总排序，得出各个评价指标对目标层的重要性权值。

根据各指标的隶属关系及每个指标的类型，将各个指标划分为不同的层次，建立层次的递阶结构与指标的从属关系(见图 3-4)，其中 A 为目标层，B 为准则层，C 为指标层。

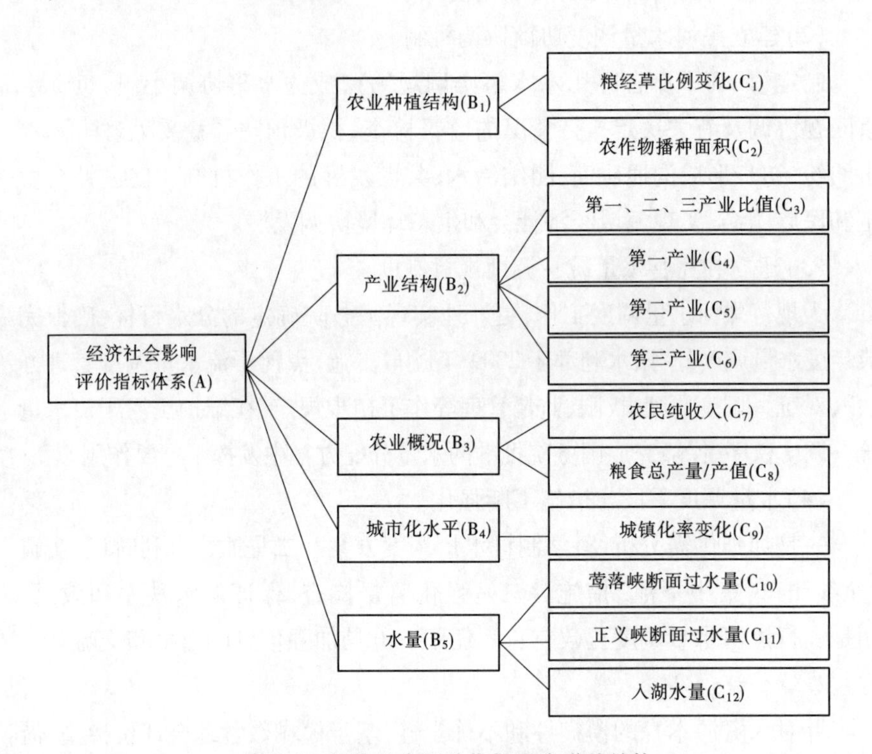

图 3-4　经济社会评价指标层次递阶结构

构造判断矩阵并赋值，根据判断矩阵的准则，其中两个元素两两比较哪个重要，重要多少，对重要性程度按 1 ~9 赋值（重要性标度值见表 3-10）。经反复咨询流域管理工作者，填写后的判断矩阵见表 3-11。

表 3-10　重要性标度含义

重要性标度	含义
1	表示两指标元素相比，具有同等重要性
3	表示两指标元素相比，前者比后者稍重要
5	表示两指标元素相比，前者比后者明显重要
7	表示两指标元素相比，前者比后者强烈重要
9	表示两指标元素相比，前者比后者极端重要
2,4,6,8	表示上述判断的中间值
倒数	若指标元素 i 与元素 j 的重要性之比为 a_{ij}，则元素 j 与元素 i 的重要性之比为 $a_{ji}=1/a_{ij}$

设填写后的判断矩阵为 $\boldsymbol{A}=(a_{ij})n\times n$，判断矩阵具有如下性质：$a_{ij}>0$；$a_{ji}=1/a_{ij}$；$a_{ii}=1$

表 3-11　判断矩阵

A	B_1	B_2	B_3	B_4	B_5
B_1	1	1/3	1	1	1/5
B_2		1	5	5	1
B_3			1	3	1/5
B_4				1	1/4
B_5					1

B_1	C_1	C_2
C_1	1	1
C_2		1

B_2	C_3	C_4	C_5	C_6
C_3	1	3	3	3
C_4		1	3	3
C_5			1	1
C_6				1

B_3	C_7	C_8
C_7	1	3
C_8		1

B_4	C_9
C_9	1

B_5	C_{10}	C_{11}	C_{12}
C_{10}	1	1	1
C_{11}		1	1
C_{12}			1

将表 3-11 中的矩阵检验一致性比率（CR）并进行单层次排序（计算权向量），得出单层次计算权向量及检验结果（见表 3-12）。

表 3-12　单层次计算权向量及检验结果

A	单排序权值
B_1	0.088
B_2	0.356
B_3	0.107
B_4	0.071
B_5	0.378
CR	0.046

B_1	单排序权值
C_1	0.500
C_2	0.500
CR	0.000

B_2	单排序权值
C_3	0.473
C_4	0.283
C_5	0.122
C_6	0.122
CR	0.058

B_3	单排序权值
C_7	0.500
C_8	0.500
CR	0.000

B_4	单排序权值
C_9	1.000
CR	0.000

B_5	单排序权值
C_{10}	0.333
C_{11}	0.333
C_{12}	0.333
CR	0.000

上述过程中求出的是同一层次中相应指标元素对于上一层次中的某个指标元素相对重要性的排序权值，称为单层次排序。由于此模型由三层次构成，接着计算所有指标元素对于总目标的重要性排序（见表 3-13）。

从指标层 12 个因子的总排序结果看，第一、二、三产业比值（C_3）的权重（0.168）对经济社会效益的影响最大，对于准则层 B 的 5 个因子，城市化水平（B_4）的权重最低（0.071），产业结构（B_2）和水量（B_5）的权重都比较高，其中水量的影响因子最高（0.378），说明黑河水量的统一调度和产业结构调整对黑河流域的经济社会尤为重要，尤其是水量的统一调度对经济社会的发展影响更大。

表 3-13　C 层次总排序(CR = 0.0000)

C 层对 B 层的相对权值	B_1 0.088	B_2 0.356	B_3 0.107	B_4 0.071	B_5 0.378	C 层总排序
C_1	0.500					0.044
C_2	0.500					0.044
C_3		0.473				0.168
C_4		0.283				0.101
C_5		0.122				0.043
C_6		0.122				0.043
C_7			0.500			0.054
C_8			0.500			0.054
C_9				1		0.071
C_{10}					0.333	0.126
C_{11}					0.333	0.126
C_{12}					0.333	0.126

2)综合评价结果分析

将来源于抽样调查黑河流域管理工作者的统计数据代入建立的模型中,计算各级模糊综合评价的向量,即利用加权平均 $M(\cdot,\oplus)$ 模糊合成算子将上述计算出的各个因素权重与抽样调查统计数据形成的模糊关系矩阵合成得到模糊综合评价结果向量。在模糊合成运算中,信息丢失很多,常导致不易分辨和不合理的情况。所以,针对上述问题,这里采用加权平均型的模糊合成算子。计算公式为

$$b_i = \sum_{i=1}^{p}(a_i \cdot r_{ij}) = \min\left\{1, \sum_{i=1}^{p} a_i \cdot r_{ij}\right\} \quad (j = 1,2,\cdots,m)$$

式中:b_i、a_i、r_{ij}分别为隶属于第 j 等级的隶属度、第 i 个评价指标的权重和第 i 个评价指标隶属于第 j 等级的隶属度。

所制定的经济社会影响评价指标体系共有 5 个一级指标与 12 个二级指标,利用语义学标度分为 4 个等级:高、较高、一般、低。为了便于计算,将主观评价的语义学标度进行量化,并依次赋值为 4、3、2 及 1。主观测量用四级语义学标度。所设定的评价定量标准见表 3-14。

表 3-14　评价定量分级标准

评价值	评语	定级
$5 \geqslant x_i > 3.5$	高	E1
$3.5 \geqslant x_i > 2.5$	较高	E2
$2.5 \geqslant x_i > 1.5$	一般	E3
$1.5 \geqslant x_i > 0$	低	E4

农业种植结构的评价向量:

$$\boldsymbol{A}_1 = (0.500, 0.500)\begin{pmatrix} 0.022 & 0.277 & 0.493 & 0.208 \\ 0.031 & 0.320 & 0.499 & 0.150 \end{pmatrix}$$

$$= (0.026\,5, 0.298\,5, 0.496, 0.179)$$

归一化得(0.027,0.298,0.496,0.179)。

产业结构的评价向量:

$$\boldsymbol{B}_1 = (0.473, 0.283, 0.122, 0.122)\begin{pmatrix} 0.093 & 0.417 & 0.441 & 0.049 \\ 0.270 & 0.224 & 0.483 & 0.024 \\ 0.231 & 0.203 & 0.532 & 0.034 \\ 0.137 & 0.296 & 0.543 & 0.025 \end{pmatrix}$$

$$= (0.165\,295, 0.321\,511, 0.476\,432, 0.037\,167)$$

归一化得(0.165,0.322,0.476,0.037)。

农业概况的评价向量:

$$\boldsymbol{C}_1 = (0.500, 0.500)\begin{pmatrix} 0.036 & 0.349 & 0.524 & 0.091 \\ 0.008 & 0.143 & 0.405 & 0.444 \end{pmatrix}$$

$$= (0.022, 0.246, 0.464\,5, 0.267\,5)$$

归一化得(0.022,0.246,0.465,0.267)。

城市化水平的评价向量:

$$\boldsymbol{D}_1 = (0.020, 0.231, 0.457, 0.292)$$

水量的评价向量:

$$\boldsymbol{E}_1=(0.333,0.333,0.333)\begin{pmatrix}0.489 & 0.160 & 0.310 & 0.041\\0.328 & 0.040 & 0.466 & 0.167\\0.225 & 0.041 & 0.499 & 0.236\end{pmatrix}$$

$$=(0.424\,575,\ 0.346\,986,0.080\,253,0.147\,852)$$

归一化得(0.425,0.347,0.080,0.148)。

经济社会综合评价的向量：

$$\boldsymbol{A}'=(0.088,0.356,0.107,0.071,0.378)\begin{pmatrix}0.191 & 0.226 & 0.499 & 0.084\\0.084 & 0.37 & 0.511 & 0.035\\0.188 & 0.279 & 0.501 & 0.032\\0.177 & 0.300 & 0.496 & 0.027\\0.292 & 0.231 & 0.457 & 0.020\end{pmatrix}$$

$$=(0.190\,299,0.290\,079,0.487\,397,0.029\,585)$$

归一化得(0.191,0.291,0.488,0.030)。

对综合评分值进行等级评定：

$$V_A=4\times0.027+3\times0.298+2\times0.496+1\times0.179=2.173$$

$$V_B=4\times0.165+3\times0.322+2\times0.476+1\times0.037=2.615$$

$$V_C=4\times0.022+3\times0.246+2\times0.465+1\times0.267=2.023$$

$$V_D=4\times0.020+3\times0.231+2\times0.457+1\times0.292=1.979$$

$$V_E=4\times0.425+3\times0.347+2\times0.080+1\times0.148=3.049$$

由上述可知，对照表3-14的评价分级标准可得经济社会影响评价的"水量"和"产业结构"指标的影响评价结果为"较高"，属于E2级，其他三个指标的影响评价结果均为"一般"，属于E3级。按照各个指标的评分等级的大小可以对其排序，其中"城市化水平"的影响要比其他指标都要低一点。而对总体的综合评判分值为

$$V=4\times0.191+3\times0.291+2\times0.488+1\times0.030=2.643$$

这说明黑河流域经济社会总体为"较高"，处于良好发展期。

综上所述，此方案在综合考虑了中、下游用水需求及特点的基础上进行了优化分析，方案充分考虑了现状(1986年)和规划水平年(2000年)的情

况,考虑现有工程条件和中、下游需水特点,对节水潜力等进行了充分估计,并分析了不同保障措施对方案执行的支撑作用。所以,总体来说,该方案是合理的。依据此方案实施生态水量调度取得了显著成效。

第四章　现状分水方案适应性评价

黑河水资源统一管理对下游生态恢复具有重大意义。黑河水量调度15年以来，共计实施“全线闭口、集中下泄”措施53次1 139 d，限制引水措施15次92 d，洪水期水量调度措施11次61 d。上游莺落峡断面累计来水270.95亿m^3，年均18.06亿m^3，高于多年平均来水量2.56亿m^3；正义峡断面累计实际下泄水量157.15亿m^3，年均10.48亿m^3。但根据“九七分水方案”要求的下泄指标推算，15年正义峡断面累计少下泄水量21.60亿m^3，占应下泄水量的12.08%。中游地区耗水量有所减少，较统一调度前的20世纪90年代减少了0.44亿m^3，初步遏制了耗水量逐年增加的趋势。但与国务院批复的多年平均情况下中游地区应耗水6.3亿m^3比较，仍偏多1.29亿m^3。调度年主要水文断面来水情况见表4-1。

表4-1　2000～2014年度主要水文断面年径流量统计

（单位：亿m^3）

调度年	莺落峡来水量		均值条件下泄指标	正义峡下泄水量		偏离值	累计误差
	来水量	距平		当年下泄指标	实际下泄量		
1999～2000	14.62	-1.18	8.0	6.60	6.50	-0.10	-0.10
2000～2001	13.13	-2.67	8.3	5.33	6.48	1.15	1.05
2001～2002	16.11	0.31	9.0	9.33	9.23	-0.10	0.95
2002～2003	19.03	3.23	9.5	13.24	11.61	-1.63	-0.68
2003～2004	14.98	-0.82	9.5	8.53	8.55	0.02	-0.66
2004～2005	18.08	2.28	9.5	12.09	10.49	-1.60	-2.26
2005～2006	17.89	2.09	9.5	11.86	11.45	-0.41	-2.67
2006～2007	20.65	4.85	9.5	15.20	11.96	-3.24	-5.91

续表 4-1

调度年	莺落峡来水量		均值条件下泄指标	正义峡下泄水量		偏离值	累计误差
	来水量	距平		当年下泄指标	实际下泄量		
2007～2008	18.87	3.07	9.5	13.04	11.82	-1.22	-7.13
2008～2009	21.30	5.49	9.5	15.98	11.98	-4.00	-11.13
2009～2010	17.45	1.65	9.5	11.32	9.57	-1.75	-12.88
2010～2011	18.06	2.26	9.5	12.06	11.27	-0.79	-13.67
2011～2012	19.35	3.55	9.5	13.62	11.13	-2.49	-16.16
2012～2013	19.53	3.73	9.5	13.84	11.91	-1.93	-18.09
2013～2014	21.90	6.1	9.5	16.71	13.20	-3.51	-21.60
合计	270.95	33.94		178.75	157.15	-21.60	

第一节　背景条件变化

一、水文情势变化

(一)干流水文情势变化

将“九二分水方案”中的1957～1987年水文序列延长至1957～2014年(见图4-1)。可以看出,将径流序列延长至2014年时,莺落峡断面平均径流量由原来的15.8亿m^3增加到16.4亿m^3,增加量为0.6亿m^3,比原来平均径流量增加了5.1%。由图4-1可以看出,自2000年黑河水量统一调度以来,黑河出现了连续的丰水年份,莺落峡断面平均来水为18.1亿m^3,比“九七分水方案”中的平均来水15.8亿m^3增加了2.3亿m^3,相比分水方案中的多年平均来水量增加了14.6%。

调度以来莺落峡断面来水情况与20世纪八九十年代相比发生了较大

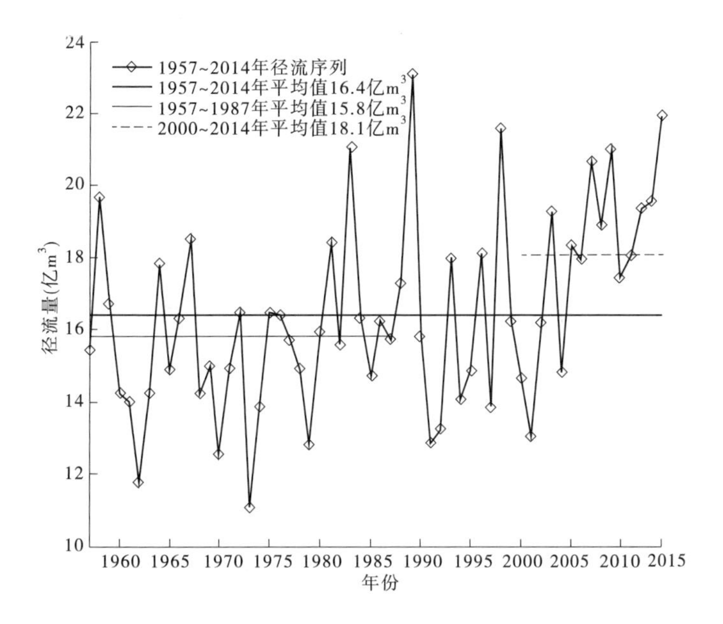

图 4-1 莺落峡断面径流序列图

变化,尤其常规调度以来变化更为明显,除 2003 ~ 2004 年度莺落峡断面来水量为 14.98 亿 m^3外,其他年度来水量均超过了 17 亿 m^3,超过了 25% 保证率下莺落峡断面来水量,其中有 6 年莺落峡断面来水超过 19 亿 m^3,超过了 10% 保证率下莺落峡断面来水量,水文情势发生了较大变化。

(二)支流水文情势变化

黑河流域东部子水系主要支流有山丹县的马营河、山丹河,民乐县的洪水河、大堵麻河、酥油口河等,高台县的摆浪河、大河、石灰关河、水关河等,临泽县的梨园河等,这些河流均有独立出山口,大多修建拦蓄工程,大部分径流用来灌溉农业,下游基本为季节性河流。黑河的 20 多条沿山支流,在 20 世纪 50 ~ 70 年代有部分河流的水量能进入黑河,70 年代以后,特别是在河流上修建水库之后,就很少有支流能汇入黑河干流中,全部水量被水库拦蓄,用来灌溉和饮用。据张掖市水务局统计,20 世纪五六十年代修建的水库只有 1 座,支流给黑河干流的补给量较大,为 2 亿 ~ 3 亿 m^3;随着人口的增长和灌溉面积的增加，70 年代各支流给黑河干流的补给量约 1.5 亿 m^3；到 80 年代末各支流补给干流的水量仅有 0.7 亿～0.9 亿 m^3；进入 90 年代末多数支流与干流已完全失去地表水力联系，使原来支流水系补给黑河干流的水资源条件发生了根本变化。

黑河沿山支流及所建水库基本情况见表 4-2。各支流不同年代汇入干流情况见表 4-3。

表 4-2　黑河沿山支流及所建水库基本情况

所在区（县）	支流及所建水库名称	流域面积（km^2）	多年平均径流量（亿 m^3）	总库容（万 m^3）	水库兴建年份	兴利库容（万 m^3）
民乐县	洪水河 双树寺水库	500	1.15	2 580	1971	2 380
	大堵麻河 瓦房城水库	229	0.85	2 160	1975	1 754
	童子坝河 翟寨子水库	331	0.77	1 460	1984	1 320
	海潮坝河 无水库	146	0.79			
	酥油口河 酥油口水库	147	0.43	385	1958	280
山丹县	马营河 李桥水库	1 143	0.90	1 540	1958	1 044
	山丹河 祁家店水库	3 223	0.86	2 410	1956	1 347
	寺沟河 寺沟水库	120	0.14	230	1958	200
	三十六道沟 三十六道沟水库	43		115	1971	
甘州区	大野口河 大野口水库	99	0.18	350	1980	320
临泽县	梨园河 鹦鸽嘴水库	2 240	2.18	2 500	1971	2 017

续表 4-2

所在区（县）	支流及所建水库名称	流域面积（km^2）	多年平均径流量（亿 m^3）	总库容（万 m^3）	水库兴建年份	兴利库容（万 m^3）
高台县	摆浪河 摆浪河水库	211	0.52	716	1972	678
	大河 大河峡水库	25	0.05	59	1968	50
	石灰关河 石灰关水库	68	0.13	104		
	水关河 水关水库	67.3	0.13		1972	
	红沙河 黑达坂水库	37	0.05	50	1959	

表 4-3　各支流不同年代汇入干流对比分析　（单位：亿 m^3）

各支流情况			20 世纪 50 年代	20 世纪 60 年代	20 世纪 70 年代	20 世纪 80 年代	20 世纪 90 年代	2000 年以后
山丹县马营河		来水量	0.64	0.65	0.6	0.56	0.5	0.54
		汇水量	0	0	0	0	0	0
临泽县梨园河		来水量	2.72	2.02	2.21	2.74	2.19	2.51
		汇水量	1.91	1.06	0.79	0.52	0	0
民乐县	洪水河		1.15	1.08	1.27	1.31	1.15	1.21
	大堵麻河		0.95	0.84	0.87	0.81	0.81	0.88
	玉带河		0.15	0.14	0.13	0.2	0.17	0.16
	小堵麻河		0.14	0.18	0.22	0.2	0.2	0.19
	海潮坝河		0.31	0.45	0.56	0.55	0.46	0.64
	童子坝河		0.83	0.74	0.7	0.87	0.61	0.66
	小计	来水量	3.35	3.34	3.75	3.95	3.4	3.74
		汇水量	2.18	1.38	1.45	1.13	0	0

续表 4-3

各支流情况			2000年以后	20世纪50年代	20世纪60年代	20世纪70年代	20世纪80年代	20世纪90年代
甘州区	酥油口河		0.45	0.37	0.45	0.49	0.46	0.48
	大野口河		0.17	0.14	0.15	0.12	0.12	0.14
	小计	来水量	0.62	0.51	0.6	0.61	0.58	0.52
		汇水量	0.3	0.16	0.23	0.18	0.03	-0.06
高台县	白浪河	来水量	0.43	0.51	0.51	0.4	0.41	0.49
		汇水量	0.17	0.19	0.11	0	0	0

二、降水同频分析

2000~2015年,黑河莺落峡站和正义峡站降水量年际波动起伏变化,水面蒸发量年际变化小,见图4-2和图4-3。从15年降水量变化过程可以看出,莺落峡站的年降水量均大于正义峡站的年降水量,且两站年降水量的变化趋势大致相同。莺落峡站年降水量最大达到240.6 mm,而正义峡站最大年降水量只有112.2 mm。莺落峡站多年平均降水量为185.04 mm,正义峡站多年平均降水量为71.17 mm,前者是后者的2.5倍多,由此可见中上游与下游的气候条件相差很大。与年降水量变化过程不同的是,正义峡站年水面蒸发量均大于莺落峡站,而且莺落峡站年水面蒸发量有逐渐下降趋势。另外,莺落峡站多年平均水面蒸发量是其多年平均降水量的6.7倍,而正义峡站多年平均水面蒸发量是多年平均降水量的22.4倍,进一步说明了黑河流域气候条件时空分布的不均匀性,表现为莺落峡站降水量多、蒸发量少,而正义峡站降水量少、蒸发量多。降水量与蒸发量的变化对中游水资源的时空分布产生影响,进而影响正义峡断面的下泄水量。

(一)时频关系分析方法

相关性主要是指不同观测时间序列的线性相关程度,相关程度越高,不同时间序列的一致性越好。设两个观测的时间序列分别为 $X(t)$ 和 $Y(t)$,

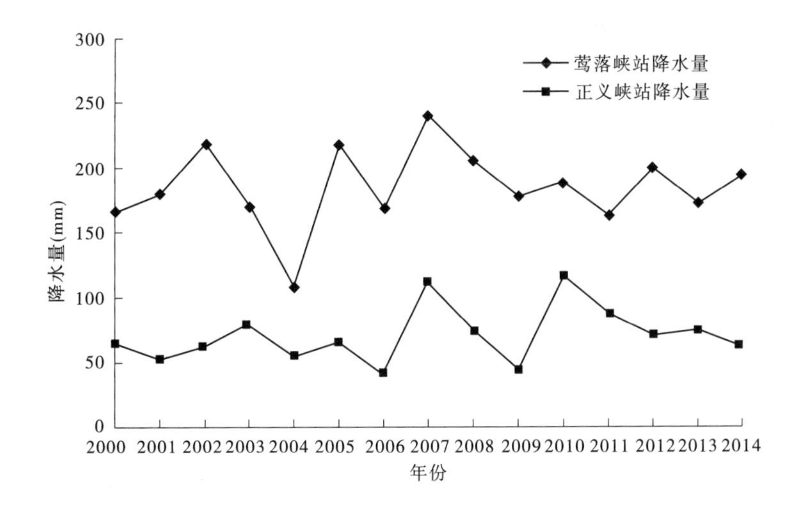

图 4-2　莺落峡、正义峡站 2000～2014 年降水量变化过程

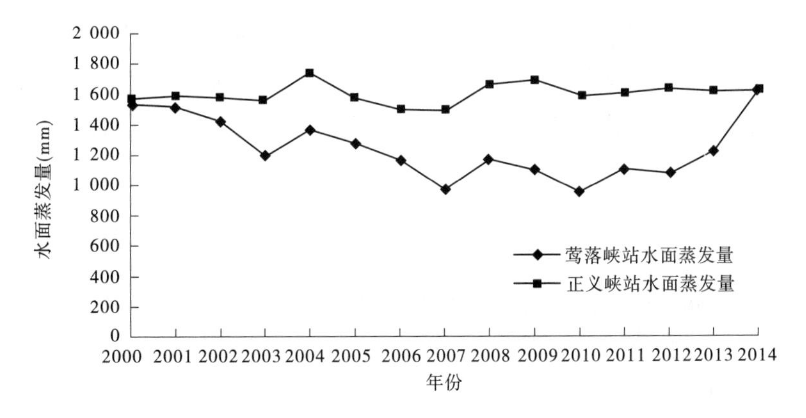

图 4-3　莺落峡、正义峡站 2000～2014 年水面蒸发量变化过程

序列长度(时段数量)为 N,两个观测的时间序列的线性互相关系数 RC ($|RC| \leqslant 1$)公式如下:

$$RC = \frac{\sum_{t=1}^{N}[Y(t) - \overline{Y(t)}][X(t) - \overline{X(t)}]}{\sqrt{\sum_{t=1}^{N}[Y(t) - \overline{Y(t)}]^2}\sqrt{\sum_{t=1}^{N}[X(t) - \overline{X(t)}]^2}} \tag{4-1}$$

特别地,当 $RC = 1$ 时,则两个观测的时间序列完全一致;当 $RC = -1$

时,两个观测的时间序列完全相反。

遭遇性是指不同观测时间序列发生频率的组合特点,即不同观测时间序列的相近程度或差异程度。设两个观测时间序列的频率过程分别为 $f_1(t)$ 和 $f_2(t)$,给定可接受的最大频率差值 Δf_{max},计算遭遇性指数 $EI(0 \leqslant EI \leqslant 1)$:

$$EI = \frac{n(|f_1(t) - f_2(t)| \leqslant \Delta f_{max})}{N} \tag{4-2}$$

式中:$n(|f_1(t) - f_2(t)| \leqslant \Delta f_{max})$ 表示两观测时间序列频率之差 $|f_1(t) - f_2(t)|$ 小于 Δf_{max} 的时段数量。

就式(4-2)而言,EI 越大,两个观测时间序列的同频遭遇性越强,互补性越差。无论是相关性分析,还是遭遇性分析,一般采用年尺度计算。

同步性是指不同观测时间序列年内过程的一致性,即同增同减特性。如果两个观测时间序列的年内变化增减完全一致,则两个观测时间序列变化完全同步;若两个观测时间序列增减方向完全相反,则两个观测时间序列完全异步。为表征过程的同步程度,构造同步性指数 $SI(-1 \leqslant SI \leqslant 1)$ 如下:

$$SI = \frac{2m}{N-1} - 1 \tag{4-3}$$

式中:$m(0 \leqslant m \leqslant N-1)$ 为 $X(t)$ 和 $Y(t)$ 同向变化的次数。

当 $SI = 1$ 时,则观测时间序列 $X(t)$ 和 $Y(t)$ 完全同步或同增同减;当 $SI = -1$ 时,则观测时间序列 $X(t)$ 和 $Y(t)$ 完全异步或增减相反。在一些情况下,观测时间序列 $X(t)$ 与 $Y(t)$ 错开一定时间间隔(滞时)τ 后,序列的同步性反而增强,即 $X(t \pm \tau)$ 与 $Y(t)$ 的同步性指数有所提高,这种现象被称为观测时间序列的滞时同步性。

此外,同步性指数的绝对值 $|SI|$ 还能反映两个观测时间序列过程的关联程度,$|SI|$ 越大,不同观测时间序列越相依或者越不独立。利用等间隔法将 $|SI|$ 分为五级,如表 4-4 所示。根据 $|SI|$ 的大小及分级,可初步判断观测时间序列过程的相依性或独立性。

表 4-4　径流过程关联程度分级

同步性指数绝对值	[0,0.2]	(0.2,0.4]	(0.4,0.6]	(0.6,0.8]	(0.8,1.0]
径流过程关联程度	很弱	较弱	中等	较强	很强

综上所述,线性互相关系数 *RC*、遭遇性指数 *EI* 和同步性系数 *SI* 分别从不同角度描述了不同断面径流过程的一致性,数值越大,径流过程一致性越好。

(二)黑河上、中游降水同步性

选取黑河流域上、中游的祁连、野牛沟、张掖、临泽 4 个水文站作为研究对象,根据黑河流域资料的完整情况,选取 1967 年 7 月至 2015 年 6 月共 48 个水文年的降水资料,上游选取祁连站、野牛沟站的均值,中游选取张掖站、高台站的均值。以旬为计算时段,黑河上、中游降水同步性计算结果如图 4-4 所示。

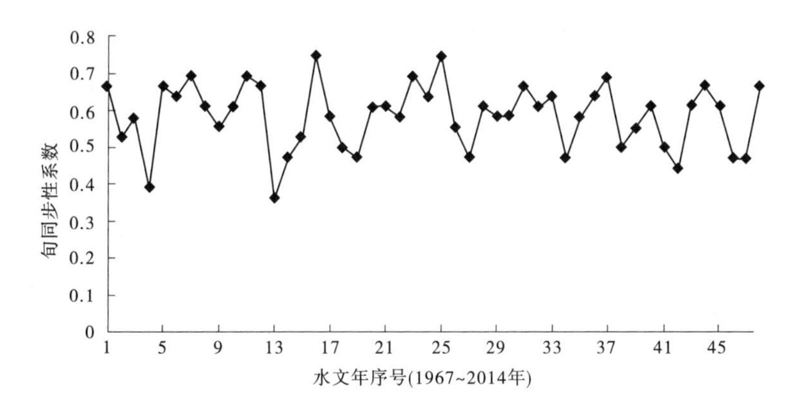

图 4-4　上游和中游的降水同步性

经过计算,黑河流域上、中游之间的降水同步性系数多年均值为 0.59,说明黑河流域上、中游之间的降水同步性较强。

以各个气象站的年降水数据为研究对象,对其进行排频,绘制频率散点图如图 4-5 所示。

计算上、中游气象站相同年份的频率差,统计绝对值在 20% 以内的年数共有 26 年,除以研究的总年数 48 年,得到黑河流域上、中游的降水遭遇

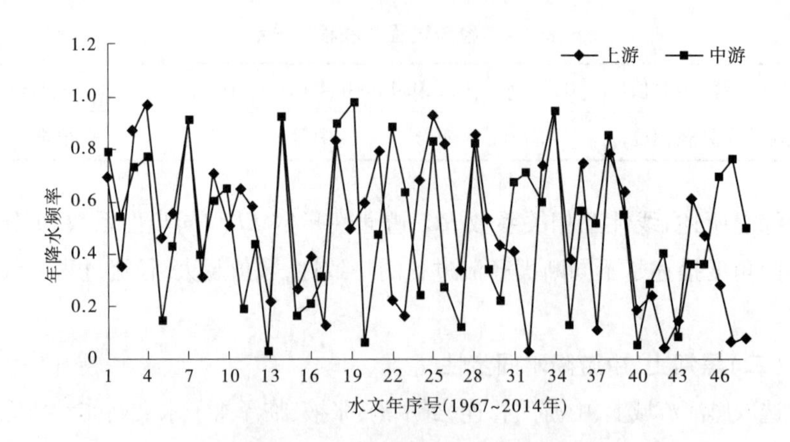

图 4-5　上游和中游的降雨遭遇性

性指数为 0.54，遭遇性一般。

黑河流域属于资源性缺水地区，主汛期的降水直接主导全年的降水走势，因此有必要对主汛期数据进行分析。黑河流域主汛期为 7 月、8 月，对 48 个水文年 7 月、8 月的降水数据进行年代平均处理，结果见图 4-6。

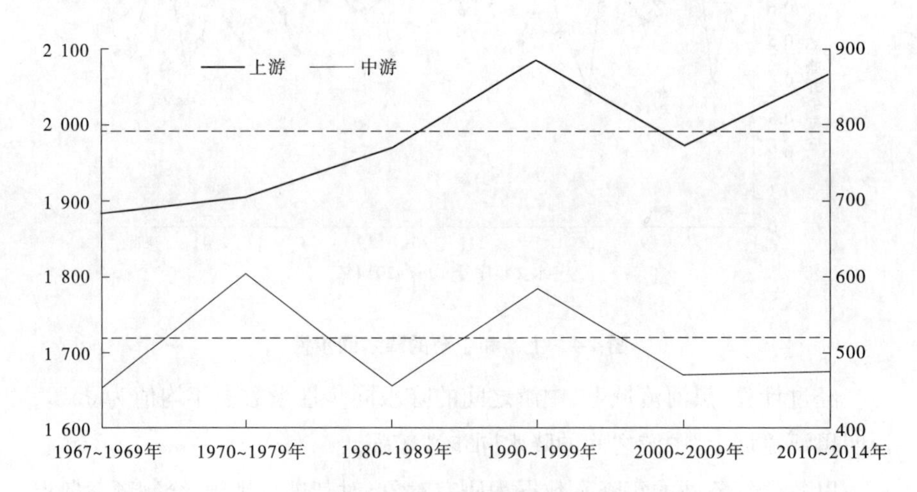

图 4-6　上游和中游主汛期不同年代平均降水

由图 4-6 可以看出，整个长系列降水过程中，上游主汛期降水和中游主汛期降水在 20 世纪七八十年代不同步，90 年代基本同步，2000 年后上游主汛期降水呈增大趋势，中游主汛期降水变化不大。因此，黑河上游、中游主汛期多年平均降水量并不是完全同步的。

(三)降水与径流的关系

根据黑河中游地区 2000～2014 年平均降水资料和莺落峡断面年径流资料,建立相应的双累积曲线图(见图 4-7)。从图 4-7 中可以看出,年降水量和莺落峡断面年径流量双累积曲线变化比较平稳,没有表现出明显的转折变化,基本上呈线性关系,这说明莺落峡以上的流域降雨径流关系没有发生明显变化。

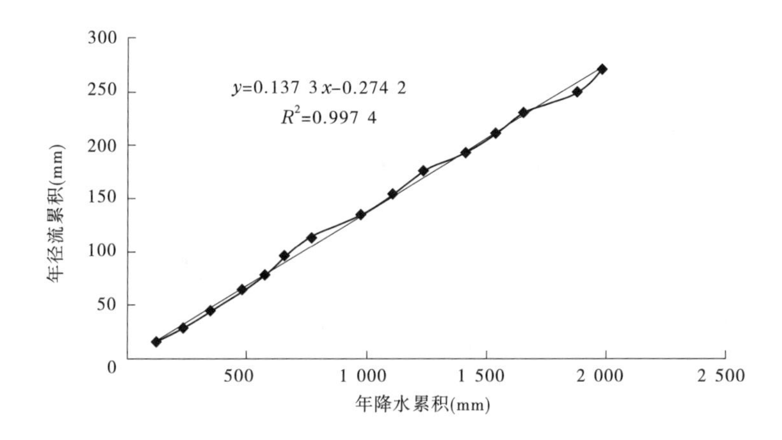

图 4-7 年降水量和年径流量双累积曲线图

根据莺落峡断面 1945～2014 年径流量系列资料,求得莺落峡断面多年平均径流量为 16.24 亿 m^3,变差系数 C_v 为 0.16,最大径流量为 23.11 亿 m^3,最小径流量为 11.04 亿 m^3。多年平均径流量比分水方案确定的多年平均径流量 15.8 亿 m^3偏大,是因为自 2002 年之后莺落峡断面来水量持续偏丰。莺落峡断面 20 世纪 50～90 年代来水量依次为 16.37 亿 m^3、15.08 亿 m^3、14.51 亿 m^3、17.44 亿 m^3、15.85 亿 m^3,2000 年之后为 17.55 亿 m^3。

三、径流时频分析

径流时频关系是指河道不同观测断面的径流过程在时间上和频率上的关联性,根据观测断面的位置关系分为三种类型:同一河道上、下游观测断面的径流时频关系,同一流域不同支流观测断面的径流时频关系和不同流域观测断面径流时频关系。很显然,黑河流域径流时频关系属于第二种类型。下面将着重研究黑河干流上游和支流(梨园河)的时频关系,分别从相关性、遭遇性和同步性三个角度探讨黑河流域径流时频关系,为黑河流域水资源调度与配置提供决策依据。

梨园河是黑河中游的一条重要支流,于临泽县汇入黑河干流,年均径流量约占黑河上游的14%。20世纪90年代后期,梨园河鹦鸽嘴水库的修建,缓解了临泽县缺水局面,但也造成了梨园河与黑河干流水力联系严重减弱的状况。在丰水年份汛期,鹦鸽嘴水库因库容有限,不能蓄存的水量以弃水形式输入黑河干流,而在其他年份和季节基本不会补给黑河干流。

通过1954~2013年黑河莺落峡断面与梨园堡断面的流量资料,分析黑河干、支流径流过程的时频关系,如图4-8~图4-10所示。

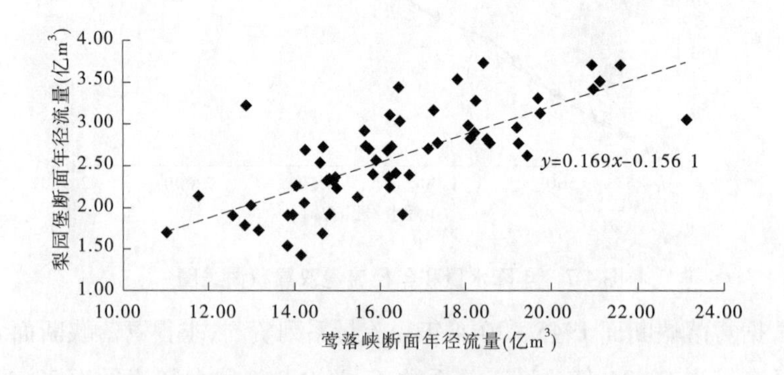

图4-8　黑河干流与梨园河年径流序列互相关关系

经分析计算,利用梨园堡和莺落峡两站径流的相关性为 $RC=0.71$,黑河干流与梨园河的径流遭遇性和同步性系数分别为0.66、0.69。

从图4-11看出,莺落峡断面、梨园堡断面的来水量与正义峡断面的下泄水量呈现类似的变化趋势,根据2000~2014年三站的年径流量资料得到,莺落峡与梨园堡径流量丰、枯同步的概率为0.60,莺落峡与正义峡径流量丰、枯同步的概率为0.84,梨园堡与正义峡径流量丰、枯同步的概率为0.56。虽然同频概率相对较高,但径流的量级相差较大,2000年以来莺落峡断面来水量有逐渐增加趋势,特别是自2005年以来,黑河干流来水连续

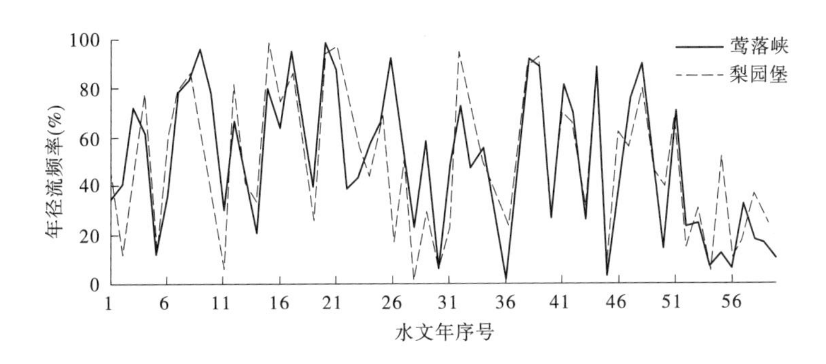

图 4-9　黑河干流与梨园河逐年径流频率变化过程

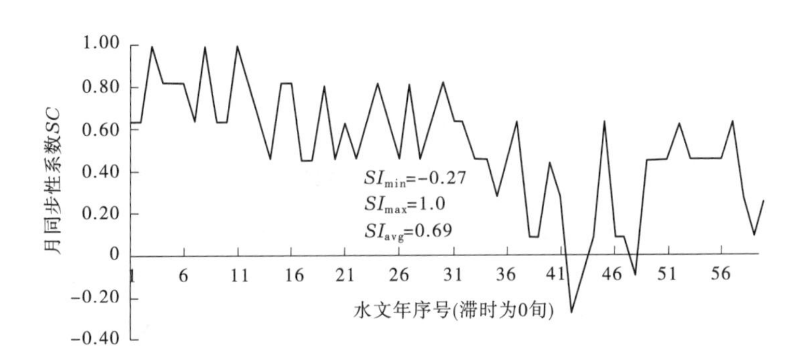

图 4-10　黑河干流与梨园河径流变化过程同步性

8 年偏丰，另外由于全年来水分布不均和无法准确预测，呈现出全年持续偏丰的水情特点。而梨园堡径流量年际变化比较小，多年平均径流量为 2.4 亿 m^3，每年大约 1.6 亿 m^3 来水量用于灌区灌溉，剩下 0.8 亿 m^3 径流量蒸发渗漏之后，基本与黑河干流失去地表水力联系，遇较大洪水年份约有 0.2 亿 m^3 进入黑河干流，对正义峡断面下泄水量影响甚微。区间其他沿山支流基本与干流失去地表水力联系。

四、社会经济发展变化

（一）人口变化

1. 中游地区

黑河中游地区在行政区划上包含张掖市甘州区、临泽县、高台县、山丹

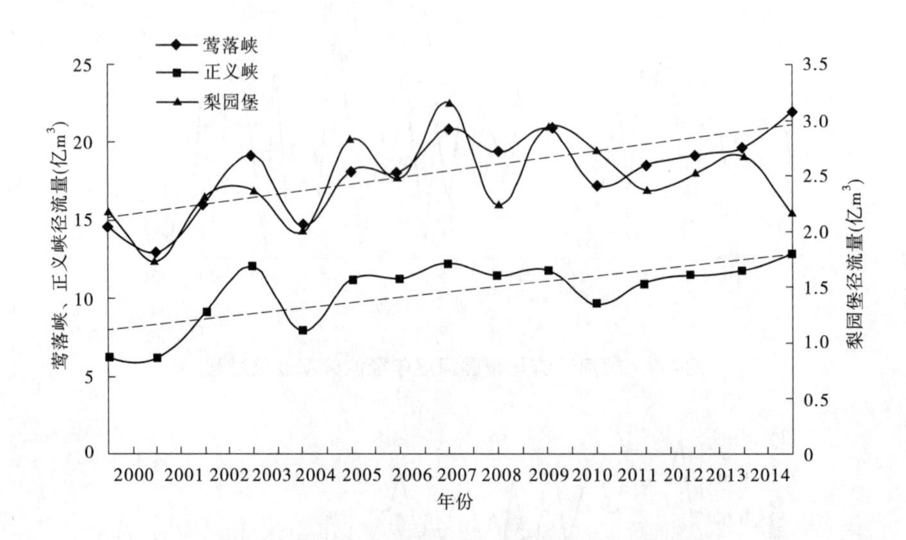

图4-11 莺落峡、正义峡、梨园堡径流量变化过程

县和民乐县，但由于沿山支流与干流基本失去地表水力联系，所以仅收集黑河干流可以补给的区域，即甘州区、临泽县和高台县。根据2000～2014年张掖市年鉴统计数据，三县(区)总人口由2000年的78.33万人增加到2010年的82.75万人，增加了4.42万，增长了5.64%。三县(区)人口结构表现为农村人口多，城镇人口少。2014年，其农村人口比重为57.20%，城镇人口比重为42.80%，2000～2014年，城镇人口比重从20.4%上升到42.8%，城镇化有所改善，城镇人口明显上升，农村人口比重由79.6%下降到57.2%，城镇化水平有所提高，但是农村人口依旧占绝大多数。

2. 下游鼎新灌区

统计2006～2013年鼎新镇数据可知，鼎新镇人口结构表现为农村人口多，非农业人口少；农业人口表现为先上升、后下降，非农业人口表现为先下降、后上升，但变化幅度都很小。从数量上来说，人口总体稳定。

3. 下游额济纳旗地区

根据额济纳旗年鉴统计，2000年额济纳旗人口总数为1.63万人。根据第六次全国人口普查数据，2010年11月1日，额济纳旗常住人口为3.24万人。

(二)产业结构变化

1. 中游地区

黑河中游地区集中了流域90%的人口和耕地,地理位置优越,经济发展迅速,张掖市以农业为主。统计2000~2014年黑河中游地区三产业生产总值,得到表4-5,并绘制研究区2000~2014年三产业占GDP比重图,见图4-12。由表4-5可见,黑河中游地区产业结构中第一产业略有波动,但总体上处于下降趋势;第二产业、第三产业略有波动,但总体处于上升状态;从图4-12看出,2004年以前,产业结构中第一产业占主导地位,第三产业高于第二产业比重,2004年之后,随着产业结构调整,第一产业比重呈现逐渐下降的趋势,第二、第三产业比重逐渐增大,产业结构转变为“三二一”。

2000~2014年,黑河中游地区生产总值一直处于增长状态,2014年第一产业占GDP比重为25.38%,比2000年下降了15.74%;第二产业占GDP比重为29.17%,比2000年增长了2.19%;第三产业占GDP比重为45.45%,比2000年增长了13.46%。由此可见,2014年第三产业比重最大。

表4-5　中游研究区2000~2014年三产业产值统计

年份	生产总值(亿元)				百分比(%)		
	合计	第一产业	第二产业	第三产业	第一产业	第二产业	第三产业
2000	42.32	17.36	11.42	13.54	41.02	26.99	31.99
2001	47.29	18.54	12.84	15.91	39.20	27.15	33.65
2002	52.86	19.58	15.31	17.97	37.03	28.97	34.00
2003	58.80	20.71	17.85	20.24	35.22	30.36	34.42
2004	69.42	24.30	21.95	23.17	35.00	31.62	33.38
2005	77.52	25.89	24.53	27.00	33.44	31.68	34.88
2006	88.55	27.17	30.40	30.98	30.69	34.33	34.99
2007	103.28	31.44	37.04	34.80	30.44	35.86	33.70
2008	119.49	35.05	44.18	40.27	29.33	36.97	33.70
2009	133.23	38.45	47.78	47.00	28.86	35.86	35.28
2010	147.01	44.75	48.53	53.73	30.44	33.01	36.55

续表 4-5

年份	生产总值(亿元)				百分比(%)		
	合计	第一产业	第二产业	第三产业	第一产业	第二产业	第三产业
2011	178.71	52.71	62.24	63.76	29.49	34.83	35.68
2012	198.12	59.39	64.01	74.72	29.98	32.31	37.71
2013	229.85	61.79	71.03	97.02	26.89	30.90	42.21
2014	245.98	62.42	71.76	111.80	25.38	29.17	45.45

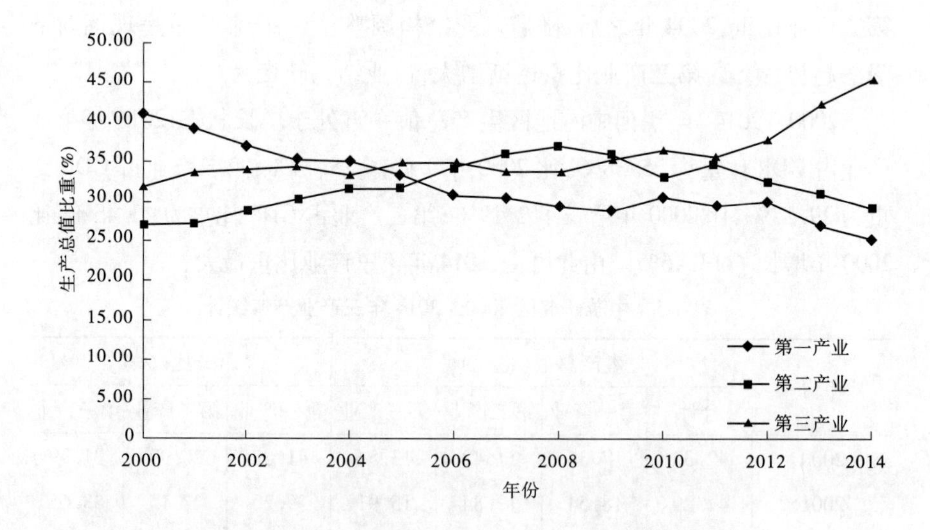

图 4-12　中游地区 2000 ~ 2014 年三产业占 GDP 比重

黑河中游地区三县(区)三产业生产总值 2000 ~ 2014 年发生了显著变化,均呈现不断增长趋势。甘州、临泽、高台三县(区)三产业生产总值如表 4-6所示。其中,三县(区)中,高台县生产总值增长最快,2014 年比 2000 年增长 6.52 倍;其次为临泽县,增长 6 倍;增长最慢的为甘州区,为 5.55 倍。三县(区)中,占比重最大的是甘州区,其次为高台县,最小是临泽县,以 2014 年为例,分别为 60.23%、20.49% 及 19.28%。

表 4-6　三县(区)2000~2014 年三产业产值统计

年份	甘州区生产总值				临泽县生产总值				高台县生产总值			
	合计	第一产业	第二产业	第三产业	合计	第一产业	第二产业	第三产业	合计	第一产业	第二产业	第三产业
2000	26.70	9.35	7.42	9.93	7.90	3.45	2.43	2.02	7.72	4.56	1.57	1.59
2001	29.86	10.02	8.33	11.52	8.82	3.67	2.70	2.45	8.61	4.85	1.81	1.95
2002	33.80	10.56	10.24	13.00	9.66	3.86	3.05	2.76	9.41	5.16	2.03	2.22
2003	37.88	11.15	11.89	14.84	10.69	4.06	3.64	2.99	10.24	5.49	2.32	2.42
2004	44.86	13.10	14.47	17.30	12.29	4.73	4.43	3.13	12.26	6.47	3.05	2.74
2005	50.15	13.94	16.01	20.20	13.81	5.07	5.07	3.66	13.46	6.88	3.45	3.13
2006	57.30	14.61	19.48	23.21	15.80	5.40	6.24	4.14	15.48	7.16	4.68	3.64
2007	66.63	16.82	23.66	26.15	18.36	6.27	7.52	4.57	18.28	8.33	5.87	4.08
2008	77.38	19.38	27.46	30.54	22.80	7.15	9.30	6.35	21.60	8.70	7.95	4.95
2009	84.57	21.22	29.22	34.13	24.61	7.68	9.80	7.14	24.05	9.55	8.76	5.74
2010	93.46	24.64	30.04	38.78	26.81	8.84	9.71	8.26	26.74	11.27	8.78	6.69
2011	115.54	29.55	39.73	46.26	31.44	10.48	11.42	9.54	31.73	12.68	11.09	7.96
2012	123.82	33.17	36.41	54.24	36.69	12.10	13.43	11.17	37.61	14.11	14.18	9.32
2013	140.54	33.70	38.02	68.82	43.77	12.83	16.76	14.18	45.54	15.27	16.25	14.02
2014	148.16	33.81	38.26	76.09	47.42	12.71	16.68	18.03	50.39	15.90	16.82	17.68

统计黑河中游地区甘州、临泽、高台三县(区)国内生产总值、农业总产值、农业产值及粮食总产量数据,得到表4-7。从表4-7 中可以看出,2000 年之后中游地区的国内生产总值、农业总产值快速增长,历年农业产值占三县(区)国内生产总值的比重略有减小,不过都在 50% 上下浮动,是三县(区)的主要经济来源。农业总产值 2014 年是 2000 年的 4.08 倍,年均增长率为 13.40%;粮食总产量 2014 年是 2000 年的 1.29 倍,年均增长率为 1.85%。

表 4-7　三县(区)2000~2014 年相关产值统计

年份	国内生产总值(亿元)	农业总产值(亿元)	农业产值(亿元)	粮食总产量(亿 kg)
2000	42.32	38.67	29.74	5.83
2001	47.29	39.02	29.03	5.55
2002	52.87	42.95	31.25	4.98
2003	58.81	46.07	32.34	4.93
2004	69.41	54.41	37.55	4.98
2005	77.42	58.93	40.39	5.30
2006	88.58	62.17	43.30	5.33
2007	103.27	76.80	51.13	5.38
2008	121.78	85.24	53.10	5.44
2009	133.23	91.28	57.51	5.94
2010	147.01	104.83	66.76	6.41
2011	178.71	117.86	74.10	6.88
2012	198.12	138.66	89.35	7.19
2013	229.85	154.88	99.54	7.47
2014	245.97	157.91	99.23	7.53

2. 金塔县

统计2004～2013年黑河下游金塔县生产总值，得到表4-8，并绘制研究区2000～2014年三产业占GDP比重图，见图4-13。由统计数据可得，金塔县地区产业结构中第一产业所占比重一直下降；第二产业所占比重一直上升；第三产业略有波动，总体处于上升状态，逐渐代替第一产业成为鼎新地区主要经济来源，产业结构已调整为“三二一”。

表4-8 金塔县2004～2013年三产业产值统计

年份	生产总值(亿元)				百分比(%)		
	合计	第一产业	第二产业	第三产业	第一产业	第二产业	第三产业
2004	13.28	6.47	2.31	4.49	48.77	17.42	33.81
2005	15.07	7.35	2.38	5.34	48.79	15.79	35.44
2006	18.00	8.06	3.27	6.67	44.77	18.15	37.08
2007	21.14	8.89	4.09	8.16	42.04	19.35	38.61
2008	25.40	9.27	5.73	10.40	36.49	22.55	40.95
2009	29.92	9.91	7.06	12.95	33.11	23.61	43.28
2010	36.83	12.14	8.98	15.72	32.95	24.37	42.68
2011	46.07	13.91	13.62	18.54	30.19	29.56	40.25
2012	58.17	15.75	20.51	21.91	27.08	35.26	37.67
2013	67.6	17.3	24.1	26.2	25.59	35.65	38.76

鼎新镇位于金塔县东北部，距县城90 km，是金塔县第二大绿洲，其主要产业是农业，农业灌溉主要来自于黑河以及地下水。统计鼎新镇地区2006～2013年农业总产值及粮食总产量，得到表4-9。由表4-9可见，2006～2013年间鼎新镇的农业总产值一直处于上升趋势，2013年农业总产值为3.63亿元，比2006年增长了115.67%，年均增长率达到11.54%。而粮食总产量呈现先上升后下降至平缓的趋势，最高时为2009年，达到

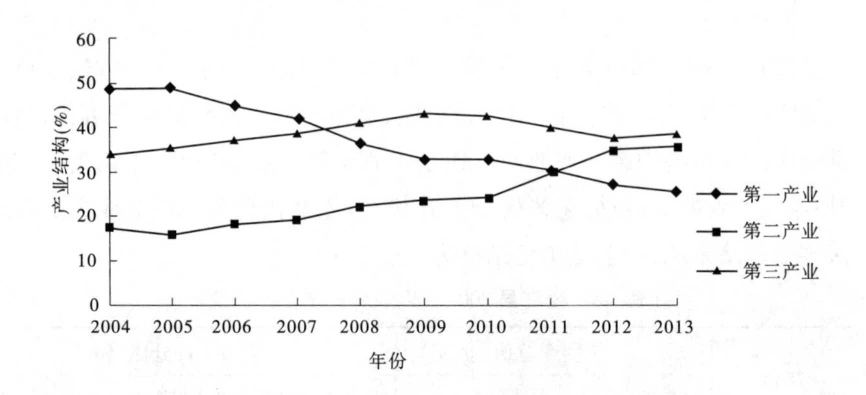

图 4-13 金塔县三产结构变化

825.93 万 kg,是最低时 2006 年 249.75 万 kg 的 3.31 倍。

表 4-9 鼎新镇 2006 ~ 2013 年农业总产值及粮食总产量统计

年份	2006	2007	2008	2009	2010	2011	2012	2013
农业总产值(亿元)	1.69	1.85	2	2.16	2.66	3.02	3.39	3.63
粮食总产量(万 kg)	249.75	314.01	633.79	825.93	737.14	420.4	334	452.7

3. 额济纳旗

统计黑河下游地区额济纳旗地区生产总值及第一、第二、第三产业数据,得到表 4-10,并绘制额济纳三角洲地区 2000 ~ 2014 年三产业占 GDP 比重图,见图 4-14。由表 4-10、图 4-14 可见,由于进入额济纳旗的黑河水量较少,所以不同于狼心山断面前的黑河流域地区,第一产业产值一直比较低,在 2000 ~ 2014 年的 15 年间仅仅增加了 1.26 亿元,所占产值比重一直下降;第二产业产值增加比重较大,2014 年产值比 2000 年产值增加了近 28 亿元,年均增长率达到 34.68%,在三产业中增速处于领先地位;第三产业所占三产业比重变化不大,一直在 30% ~ 40% 波动。

表 4-10　额济纳三角洲 2000～2014 年三产业产值统计

年份	生产总值(亿元)				百分比(%)		
	合计	第一产业	第二产业	第三产业	第一产业	第二产业	第三产业
2000	1.44	0.42	0.44	0.58	29.16	30.58	40.26
2001	1.68	0.44	0.59	0.66	26.00	34.99	39.01
2002	1.90	0.45	0.67	0.78	23.69	35.26	41.05
2003	2.77	0.49	1.19	1.10	17.69	42.80	39.51
2004	6.64	0.44	3.58	2.62	6.64	53.89	39.47
2005	8.05	0.52	4.19	3.34	6.45	52.02	41.52
2006	10.52	0.62	5.38	4.52	5.89	51.13	42.98
2007	14.01	0.76	7.19	6.05	5.46	51.31	43.23
2008	20.42	0.94	11.45	8.03	4.61	56.08	39.31
2009	27.40	1.05	16.77	9.57	3.84	61.23	34.93
2010	31.53	1.19	18.52	11.82	3.77	58.76	37.50
2011	39.89	1.38	24.52	14.00	3.45	61.46	35.09
2012	43.91	1.48	26.94	15.49	3.37	61.35	35.28
2013	47.13	1.64	27.61	17.88	3.47	58.59	37.94
2014	49.19	1.68	28.45	19.06	3.42	57.84	38.74

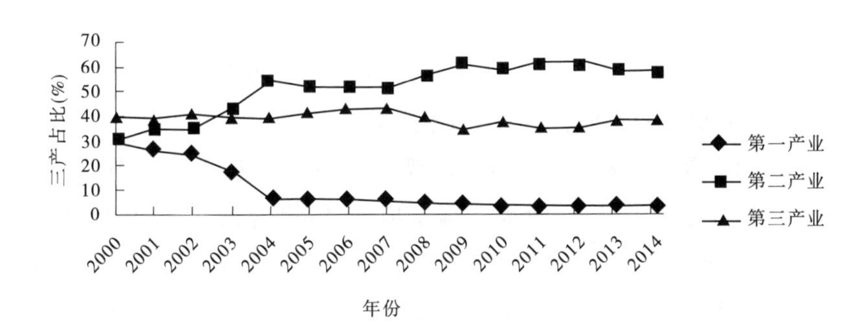

图 4-14　额济纳三角洲地区 2000～2014 年三产业占 GDP 比重

第二节　黑河中、下游土地利用变化

土地利用的变化直接体现和反映了人类活动的影响水平，其对水文过程的影响主要表现为对水分循环过程及水量水质的改变作用方面，最终结果直接导致水资源供需关系发生变化，从而对流域生态和社会经济发展等多方面具有显著影响。影响水文过程的主要 LUCC 过程，在区域尺度上主要包括植被变化、农业开发活动、道路建设以及城镇化等。对黑河流域而言，上游是产流区，中游是水资源利用区，下游是消耗区，在过去的二三十年中，中、下游地区发生了较大变化，对水资源开发利用产生较大影响。

一、遥感解译数据来源及解译方法

黑河流域是我国生态环境最为脆弱的地区之一。目前，该流域是土地规划与区域可持续发展等研究和实践中最活跃的地区，过去 20 多年间，存在许多种分辨率遥感存档影像，利用这些遥感影像监测土地利用的变化成为一种必然的选择。结合本次解译的目标，为突出显示植被特征，对 TM、ETM+影像采用 4、3、2 通道进行假彩色合成，在 ArcGIS 软件支持下，根据实地调查和其他文字资料采用人机交互式解译对各时期的遥感影像按照一定的分类标准进行信息提取与制图，具体技术流程见图 4-15。

影像数据主要来源于 USGS 数据库和黑河研究的数据积累，覆盖中、下游地区的 20 世纪 90 年代、2000 年、2005 年和 2011 年四期 TM/ETM+遥感影像（参数如表 4-11 和表 4-12 所示），数据时相主要为植被长势较好的 7 月、8 月，部分缺少的数据利用相邻年代的数据补充。

土地利用数据主要基于遥感影像数据，采用计算机自动分类和人工校验与修订的方法解译获取。黑河流域土地利用分类系统采用中国科学院全国 1:10 万土地利用分类系统。该分类系统是一个分层的分类系统，将全国分为 6 个一级类（耕地、林地、草地、水域、城乡和工矿、居民用地和未利用土地），31 个二级类，如表 4-13 所示。

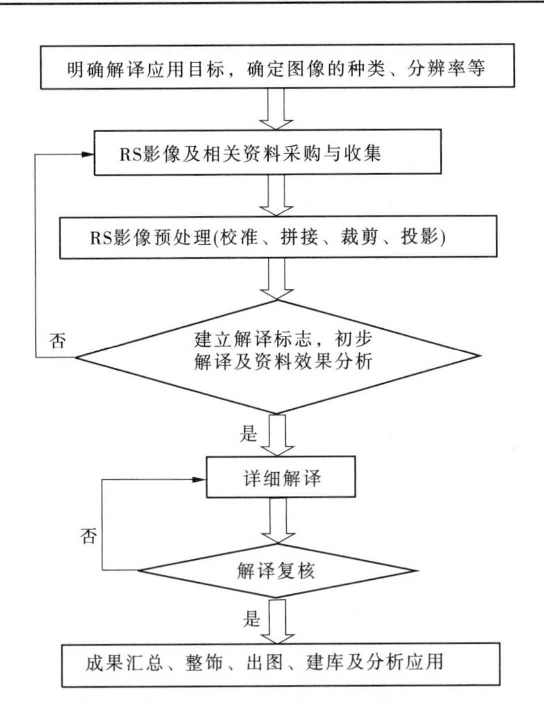

图 4-15　遥感解译流程

表 4-11　TM 波段编号和波长范围

波段	波长范围(μm)	分辨率(m)
1	0.45 ~ 0.53	30
2	0.52 ~ 0.60	30
3	0.63 ~ 0.69	30
4	0.76 ~ 0.90	30
5	1.55 ~ 1.75	30
6	10.40 ~ 12.50	120
7	2.08 ~ 2.35	30

表 4-12　ETM + 波段编号和波长范围

波段	波长范围(μm)	分辨率(m)
1	0.45 ~ 0.515	30
2	0.525 ~ 0.605	30
3	0.63 ~ 0.690	30
4	0.75 ~ 0.90	30
5	1.55 ~ 1.75	30
6	10.40 ~ 12.50	60
7	2.09 ~ 2.35	30
全色	0.52 ~ 0.90	15

表 4-13　土地利用分类系统定义

编号	名称	含义
11	水田	指有水源保证和灌溉设施,在一般年景能正常灌溉,用以种植水稻、莲藕等水生农作物的耕地,包括实行水稻和旱地作物轮种的耕地
12	旱地	指无灌溉水源及设施,靠天然降水生长作物的耕地;有水源和浇灌设施,在一般年景下能正常灌溉的旱作物耕地;以种菜为主的耕地,正常轮作的休闲地和轮歇地
21	有林地	>30%
22	灌木林	指郁闭度>40%、高度在 2 m 以下的矮林地和灌丛林地
23	疏林地	指疏林地(郁闭度为 10% ~30%)
24	其他林地	未成林造林地、迹地、苗圃及各类园地(果园、桑园、茶园、热作林园地等)
31	高覆盖度草地	>50% 的天然草地、改良草地和割草地
32	中覆盖度草地	20% ~50% 的天然草地和改良草地
33	低覆盖度草地	5% ~20% 的天然草地
41	河渠	指天然形成或人工开挖的河流及主干渠常年水位以下的土地,人工渠包括堤岸
42	湖泊	指天然形成的积水区常年水位以下的土地
43	水库坑塘	指人工修建的蓄水区常年水位以下的土地
44	永久性冰川雪地	指常年被冰川和积雪所覆盖的土地
45	滩涂	指沿海大潮高潮位与低潮位之间的潮侵地带
46	滩地	指河、湖水域平水期水位与洪水期水位之间的土地
51	城镇用地	指大、中、小城市及县、镇以上建成区用地
52	农村居民点	指农村居民点
53	其他建设用地	指独立于城镇以外的厂矿、大型工业区、油田、盐场、采石场等用地,交通道路、机场及特殊用地

续表 4-13

编号	名称	含义
61	沙地	指地表为沙覆盖,植被覆盖度在 5% 以下的土地,包括沙漠,不包括水系中的沙滩
62	戈壁	指地表以碎砾石为主,植被覆盖度在 5% 以下的土地
63	盐碱地	指地表盐碱聚集,植被稀少,只能生长耐盐碱植物的土地
64	沼泽地	指地势平坦低洼,排水不畅,长期潮湿,季节性积水或常积水,表层生长湿生植物的土地
65	裸土地	指地表土质覆盖,植被覆盖度在 5% 的土地
66	裸岩石砾地	指地表为岩石或石砾,其覆盖面积在 5% 的土地
67	其他	指其他未利用土地,包括高寒荒漠、苔原等
其中耕地的第三位代码为:1 山地、2 丘陵、3 平原、4 大于 25°的坡地		

本次土地利用分析边界为黑河流域中游(甘州、临泽、高台、民乐、山丹和肃南县的大泉沟)和黑河流域下游(鼎新、额济纳三角洲和古日乃地区)(见图 4-16),需要说明的是:

(1)肃南县与黑河边界不易区分,且肃南县沿山灌区与干流地表水力联系关系简单,所以将肃南县的大泉沟列入土地利用分析边界。

(2)下游绿洲区主要分布在额济纳三角洲和古日乃区域,所以大片戈壁区未划入本次土地利用分析边界。

土地利用主要分析工具为 ESRI ArcGIS,为了便于分析,从原始土地利用图中提取耕地图层。为了分析耕地与其他土地利用类型的转换关系,将原始土地利用分类系统经过重新归类为八大类,在土地利用变化及景观结构变化分析中,主要关注几种土地利用大类的转化关系,所以将表 4-13 的土地利用分类系统进行重新归类,如表 4-14 所示。

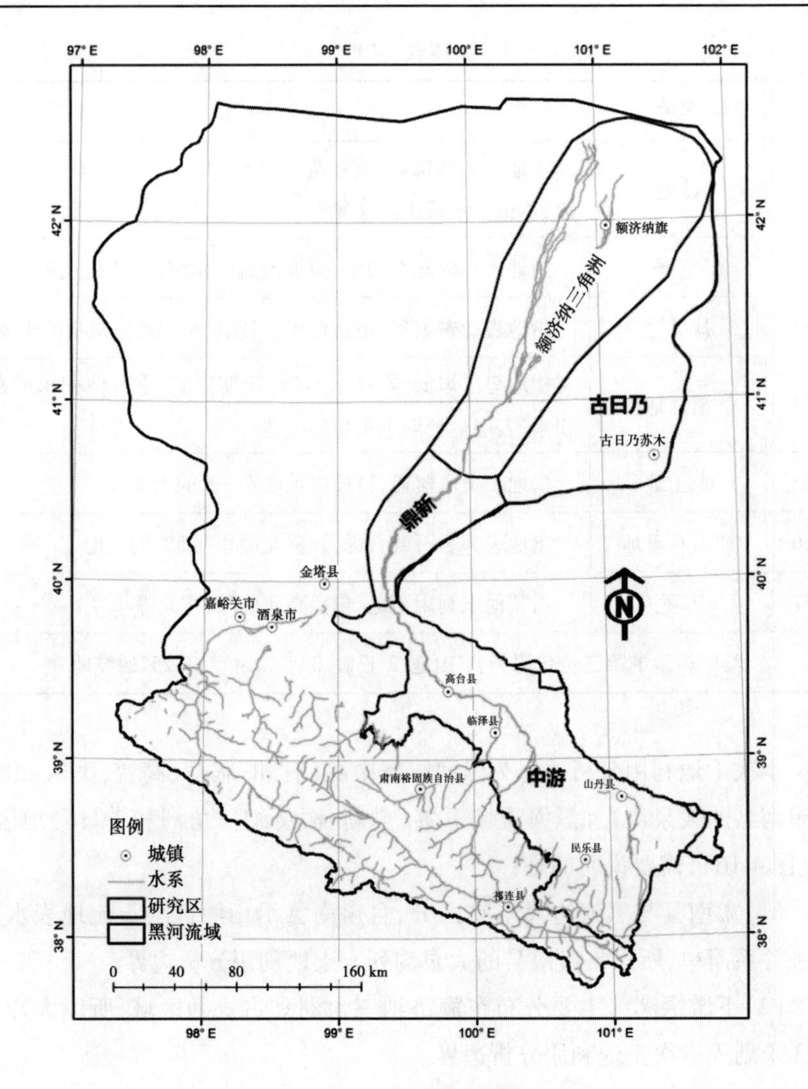

图 4-16　土地利用研究区

二、耕地面积变化分析

耕地是人类赖以生存的基本资源和条件。在国家强调保护耕地和粮食安全的政策下,流域耕地面积发生了较大变化,尤其是中游地区作为重要的商品粮生产基地和蔬菜生产基地,其面积发生了重大变化。

表 4-14　新的土地利用分类系统定义

新类型编号	新类型名称	对应的原始类型的编号	对应的原始类型的名称
1	耕地	11、12	水田、旱地
2	林地	21、22、23、24	有林地、灌木林、疏林地、其他林地
3	草地	31、32、33	高覆盖度草地、中覆盖度草地、低覆盖度草地
4	城乡建设用地	51、52、53	城镇用地、农村居民点、其他建设用地
5	水体	41、42、43	河渠、湖泊、水库坑塘
6	裸地与稀疏植被	45、46、61～63、65～67	滩涂、滩地、沙地、戈壁、盐碱地、裸土地、裸岩石砾地、其他

(一)中游地区

黑河流域中游地区用水大户为农业用水,耕地在土地利用类型中受人类影响最大,因此需要单独分析耕地变化情况。该区共有 36 个灌区,其中沿山灌区有 21 个(见表 4-15、图 4-17),同时也给出肃南县大泉沟的变化数据。

表 4-15　黑河流域中游地区灌区划分

灌区编码	所在区县	灌区名称	大灌区名称	备注
0	肃南县	大泉沟	大泉沟	沿山灌区
11	山丹县	马营河灌区	马营河灌区	沿山灌区
12	山丹县	霍城灌区	马营河灌区	沿山灌区
13	山丹县	寺沟灌区	寺沟灌区	沿山灌区
14	山丹县	老军灌区	老军灌区	沿山灌区
21	民乐县	童子坝灌区	童子坝灌区	沿山灌区
22	民乐县	益民灌区	洪水河灌区	沿山灌区
23	民乐县	义得灌区	洪水河灌区	沿山灌区
24	民乐县	大堵麻西干灌区	大堵麻灌区	沿山灌区
25	民乐县	大堵麻东干灌区	大堵麻灌区	沿山灌区

续表 4-15

灌区编码	所在区县	灌区名称	大灌区名称	备注
26	民乐县	小堵麻灌区	大堵麻灌区	沿山灌区
27	民乐县	海潮坝灌区	大堵麻灌区	沿山灌区
28	民乐县	苏油口灌区	苏油口灌区	沿山灌区
31	甘州区	大满灌区	大满灌区	
32	甘州区	盈科灌区	盈科灌区	
33	甘州区	乌江灌区	盈科灌区	
34	甘州区	西干灌区	西浚灌区	
35	甘州区	甘浚灌区	西浚灌区	沿山灌区
36	甘州区	上三灌区	上三灌区	
37	甘州区	花寨子灌区	花寨子灌区	沿山灌区
38	甘州区	安阳灌区	安阳灌区	沿山灌区
41	临泽县	沙河灌区	沙河灌区	沿山灌区
42	临泽县	板桥灌区	板桥灌区	
43	临泽县	鸭暖灌区	鸭暖灌区	
44	临泽县	平川灌区	平川灌区	
45	临泽县	蓼泉灌区	蓼泉灌区	
46	临泽县	小屯灌区	梨园河灌区	
47	临泽县	新华灌区	梨园河灌区	沿山灌区
48	临泽县	倪家营灌区	梨园河灌区	沿山灌区
51	高台县	友联灌区	友联灌区	
52	高台县	三清灌区	友联灌区	
53	高台县	大湖湾灌区	友联灌区	
54	高台县	骆驼城灌区	友联灌区	沿山灌区
55	高台县	六坝灌区	六坝灌区	
56	高台县	罗城灌区	罗城灌区	
57	高台县	新坝灌区	新坝灌区	沿山灌区
58	高台县	红崖子灌区	红崖子灌区	沿山灌区

1. 面积变化

如表 4-16 所示，过去 20 年间，黑河中游灌区（见图 4-17）的耕地总面积增长了约 173.17 万亩，相对于 20 世纪 90 年代的耕地面积增长了 34.29%，其中增长最快的是肃南县大泉沟、新华灌区和小屯灌区，其耕地面积相对于 90 年代的水平翻了 1～3 倍。耕地面积的增长主要发生在 20 世纪末的 10 年间，即 1990～2000 年间增长了约 111.86 万亩，占总增加耕地面积的 64.6%。在 2000～2011 年的 10 年间增长了 61.31 万亩。

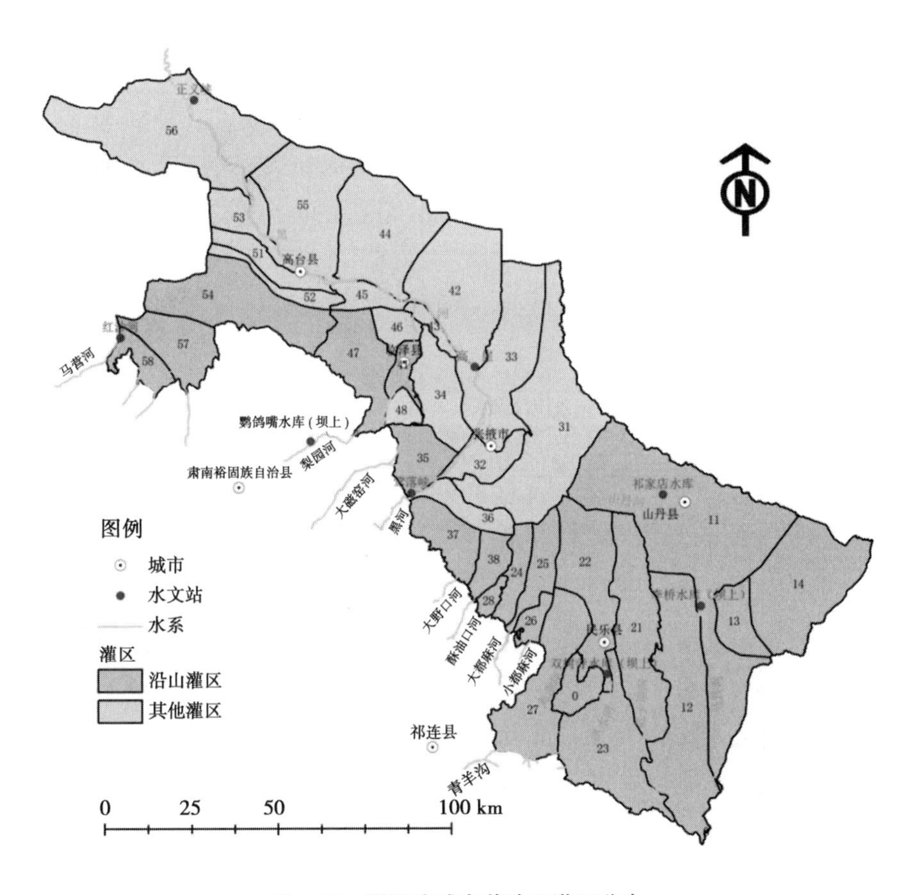

图 4-17　黑河流域中游地区灌区分布

表 4-16 黑河流域中游各灌区过去 20 年耕地面积及变化

（单位：万亩）

灌区名称		1990 年	2000 年	2011 年
肃南县大泉沟		0.42	1.38	1.19
山丹县	马营河灌区	63.27	71.35	83.95
	霍城灌区	37.08	41.16	42.26
	寺沟灌区	5.57	5.57	6.60
	老军灌区	9.34	5.96	8.21
	小计	115.26	124.04	141.02
民乐县	童子坝灌区	45.44	51.99	54.36
	益民灌区	35.64	45.16	48.89
	义得灌区	7.15	8.46	7.12
	大堵麻西干灌区	10.54	12.09	11.71
	大堵麻东干灌区	13.17	15.32	18.18
	小堵麻灌区	9.14	9.91	10.27
	海潮坝灌区	19.82	23.64	24.20
	苏油口灌区	4.74	6.03	5.83
	小计	145.64	172.60	180.56
甘州区	大满灌区	33.06	43.41	51.29
	盈科灌区	23.24	24.01	23.33
	乌江灌区	20.10	28.15	27.72
	西干灌区	25.21	33.74	37.82
	甘浚灌区	10.50	14.33	15.00
	上三灌区	11.75	15.09	15.49
	花寨子灌区	4.26	6.86	7.75
	安阳灌区	7.70	11.51	12.34
	小计	135.84	177.10	190.75

续表 4-16

灌区名称		1990 年	2000 年	2011 年
临泽县	沙河灌区	5.37	6.98	8.21
	板桥灌区	6.98	11.13	12.67
	鸭暖灌区	4.37	6.02	7.68
	平川灌区	7.74	10.08	10.61
	蓼泉灌区	5.51	6.87	8.86
	小屯灌区	4.39	7.62	10.53
	新华灌区	9.44	18.02	20.04
	倪家营灌区	3.80	4.24	4.57
	小计	47.60	70.95	83.18
高台县	友联灌区	13.28	14.27	14.95
	三清灌区	7.97	8.75	10.03
	大湖湾灌区	6.34	8.17	8.23
	骆驼城灌区	11.08	13.63	20.09
	六坝灌区	3.66	4.28	4.47
	罗城灌区	5.19	7.48	8.83
	新坝灌区	6.96	7.77	7.99
	红崖子灌区	6.14	6.85	7.28
	小计	60.64	71.20	81.87
合计		505.4	617.26	678.57

从各县(区)来看,过去20年间,耕地增加的绝对量按从多到少排序分别为甘州区(54.91 万亩)、临泽县(35.58 万亩)、民乐县(34.92 万亩)、山丹县(25.75 万亩)、高台县(21.23 万亩),如图 4-18 所示。

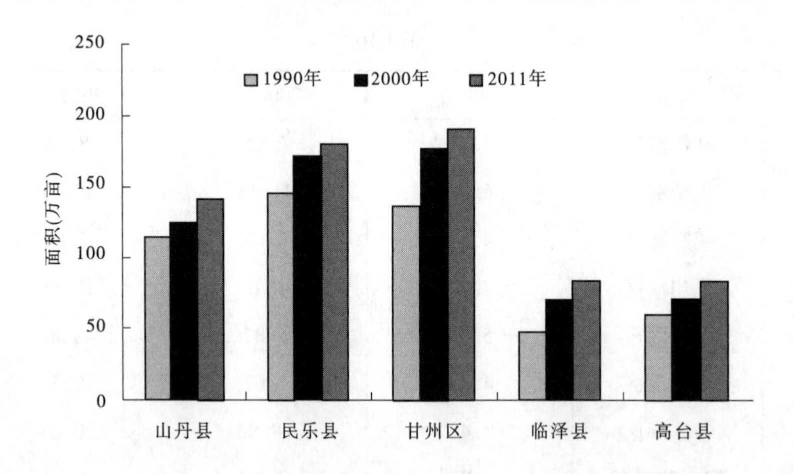

图 4-18　黑河流域中游五县(区)三个时期的耕地面积

黑河干流中游地区中的甘州、临泽、高台三县(区)的耕地面积直接影响到黑河干流的水量调度,三县(区)的耕地面积从 1990 年的 244.08 万亩增加到 2011 年的 355.80 万亩,耕地面积增长了约 111.72 万亩,相对于 20 世纪 90 年代的耕地面积增长了 45.77%,耕地面积的增长主要发生在 20 世纪末的 10 年间,即 1990 ~ 2000 年间增长了约 75.17 万亩,占耕地增加面积的 67.28%。在 2000 ~ 2011 年的 10 年间增长了 36.55 万亩。

2. 空间分布

图 4-19 ~ 图 4-21 分别是各时期耕地变化的空间分布。从图中可以看出,过去 20 年间黑河中游灌区的耕地变化以增加以主,耕地面积增加最多的灌区分别是马营河灌区(20.68 万亩)、益民灌区(13.25 万亩)、新华灌区(10.60 万亩)、骆驼城灌区(9.01 万亩)、童子坝灌区(8.92 万亩)和霍城灌区(5.18 万亩)。如表 4-16 所示,这种增加主要发生在前 10 年,即 1990 ~ 2000 年间,这 10 年间的耕地全面增加,增加的区域广泛。后 10 年耕地扩张的速度有所下降,有些灌区出现了退耕,但一些灌区的耕地面积仍然增长较大,如马营河灌区、骆驼城灌区、寺沟灌区和大堵麻东干灌区。

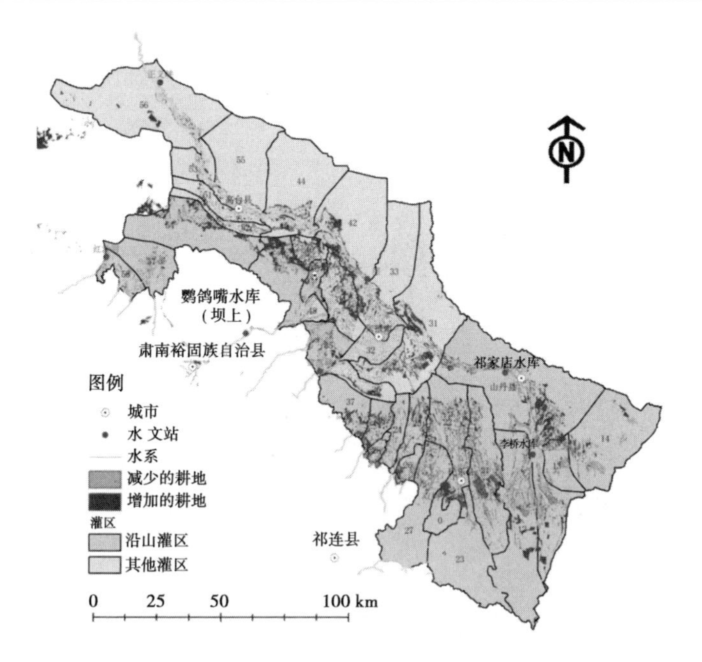

图 4-19　黑河中游灌区 1990～2011 年耕地变化的空间分布

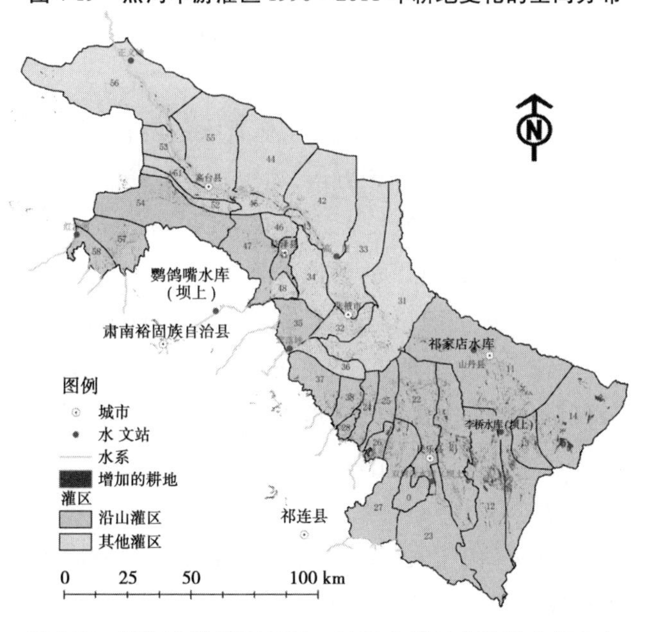

图 4-20　黑河中游灌区 1990～2000 年耕地变化的空间分布

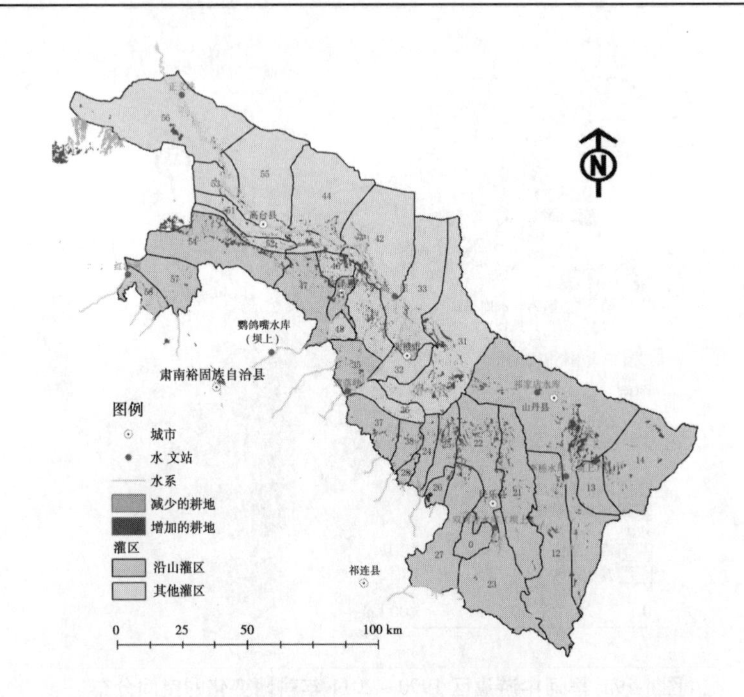

图 4-21　黑河中游灌区 2000 ~ 2011 年耕地变化的空间分布

（二）下游地区

过去 20 年间下游地区的耕地发生了非常大的变化，主要表现为前 10 年（1990 ~ 2000 年）增加了约 6.65 万亩，约增长了 32.3%，后 10 年（2000 ~ 2011 年）增加了 17.86 万亩，增长了约 65.5%，扩耕的空间分布如图 4-22 和图 4-23 所示。可见，鼎新地区的耕地变化主要发生在黑河两岸，即地表水能够灌溉的区域；在额济纳三角洲区域，可以明显看出在 1990 ~ 2000 年间，来水的不足导致了大量耕地弃耕，而在 2000 ~ 2011 年间，实施黑河水量调度，该区扩耕现象严重，主要分布在地表水能够到达的区域，主要为东、西河两岸，尤其以一道河到八道河附近最为严重。

（三）沿山灌区

在过去的 20 年间，由于人口的增加和经济利益的驱使，沿山灌区的耕地面积发生了比较大的变化，见表 4-17。

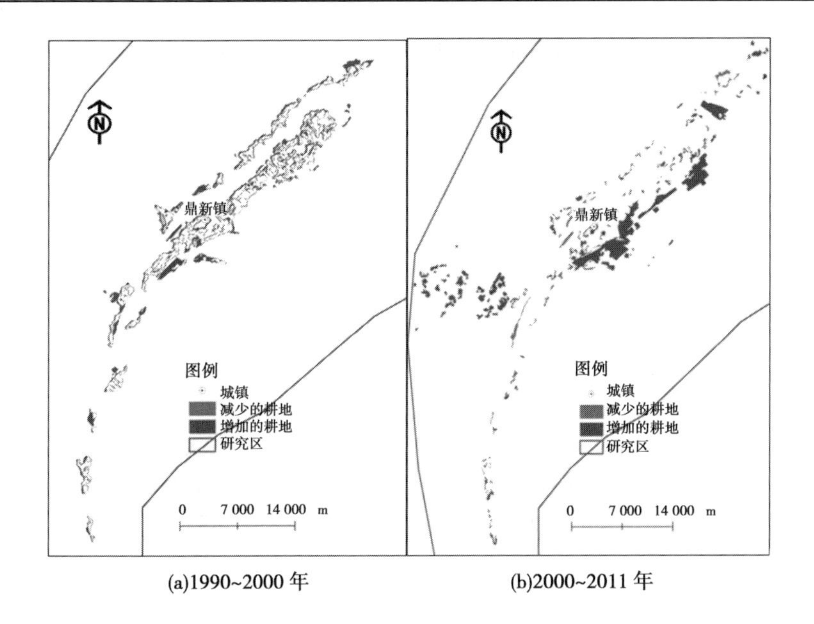

(a)1990~2000 年　(b)2000~2011 年

图 4-22　鼎新地区耕地变化

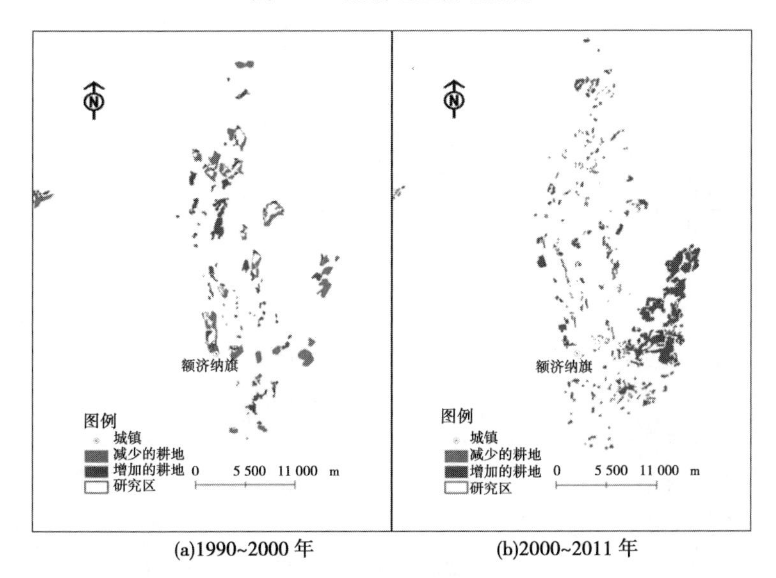

(a)1990~2000 年　(b)2000~2011 年

图 4-23　额济纳地区耕地变化

表 4-17　黑河流域沿山灌区过去 20 年耕地面积及变化　（单位：万亩）

灌区名称		1990 年	2000 年	与 1990 年比较	2011 年	与 2000 年比较
肃南县	大泉沟	0.42	1.38	0.96	1.19	-0.19
	小计	0.42	1.38	0.96	1.19	-0.19
山丹县	马营河灌区	63.27	71.35	8.08	83.95	12.60
	霍城灌区	37.08	41.16	4.08	42.26	1.10
	寺沟灌区	5.57	5.57	0	6.60	1.03
	老军灌区	9.34	5.96	-3.38	8.21	2.25
	小计	115.26	124.04	8.78	141.02	16.98
民乐县	童子坝灌区	45.44	51.99	6.55	54.36	2.37
	益民灌区	35.64	45.16	9.52	48.89	3.73
	义得灌区	7.15	8.46	1.31	7.12	-1.34
	大堵麻西干灌区	10.54	12.09	1.55	11.71	-0.38
	大堵麻东干灌区	13.17	15.32	2.15	18.18	2.86
	小堵麻灌区	9.14	9.91	0.77	10.27	0.36
	海潮坝灌区	19.82	23.64	3.82	24.20	0.56
	苏油口灌区	4.74	6.03	1.29	5.83	-0.20
	小计	145.64	172.60	26.96	180.56	7.96
甘州区	甘浚灌区	10.50	14.33	3.83	15.00	0.67
	花寨子灌区	4.26	6.86	2.60	7.75	0.89
	安阳灌区	7.70	11.51	3.81	12.34	0.83
	小计	22.46	32.70	10.24	35.09	2.39
临泽县	沙河灌区	5.37	6.98	1.61	8.21	1.23
	新华灌区	9.44	18.02	8.58	20.04	2.02
	倪家营灌区	3.80	4.24	0.44	4.57	0.33
	小计	18.61	29.24	10.63	32.82	3.58
高台县	骆驼城灌区	11.08	13.63	2.55	20.09	6.46
	新坝灌区	6.96	7.77	0.81	7.99	0.22
	红崖子灌区	6.14	6.85	0.71	7.28	0.43
	小计	24.18	28.25	4.07	35.36	7.11
合计		326.57	388.21	61.64	426.04	37.83

由表4-17可以看出,1990~2000年,沿山灌区耕地共增加了61.64万亩,2000~2011共计增加了37.83万亩。

人口的迅速增长和经济的快速发展造成对黑河流域地表水资源的过度引用,各沿山灌区为了获取更多的水资源,在每条河流上都修建水库,河流出山后基本被拦蓄,下游河道全年基本处于干涸状态,黑河流域除梨园河外各沿山支流均已与黑河干流失去水力联系。

三、土地利用变化

(一)中游地区

中游地区覆盖以灌溉农业为主的四县一区,即山丹县、民乐县、临泽县、高台县和甘州区,该区域光热资源丰富,依靠黑河供水,人工绿洲发育,是甘肃省的重要农业区。黑河中游地区土地利用范围见图4-24。

图4-24　黑河中游地区土地利用范围

1. 一级类型

黑河流域中游土地利用面积的总体变化如表 4-18 所示。

表 4-18　黑河流域中游地区土地利用面积的总体变化（单位:万亩）

类型	1990 年	2000 年	2011 年
耕地	505.39	617.26	678.56
林地	186.20	17.58	28.77
草地	589.08	633.51	597.52
城乡建设用地	45.47	30.94	39.48
水体	11.52	37.04	33.24
裸地与稀疏植被	1 149.20	1 150.43	1 066.52

如表 4-19、表 4-20 所示，土地利用变化最快的是前 10 年，即 1990 ~ 2000 年间，主要土地利用类型的总体转化率为 30.54%，变化特征与 20 年间的变化特征一致。2000 ~ 2011 年间，土地利用总体转化率只有 6.73%，新增加的耕地主要来源于裸地与稀疏植被，城乡建设用地扩张相对放缓。

表 4-19　1990 ~ 2000 年间主要土地利用类型的转化　　（%）

1990 年	2000 年					
	耕地	林地	草地	城乡建设用地	水体	裸地与稀疏植被
耕地	72.91	3.78	4.08	32.92	8.01	1.37
林地	1.81	53.55	22.29	0.88	7.79	1.83
草地	14.12	22.99	49.38	4.80	21.49	15.26
城乡建设用地	4.01	0.51	0.31	54.40	0.34	0.15
水体	0.21	0.14	0.10	0.31	16.14	0.30
裸地与稀疏植被	6.95	19.03	23.83	6.68	46.23	81.08
总体转化率	30.54					

表 4-20　2000～2011 年间主要土地利用类型的转化　（%）

2000 年	2011 年					
	耕地	林地	草地	城乡建设用地	水体	裸地与稀疏植被
耕地	87.75	8.01	1.34	17.39	1.26	0.38
林地	0.35	48.13	0.11	0.05	0.08	0.03
草地	3.58	21.38	94.77	0.80	1.29	1.49
城乡建设用地	0.03	0.09	0.01	77.58	0.04	0.00
水体	0.19	0.48	0.22	0.14	92.20	0.27
裸地与稀疏植被	8.10	21.91	3.55	4.05	5.14	97.79
总体转化率	6.73					

1990～2011 年的 20 年间，黑河流域中游地区主要土地利用类型的总体转化率为 32.21%，新增加的耕地主要来源于草地和裸地与稀疏植被，但同时新增加的城乡建设用地也主要来源于耕地和裸地与稀疏植被。

中游地区土地变化见图 4-25、图 4-26，从变化的强度来看，主要发生在山丹县的马营河灌区和张掖绿洲的边缘区域。

2. 二级类型

二级类型变化主要分析 2000～2011 年间的变化。表 4-21 给出了 2000 年和 2011 年中游地区二级土地利用类型的分布面积。各土地利用类型的转化关系如表 4-22 所示，2000～2011 年期间增加的耕地主要来源于沙地（2.33%）、戈壁（1.99%）和裸土地（2.63%），但有约 1.59 万亩耕地变为沼泽地，约 1.36 万亩耕地变为裸土地。其他类型的转换关系如表 4-22 所示。

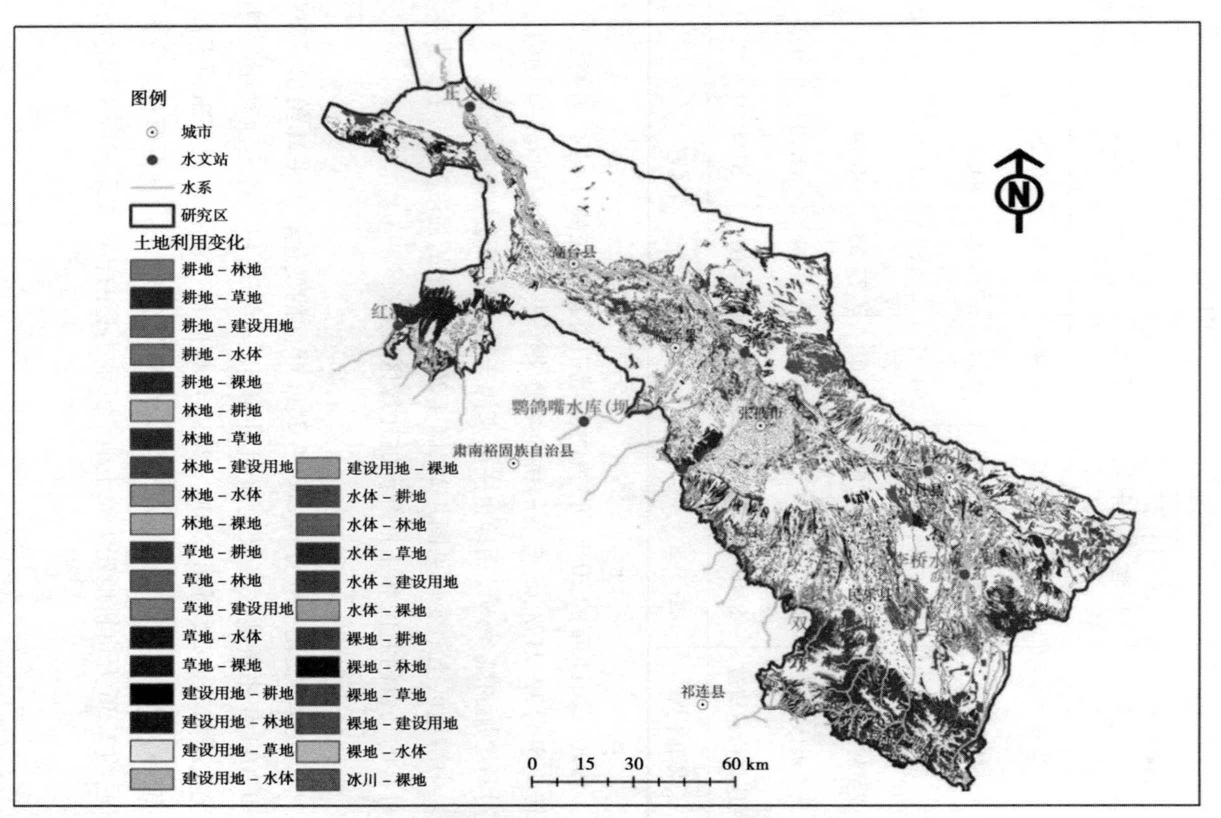

图 4-25　黑河流域中游 1990 ~ 2000 年土地利用转换分布

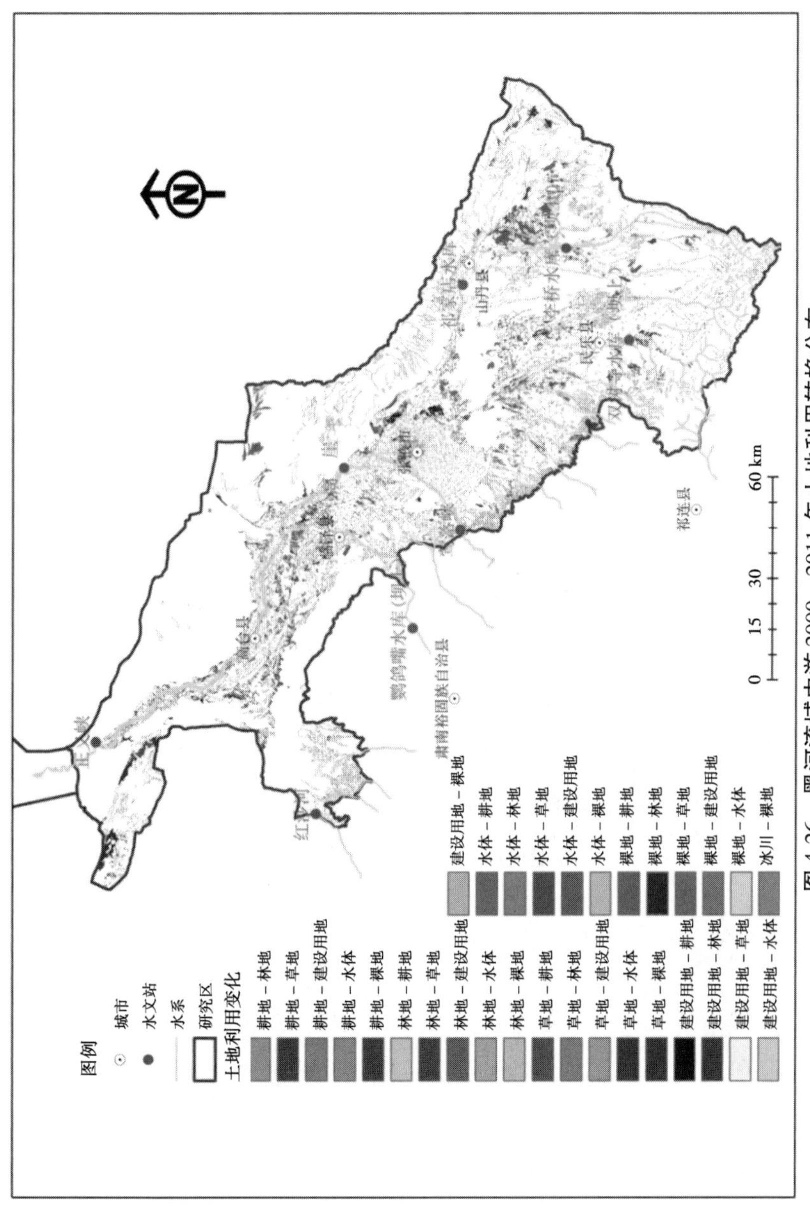

图 4-26　黑河流域中游 2000～2011 年土地利用转换分布

表 4-21　2000 年和 2011 年中游地区土地利用二级类型面积　　（单位：万亩）

类型编号	类型名称	2000 年	2011 年
12	旱地	617.27	678.57
21	有林地	3.29	3.97
22	灌木林	6.01	11.47
23	疏林地	7.75	12.63
24	其他林地	0.52	0.71
31	高覆盖度草地	133.18	121.96
32	中覆盖度草地	140.58	135.94
33	低覆盖度草地	359.75	339.63
41	河渠	31.74	29.33
42	湖泊	0.23	0.04
43	水库坑塘	5.07	3.87
44	永久性冰川雪地	0.63	0.18
46	滩地	41.78	43.53
51	城镇用地	3.05	5.86
52	农村居民点	24.14	28.77
53	其他建设用地	3.75	4.86
61	沙地	216.06	196.46
62	戈壁	586.00	585.90
63	盐碱地	16.86	18.73
64	沼泽地	36.47	27.41
65	裸土地	56.11	36.86
66	裸岩石砾地	132.61	152.76
67	其他	63.91	47.34

表 4-22　2000 年与 2011 年间中游地区土地利用二级类型的转换　（%）

2000 年	2011 年																						
	旱地	有林地	灌木林	疏林地	其他林地	高覆盖度草地	中覆盖度草地	低覆盖度草地	河渠	湖泊	水库坑塘	永久性冰川雪地	滩地	城镇用地	农村居民点	其他建设用地	沙地	戈壁	盐碱地	沼泽地	裸土地	裸岩石砾地	其他
旱地	87.75	16.52	6.75	5.32	28.86	0.43	0.34	2.06	0.51	2.20	6.91	0	0.22	39.12	15.11	4.68	0.11	0.22	0.19	5.80	2.37	0	0
有林地	0.02	70.59	0	0	0	0.05	0	0.01	0	0	0.53	0	0	0.16	0	0	0	0	0	0	0	0	0
灌木林	0.12	0.23	42.17	0.62	0	0.12	0	0.01	0	0	0	0	0	0	0	0	0.02	0	0.32	0.06	0	0	0
疏林地	0.18	0.01	4.76	42.27	0	0.06	0	0.09	0.01	0.01	0.04	0	0	0	0	0	0.04	0	0.03	0	0.14	0	0
其他林地	0.03	0	0	0	33.81	0	0	0	0	0	0.03	0	0.03	0.03	0.02	0	0	0	0	0.09	0	0	0
高覆盖度草地	0.32	3.03	8.42	0.85	3.24	92.45	1.02	1.18	0.25	0	0.04	0	0.01	0	0.02	0	0	0	0	0.28	0.05	0	0.25
中覆盖度草地	0.33	0.15	3.83	3.89	0	1.33	93.00	0.70	0.24	4.32	3.21	0	0.09	0	0.03	0	0	0.17	0.12	1.82	0.16	0	0.11
低覆盖度草地	2.92	0.87	5.49	26.30	1.91	4.26	2.12	91.16	0.17	0	2.82	0	0.45	0.66	0.64	1.58	2.89	0.57	10.42	3.35	3.11	0.27	1.26
河渠	0.09	0.05	0.17	0.41	0	0.12	0.12	0.15	95.36	0	1.18	0	2.85	0	0	0.89	0	0.01	0	0.46	0	0	0.13
湖泊	0.01	0	0	0	0	0.03	0	0	0	93.46	0.83	0	0	0	0	0	0	0	0	0.25	0	0	0
水库坑塘	0.10	0	0.38	0.13	0.72	0.04	0.18	0.04	0.03	0	65.99	0	1.10	0.09	0	0.07	0.02	0	0	2.87	0	0	0
永久性冰川雪地	0	0	0	0	0	0	0	0	0	0	0	76.56	0	0	0	0	0	0	0	0	0	0	1.04
滩地	0.15	0	0.30	1.46	0	0.04	0.14	0.19	2.83	0	1.61	0	88.25	0	0	0.34	0	0.01	0	0.31	0.23	0	0
城镇用地	0	0.03	0	0	0	0	0	0	0	0	0	0	0	49.33	0.48	0	0	0	0	0.02	0	0	0
农村居民点	0.02	0.28	0	0	0	0	0	0	0	0	0.09	0	0	6.41	82.13	0.10	0	0	0	0.02	0	0	0
其他建设用地	0.01	0.07	0	0.07	0	0	0	0.02	0	0	0.22	0	0	0	0	74.05	0	0	0	0	0	0	0
沙地	2.33	2.81	5.51	10.96	0.99	0.02	0.21	1.58	0.12	0.01	5.24	0	0.18	0	0.71	2.57	95.51	0.42	6.51	0.38	0.76	0.02	0
戈壁	1.99	3.49	0.85	1.35	30.44	0.03	1.09	1.56	0.09	0	4.49	0	3.89	3.17	0.36	15.63	0.78	98.41	6.01	0.14	1.49	0.20	0
盐碱地	0.22	0	0.78	0.85	0	0.17	0.08	0.16	0	0	0.13	0	0	0	0	0	0.03	0.01	72.51	2.09	0.03	0	0
沼泽地	0.76	1.82	20.59	5.37	0.04	0.54	1.05	0.48	0.06	0	6.57	0	0.05	1.05	0.24	0.01	0.42	0.01	3.56	82.04	0	0.01	0
裸土地	2.63	0.07	0	0	0	0.25	0.62	0.53	0.34	0	0.07	0	0.03	0	0.25	0.08	0.15	0.17	0.34	0	91.67	0	0
裸岩石砾地	0.01	0	0	0.14	0	0	0	0.01	0	0	0	0	2.85	0	0	0	0	0	0	0	0	92.05	0
其他	0	0	0	0	0	0.07	0	0.04	0.01	0	0	23.44	0	0	0	0	0	0	0	0.02	0	7.44	97.21

（二）下游地区

黑河下游地区包括鼎新灌区、额济纳三角洲和古日乃地区，其土地利用范围见图4-27。

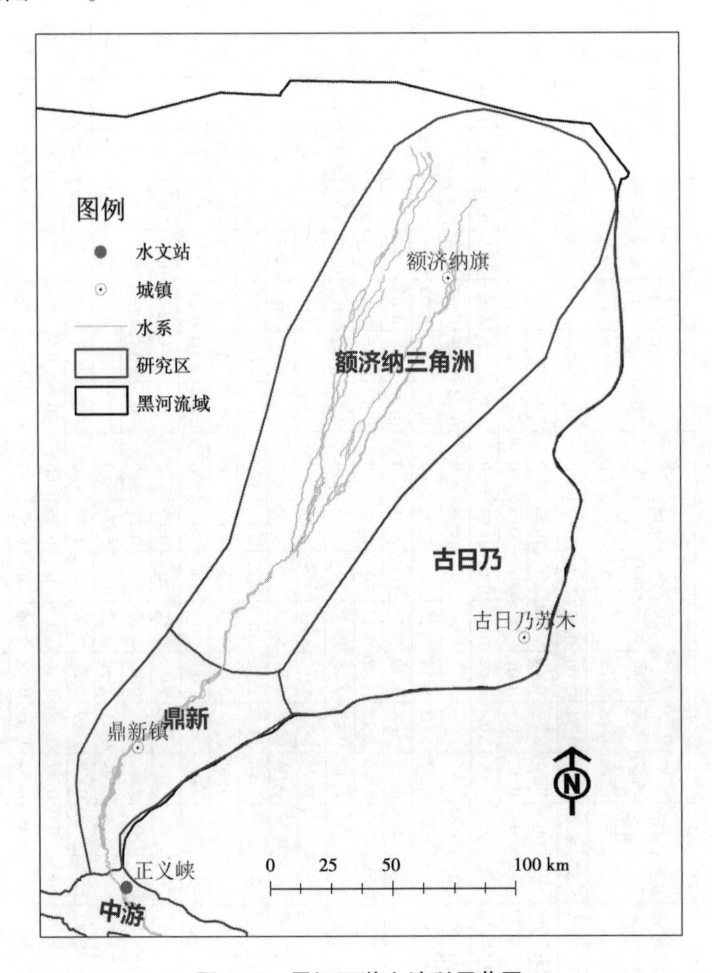

图4-27　黑河下游土地利用范围

1. 一级类型

1）鼎新地区

表4-23给出了黑河流域鼎新地区的土地利用变化，可以看出，鼎新地区在过去20年来，耕地增加了1倍，从20世纪80年代末的10.71万亩增加到约22.68万亩。另外，草地、城乡建设用地持续增加，林地及裸地与稀

疏植被减少较多。特别是水体在后10年中增加较多,说明了黑河调水的作用。总体来看,植被在过去20年间是逐渐增加的。

表4-23 黑河流域鼎新地区土地利用变化 (单位:万亩)

类型	1990年	2000年	2011年
耕地	10.71	14.46	22.68
林地	3.58	0.99	2.01
草地	10.42	24.79	29.75
城乡建设用地	1.26	2.51	2.67
水体	7.04	6.84	9.48
裸地与稀疏植被	557.94	540.88	523.89

2)额济纳地区

表4-24给出了黑河流域额济纳地区的土地利用变化,从表中可以看出,额济纳地区在过去20年来,耕地增加超过1倍,从20世纪80年代末的9.89万亩增加到约22.43万亩。另外,水体和城乡建设用地持续增加,特别是后10年间,城乡建设用地增加了约3.2万亩,相应地,草地和林地减少较多。值得注意的是,裸地与稀疏植被在前10年间(1990~2000年)快速增加,但在后10年间(2000~2011年)开始减少。总体来看,该地区的植被在过去20年间的前10年是大幅度减少的,但在后10年开始逐渐增加,植被恢复及水体面积的增大说明了黑河调水的作用。

表4-24 黑河流域额济纳土地利用变化 (单位:万亩)

类型	1990年	2000年	2011年
耕地	9.89	12.79	22.43
林地	116.77	60.41	64.57
草地	715.22	194.05	190.93
城乡建设用地	2.07	2.80	6.06
水体	16.97	9.68	20.01
裸地与稀疏植被	1 830.34	2 411.53	2 387.25

3)古日乃地区

表4-25给出了黑河流域古日乃地区的土地利用变化,从表中可以看出,其变化趋势与前两个区域基本相似。古日乃地区的植被在过去20年间的前10年迅速减少,但在后10年间明显增加。相应地,裸地与稀疏植被在前10年迅速增加,但在后10年间明显减少。

表4-25 黑河流域古日乃土地利用变化 (单位:万亩)

类型	1990年	2000年	2011年
耕地	0	0	0
林地	18.07	1.96	6.55
草地	614.46	70.84	105.33
城乡建设用地	0.06	0.05	0.07
水体	0	0.14	0.15
裸地与稀疏植被	952.69	1 508.32	1 469.20

下游地区土地变化见图4-28、图4-29,旱地与低覆盖度草地、灌木林与中覆盖度草地、疏林地与低覆盖度草地及沙地、湖泊与戈壁及盐碱地、沙地与草地、河渠、湖泊、水库坑塘、旱地都有很大比例的转换,这种转换主要表现为沙地向植被转换,主要发生在绿洲边缘地区,反映了下游土地利用变化的驱动以水资源变化和人为建设为主,水资源变化主要影响低覆盖度草地、水域等类型,而人为建设主要影响耕地、城镇用地等。

2. 二级类型

二级类型变化主要分析2000~2011年间的变化,如表4-26和表4-27所示。表4-26给出了2000年和2011年下游地区二级土地利用类型的分布面积。表4-27说明了各土地利用类型的转化关系。如表4-27所示,2000~2011年期间增加的耕地主要来源于低覆盖度草地(17.15%)、沙地(11.24%)。

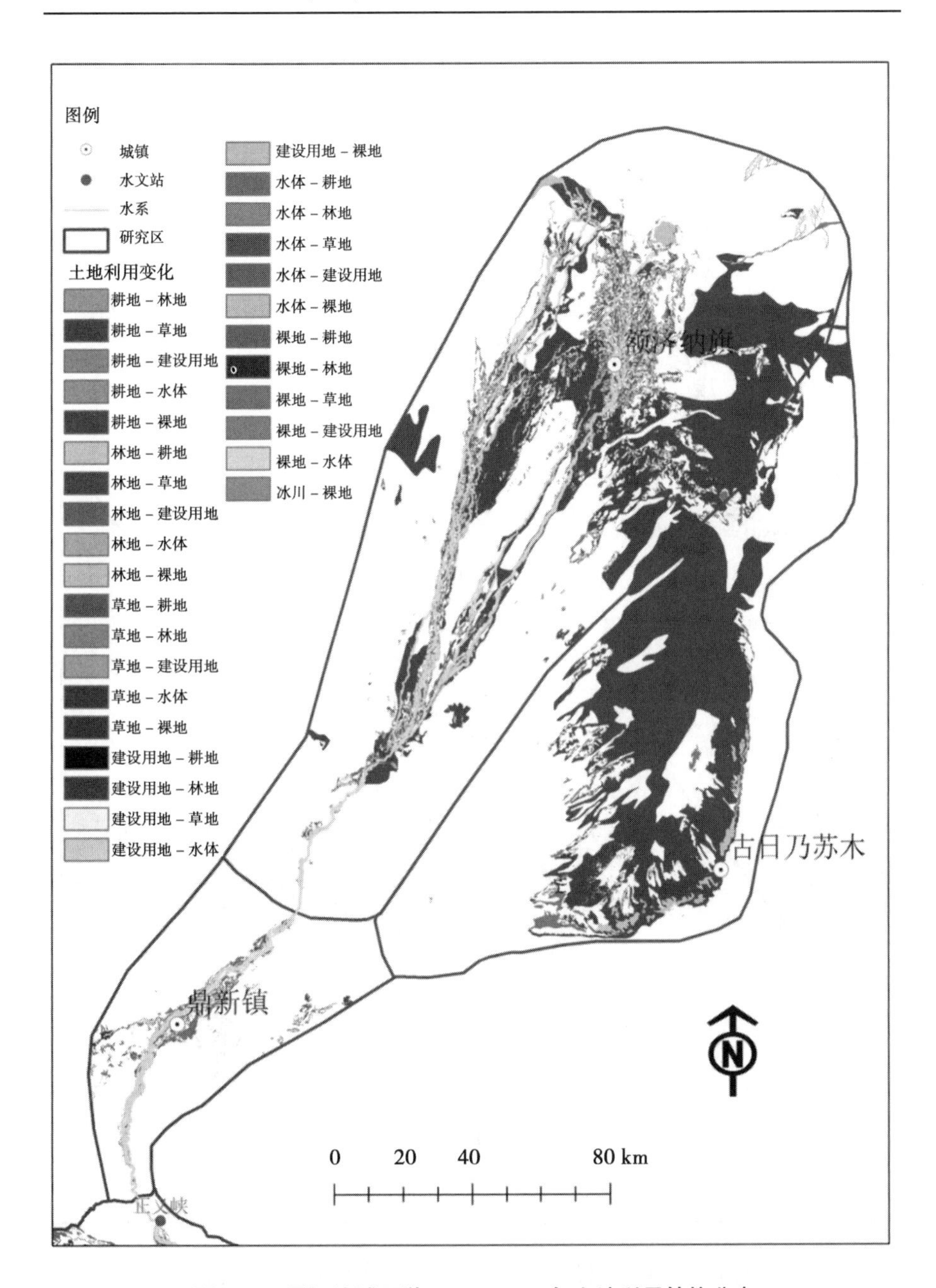

图 4-28　黑河流域下游 1990 ~ 2000 年土地利用转换分布

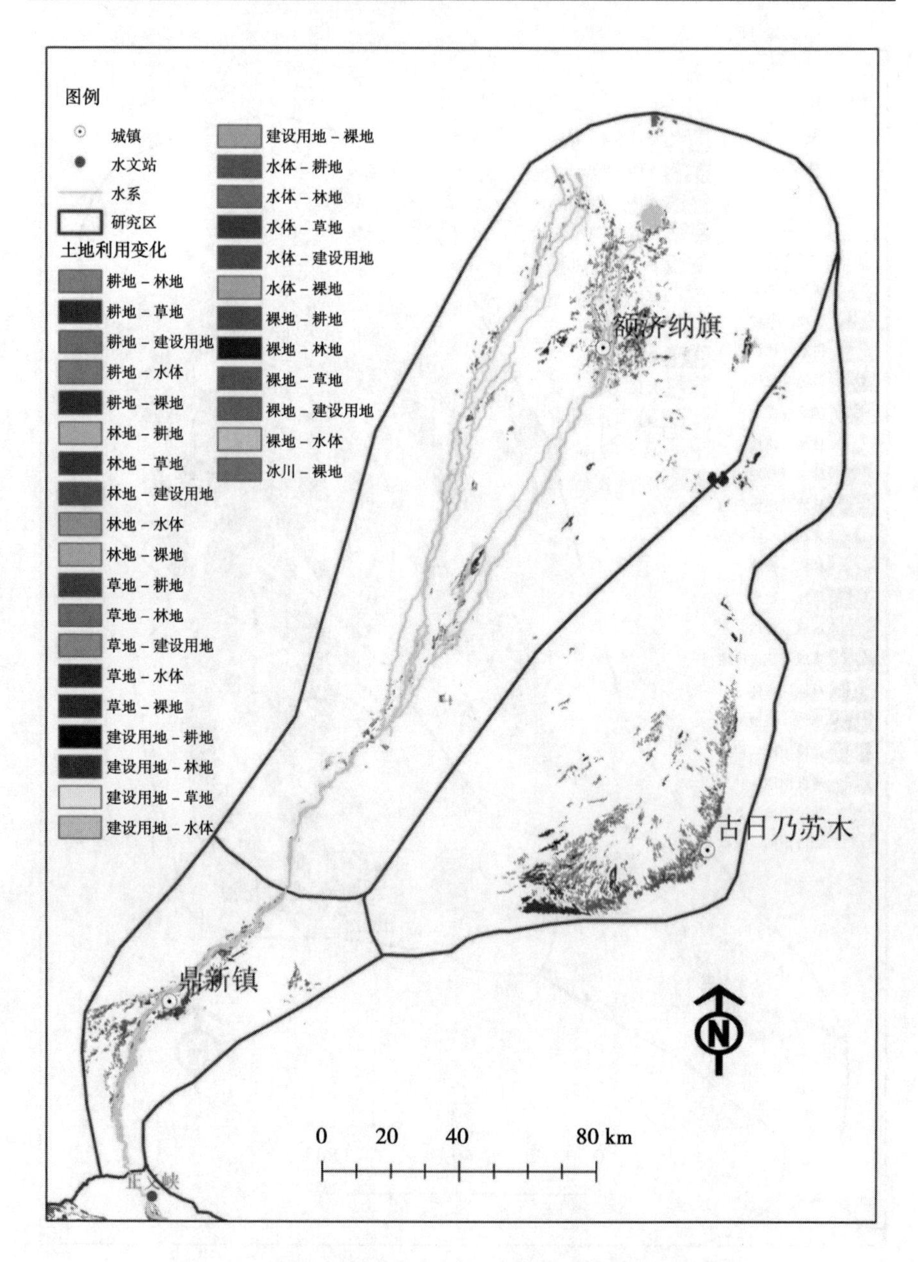

图 4-29　黑河流域下游 2000 ~ 2011 年土地利用转换分布

表 4-26　2000 年和 2011 年下游地区土地利用二级类型面积变化　（单位:万亩）

类型编号	类型名称	2000 年	2011 年
12	旱地	27.25	45.11
21	有林地	17.67	19.19
22	灌木林	17.06	22.62
23	疏林地	28.60	31.32
24	其他林地	0.02	0
31	高覆盖度草地	8.67	13.59
32	中覆盖度草地	67.50	80.32
33	低覆盖度草地	213.50	232.10
41	河渠	13.52	18.46
42	湖泊	0.14	7.01
43	水库坑塘	3.00	4.17
46	滩地	46.32	43.58
51	城镇用地	1.12	1.76
52	农村居民点	1.20	1.35
53	其他建设用地	3.04	5.69
61	沙地	1 301.73	1 243.87
62	戈壁	2 661.11	2 626.12
63	盐碱地	177.86	179.62
64	沼泽地	36.25	46.52
65	裸土地	0.91	4.26
66	裸岩石砾地	236.64	236.46

表 4-27　2000 年与 2011 年间下游地区土地利用二级类型的转化　　（%）

2000 年	2010 年																					
	旱地	有林地	灌木林	疏林地	其他林地	高覆盖度草地	中覆盖度草地	低覆盖度草地	河渠	湖泊	水库坑塘	滩地	城镇用地	农村居民点	其他建设用地	沙地	戈壁	盐碱地	沼泽地	裸土地	裸岩石砾地	其他
旱地	56.47	0.60	1.76	0.48	0	0.40	0.38	0.20	0.13	0	0.25	0	0.47	4.36	0.01	0.01	0	0	0	0.72	0	0
有林地	0.34	87.45	0.42	1.15	0	0.22	0.09	0.05	0.01	0	0	0.02	0	0	0.76	0	0	0	0	0	0	0.02
灌木林	0.91	1.10	66.03	1.88	0	1.46	0.37	0.13	0.04	0	0.32	0	1.16	0	0	0	0	0	0.02	0	0	0
疏林地	2.52	2.01	9.03	66.00	0	3.36	1.04	1.00	0.13	0.38	0.14	0	3.87	0.41	0.49	0.02	0.01	0.01	0.09	0	0	0
其他林地	0.03	0	0	0	0	0	0	0	0	0	0	0	0	0.23	0	0	0	0	0	0	0	0
高覆盖度草地	2.42	1.69	2.14	0.84	0	40.64	0.55	0.12	0.01	0	1.83	0	0.55	0.03	0.13	0	0	0	0.08	0.02	0	0
中覆盖度草地	3.83	2.23	7.73	5.01	0	4.14	67.55	1.84	0.21	0	2.40	0.21	1.09	0.33	0.12	0.16	0.01	0.03	0.93	0	0	0.21
低覆盖度草地	17.15	1.96	7.46	11.08	0	10.41	7.67	68.81	4.61	3.33	10.40	0.78	0.53	3.48	1.89	1.35	0.30	2.41	3.92	2.21	0	0.78
河渠	0.14	0.45	0.04	0.06	0	0	0.06	0.23	55.87	0	1.36	4.05	0	0	0	0	0	0	1.20	0	0	4.05
湖泊	0	0	0	0	0	0	0	0	0	1.96	0	0	0	0	0	0	0	0	0	0	0	0
水库坑塘	0.04	0	0.17	0.09	0	0	0.16	0.13	0.09	0	47.61	0	0	0	1.09	0	0	0.05	0.52	0	0	0
滩地	0.12	0.06	0.07	0.16	0	0.10	0.16	0.68	21.75	0	0	90.07	0	0	7.32	0	0.01	0	1.36	0	0	90.07
城镇用地	0	0	0	0	0	0.04	0	0.01	0	0	0.03	0	62.71	0	0	0	0	0	0	0.09	0	0
农村居民点	0.04	0	0	0	0	0	0	0	0	0	0	0	0	87.84	0	0	0	0	0	0	0	0
其他建设用地	0	0.87	0.09	0	0	0	0	0	0	0	0.18	0	0	0	49.66	0	0	0	0	0	0	0
沙地	11.24	0.38	4.08	9.65	0	35.90	18.49	19.63	6.00	4.72	7.23	0.70	2.85	1.57	3.46	96.21	0.15	6.84	26.06	0.23	0	0.70
戈壁	2.77	1.05	0.57	2.92	100	0.19	1.56	3.56	4.31	10.58	2.66	1.52	26.29	0.41	35.04	1.64	99.49	3.76	1.34	86.27	0.02	1.52
盐碱地	1.62	0.15	0.30	0.65	0	3.05	1.72	3.43	0	79.02	7.48	0.02	0.48	0.15	0.04	0.26	0.01	86.78	3.73	0	0	0.02
沼泽地	0.13	0	0.04	0.04	0	0.08	0.20	0.15	6.82	0	12.41	0	0.47	4.36	0.01	0.01	0	0	0	0.72	0	0
裸土地	0.21	0	0.06	0	0	0	0.01	0.03	0.02	0	5.22	0.02	0	0	0.76	0	0	0	0	0	0	0.02
裸岩石砾地	0	0	0	0	0	0	0	0	0	0	0.46	0	1.16	0	0	0	0	0	0.02	0	0	0
其他	56.47	0.60	1.76	0.48	0	0.40	0.38	0.20	0.13	0	0.25	0	3.87	0.41	0.49	0.02	0.01	0.01	0.09	0	0	0

四、生态环境质量变化

区域生态环境质量与土地利用格局密切相关，在土地利用格局分析的基础上，引入区域生态环境质量指数和区域土地利用类型生态贡献率，基于土地利用变化对 2000 ~2011 年生态环境变化进行了评价。

（一）评价指标与方法

1. 区域生态环境质量指数

参考国内相关研究，基于专家评分，对二级分类体系下各土地利用类型所具有的生态环境质量进行了模糊赋值（见表 4-28），通过建立土地利用/土地覆盖与区域生态环境质量的关联，追踪土地利用/土地变化的样式、数量和空间特征，来定量分析区域生态环境变化数量和空间特征。

表 4-28 土地利用分类系统及其生态环境质量指数赋值

编号	1	2				3			4					5			6					
一级类型	耕地	林地				草地			水域滩地					城镇用地			未利用地					
编号	12	21	22	23	24	31	32	33	41	42	43	44	46	51	52	53	61	62	63	64	65	66
二级类型	旱地	有林地	灌木林地	疏林地	其他林地	高覆盖度草地	中覆盖度草地	低覆盖度草地	河流、渠系	湖泊	水库坑塘	滩地	湿地	城镇用地	农村居民地	工矿及交通用地	沙地	戈壁	盐碱地	沼泽地	裸土地	裸岩
生态环境质量指数赋值	0.25	0.95	0.65	0.45	0.4	0.75	0.45	0.2	0.55	0.75	0.55	0.45	0.55	0.2	0.2	0.15	0.01	0.01	0.05	0.65	0.05	0.01

根据区域内各土地利用所具有的生态环境质量及面积比例，定量表征某一区域内生态环境质量的总体状况，表达式如下：

$$EV_t = \sum_{i=1}^{n} LU_i C_i / TA \tag{4-4}$$

式中：EV_t 为区域生态环境质量指数；LU_i 和 C_i 分别为该区域内 t 时期第 i 种土地利用类型的面积和生态环境指数；TA 为该区域总面积；N 为区域内土地利用类型数量。

2. 区域土地利用类型生态贡献率

每一种变化类型都体现了一种生态价值流，使得区域内某一局部的生态价值升高或降低，从而为深入分析土地利用变化对区域生态环境的影响奠定了基础，也有利于探讨区域生态环境变化的主导因素。土地利用变化类型生态贡献率指某一种土地利用类型变化所导致的区域生态质量的改变，其表达式为

$$LEI = (LE_{t+1} - LE_t)LA/TA \tag{4-5}$$

式中：LEI 为土地利用变化类型生态贡献率；LE_{t+1}、LE_t 分别为某种土地利用变化类型所反映的变化初期和末期土地利用类型所具有的生态质量指数；LA 为该变化类型的面积；TA 为区域总面积。

（二）评价结果

基于前述遥感调查成果，计算得到黑河中游地区 2000 年和 2011 年的区域生态环境质量指数，分别为0.190 8 和0.196 0，即2000～2011 年间，中游地区生态环境质量指数从 0.190 8 上升到 0.195 9，中游地区生态环境质量略有好转，总体上维持着区域生态环境的动态稳定。在区域生态环境总体维系稳定的同时，区域内生态环境质量往往同时表现出好转和恶化两种相反趋势。在相当程度上这两种趋势在一定区域内相互抵消，才致使总体趋于相对稳定。生态环境改善和恶化趋势可从分析二级土地利用类型变化得出。

根据土地利用分类系统及其生态环境指数赋值表，可以给出二级土地利用类型转移矩阵的生态环境指数赋值表，见表 4-29。

基于二级土地利用类型转移矩阵分析，结合二级土地利用类型转移矩阵生态环境质量指数赋值表，计算 2000～2011 年间中游地区导致生态环境改善和恶化的主要土地利用变化类型贡献率。表 4-30 给出了主要土地利用类型变化面积、贡献率及占贡献率的百分比。

从表 4-30 中可以看出，在水资源充沛的情况下，将沙地、裸土地、戈壁开垦为旱地是对生态环境有益的，而将沼泽地、高盖度草地开垦为旱地会导致生态环境恶化，还有因农业用水挤占生态用水造成草地盖度降低，也会导致生态环境的恶化。

表 4-29 二级土地利用类型转移矩阵的生态环境质量指数赋值

编号	12	21	22	23	24	31	32	33	41	42	43	44	46	51	52	53	61	62	63	64	65	66
12	0	-0.70	-0.40	-0.20	-0.15	-0.50	-0.20	0.05	-0.30	-0.50	-0.30	-0.20	-0.30	0.05	0.05	0.10	0.24	0.24	0.20	-0.40	0.20	0.24
21	0.70	0	0.30	0.50	0.55	0.20	0.50	0.75	0.40	0.20	0.40	0.50	0.40	0.75	0.75	0.80	0.94	0.94	0.90	0.30	0.90	0.94
22	0.40	-0.30	0	0.20	0.25	-0.10	0.20	0.45	0.10	-0.10	0.10	0.20	0.10	0.45	0.45	0.50	0.64	0.64	0.60	0	0.60	0.64
23	0.20	-0.50	-0.20	0	0.05	-0.30	0	0.25	-0.10	-0.30	-0.10	0	-0.10	0.25	0.25	0.30	0.44	0.44	0.40	-0.20	0.40	0.44
24	0.15	-0.55	-0.25	-0.05	0	-0.35	-0.05	0.20	-0.15	-0.35	-0.15	-0.05	-0.15	0.20	0.20	0.25	0.39	0.39	0.35	-0.25	0.35	0.39
31	0.50	-0.20	0.10	0.30	0.35	0	0.30	0.55	0.20	0	0.20	0.30	0.20	0.55	0.55	0.60	0.74	0.74	0.70	0.10	0.70	0.74
32	0.20	-0.50	-0.20	0	0.05	-0.30	0	0.25	-0.10	-0.30	-0.10	0	-0.10	0.25	0.25	0.30	0.44	0.44	0.40	-0.20	0.40	0.44
33	-0.05	-0.75	-0.45	-0.25	-0.20	-0.55	-0.25	0	-0.35	-0.55	-0.35	-0.25	-0.35	0	0	0.05	0.19	0.19	0.15	-0.45	0.15	0.19
41	0.30	-0.40	-0.10	0.10	0.15	-0.20	0.10	0.35	0	-0.20	0	0.10	0	0.35	0.35	0.40	0.54	0.54	0.50	-0.10	0.50	0.54
42	0.50	-0.20	0.10	0.30	0.35	0	0.30	0.55	0.20	0	0.20	0.30	0.20	0.55	0.55	0.60	0.74	0.74	0.70	0.10	0.70	0.74
43	0.30	-0.40	-0.10	0.10	0.15	-0.20	0.10	0.35	0	-0.20	0	0.10	0	0.35	0.35	0.40	0.54	0.54	0.50	-0.10	0.50	0.54
44	0.20	-0.50	-0.20	0	0.05	-0.30	0	0.25	-0.10	-0.30	-0.10	0	-0.10	0.25	0.25	0.30	0.44	0.44	0.40	-0.20	0.40	0.44
46	0.30	-0.40	-0.10	0.10	0.15	-0.20	0.10	0.35	0	-0.20	0	0.10	0	0.35	0.35	0.40	0.54	0.54	0.50	-0.10	0.50	0.54
51	-0.05	-0.75	-0.45	-0.25	-0.20	-0.55	-0.25	0	-0.35	-0.55	-0.35	-0.25	-0.35	0	0	0.05	0.19	0.19	0.15	-0.45	0.15	0.19
52	-0.05	-0.75	-0.45	-0.25	-0.20	-0.55	-0.25	0	-0.35	-0.55	-0.35	-0.25	-0.35	0	0	0.05	0.19	0.19	0.15	-0.45	0.15	0.19
53	-0.10	-0.80	-0.50	-0.30	-0.25	-0.60	-0.30	-0.05	-0.40	-0.60	-0.40	-0.30	-0.40	-0.05	-0.05	0	0.14	0.14	0.10	-0.50	0.10	0.14
61	-0.24	-0.94	-0.64	-0.44	-0.39	-0.74	-0.44	-0.19	-0.54	-0.74	-0.54	-0.44	-0.54	-0.19	-0.19	-0.14	0	0	-0.04	-0.64	-0.04	0
62	-0.24	-0.94	-0.64	-0.44	-0.39	-0.74	-0.44	-0.19	-0.54	-0.74	-0.54	-0.44	-0.54	-0.19	-0.19	-0.14	0	0	-0.04	-0.64	-0.04	0
63	-0.20	-0.90	-0.60	-0.40	-0.35	-0.70	-0.40	-0.15	-0.50	-0.70	-0.50	-0.40	-0.50	-0.15	-0.15	-0.10	0.04	0.04	0	-0.60	0	0.04
64	0.40	-0.30	0	0.20	0.25	-0.10	0.20	0.45	0.10	-0.10	0.10	0.20	0.10	0.45	0.45	0.50	0.64	0.64	0.60	0	0.60	0.64
65	-0.20	-0.90	-0.60	-0.40	-0.35	-0.70	-0.40	-0.15	-0.50	-0.70	-0.50	-0.40	-0.50	-0.15	-0.15	-0.10	0.04	0.04	0	-0.60	0	0.04
66	-0.24	-0.94	-0.64	-0.44	-0.39	-0.74	-0.44	-0.19	-0.54	-0.74	-0.54	-0.44	-0.54	-0.19	-0.19	-0.14	0	0	-0.04	-0.64	-0.04	0

表 4-30　导致中游生态环境改善和恶化的主要土地利用类型变化及贡献率

	土地利用类型变化	变化面积（万亩）	贡献率	占贡献率比率(%)		土地利用类型变化	变化面积（万亩）	贡献率	占贡献率比率(%)
生态环境改善	沙地—旱地	15.810 7	0.001 5	13.27	生态环境恶化	高覆盖度草地—低覆盖度草地	4.007 6	0.000 9	14.16
	裸土地—旱地	17.846 4	0.001 4	12.48		沼泽地—旱地	5.157 1	0.000 8	13.25
	戈壁—旱地	13.503 5	0.001 3	11.33		高覆盖度草地—旱地	2.171 4	0.000 4	6.97
	沙地—低覆盖度草地	5.366 2	0.000 4	3.57		低覆盖度草地—沙地	5.677 7	0.000 4	6.93
	戈壁—低覆盖度草地	5.298 2	0.000 4	3.52		沼泽地—低覆盖度草地	1.630 2	0.000 3	4.71
	低覆盖度草地—旱地	19.814 2	0.000 4	3.46		低覆盖度草地—戈壁	3.339 6	0.000 3	4.08
	戈壁—滩地	1.693 3	0.000 4	3.20		中覆盖度草地—低覆盖度草地	2.377 4	0.000 2	3.82
	低覆盖度草地—疏林地	3.321 7	0.000 3	2.90		沼泽地—沙地	0.825 1	0.000 2	3.39
	低覆盖度草地—中盖度草地	2.881 9	0.000 3	2.52		中覆盖度草地—旱地	2.239 3	0.000 2	2.88
	裸岩石砾地—滩地	1.240 6	0.000 3	2.34		中覆盖度草地—戈壁	0.996 0	0.000 2	2.81
	戈壁—中覆盖度草地	1.481 7	0.000 3	2.28		高覆盖度草地—中覆盖度草地	1.386 6	0.000 2	2.67
	旱地—沼泽地	1.589 8	0.000 3	2.22		沼泽地—盐碱地	0.666 8	0.000 2	2.57
	总计	89.848 2	0.007 3	63.10		总计	30.474 8	0.004 3	68.25

同样，计算黑河下游地区 2000 年和 2011 年的区域生态环境质量指数，分别为 0.047 8 和 0.055 6，即 2000 ~ 2011 年间，下游地区生态环境质量指数从 0.047 8 上升到 0.055 6，下游地区总体生态环境质量好转 16.3%，并呈上升趋势。

在区域生态环境总体好转的同时，区域内生态环境质量也存在着好转和恶化两种相反趋势。好转趋势远大于恶化趋势，才致使总体趋于好转。生态环境改善和恶化趋势可从分析二级土地利用类型变化得出。表 4-31 给出了 2000 ~ 2011 年间下游地区导致生态环境改善和恶化的主要土地利用变化类型的面积和贡献率。

表 4-31　导致下游生态环境改善和恶化的主要土地利用类型变化及贡献率

	土地利用类型变化	变化面积（万亩）	贡献率	占贡献率比率（%）		土地利用类型变化	变化面积（万亩）	贡献率	占贡献率比率（%）
生态环境改善	沙地—低覆盖度草地	45.535 8	0.001 8	16.13	生态环境恶化	低覆盖度草地—沙地	16.793 8	0.000 7	20.19
	沙地—沼泽地	12.166 3	0.001 6	14.52		沼泽地—沙地	4.105 1	0.000 5	16.62
	沙地—中覆盖度草地	14.836 6	0.001 3	12.17		低覆盖度草地—戈壁	7.878 2	0.000 3	9.47
	盐碱地—湖泊	5.380 0	0.000 8	7.02		中覆盖度草地—低覆盖度草地	4.268 3	0.000 2	6.75
	沙地—高覆盖度草地	4.888 4	0.000 7	6.75		中覆盖度草地—沙地	1.990 4	0.000 2	5.54
	戈壁—低覆盖度草地	8.258 1	0.000 3	2.93		低覆盖度草地—盐碱地	4.324 7	0.000 1	4.10
	低覆盖度草地—中覆盖度草地	6.154 5	0.000 3	2.87		疏林地—低覆盖度草地	2.319 7	0.000 1	3.67
	沙地—疏林地	3.003 5	0.000 3	2.46		高覆盖度草地—旱地	1.094 5	0.000 1	3.46
	沙地—旱地	5.083 5	0.000 3	2.28		滩地—低覆盖度草地	1.577 4	0.000 1	2.50
	盐碱地—低覆盖度草地	7.956 6	0.000 2	2.23		中覆盖度草地—旱地	1.732 2	0.000 1	2.19
	盐碱地—沼泽地	1.741 4	0.000 2	1.95		沼泽地—滩地	1.151 1	0.000 0	1.46
	低覆盖度草地—疏林地	3.448 5	0.000 2	1.61		疏林地—旱地	1.139 7	0.000 0	1.44
	合计	118.453 2	0.008 0	72.92		合计	48.375 1	0.002 5	77.40

从表 4-31 中可以看出，向下游调水以后，部分沙地恢复为草地、疏林地，以前干涸的东居延海也恢复了碧波荡漾的景象，很大程度上改善了生态环境。另外，部分沙地被开垦为旱地，也对生态环境的改善有所贡献，但根据各类土地覆被的耗水和生态贡献来看，被开垦为旱地的效果不如转变为林草地。

在生态环境好转的同时，也有部分区域表现出略有恶化的问题，表现为草地覆盖度的降低，中、低覆盖度草地退化为沙地、戈壁等类型，更有部分疏林地被开垦为旱地。

从流域中下游生态环境变化情况来看，目前的水资源条件可保障生态环境不退化，但在水资源配置方面仍有提高的空间。

第三节 适应性综合评价

一、评价原则与评价指标

按照国家要求，在水利部、黄河水利委员会的安排和部署下，2000 年 7 月启动了黑河水资源统一管理和水量统一调度工作。自 2000 年水利部正式启动黑河流域省级分水工作以来，黑河水量调度以国务院批准的“九七分水方案”为依据，由黄河水利委员会负责调度管理，已顺利实施十几年。连续十几年的黑河水量调度，使黑河上游生态环境得到明显改善；中游张掖市已建成全国节水型社会建设示范市，经济社会得到快速发展；进入下游的水量逐年增加，有效遏制了黑河下游生态环境恶化的趋势，促进了全流域社会经济的可持续发展，取得了巨大的生态效益和社会效益。

但随着经济社会的发展和中下游用水需求的不断增加，按照黑河“九七分水方案”下泄指标要求，正义峡下泄水量实际上难以完成任务，黑河干流调水方案存在的问题和不足也逐渐凸显出来。因此，科学评价“九七分水方案”的适应性，进一步明晰分水方案实施效果的影响因素，力图用相关数学理论方法准确地评价分水方案实施效果，并为进一步优化分水方案提供技术支撑。

黑河流域“九七分水方案”实施十几年来，正义峡下泄水量较 20 世纪 90 年代显著增多，但仍然完成不了分水方案要求的下泄指标。为了评价“九七分水方案”的适应性，按照科学性、代表性、特殊性、可行性原则选取相关指标。

(1)科学性：所选取的指标能反映研究区的因素对分水方案实施效果的影响；

(2)代表性：所选取的指标能代表研究区所有因素对分水方案实施效

果的影响,即这几个因素能综合反映所有因素综合起来对黑河水资源时空分布的作用;

(3)特殊性:对于黑河流域与中游甘州、临泽、高台三县(区)的特点,选取的指标能反映其特殊性;

(4)可行性:所选取的指标易于获取,容易统计与量化。

根据实地考察调研、研究相关报告及阅读参考文献,结合中游甘州区、临泽县、高台县三县(区)在社会经济发展、气候及水文情势方面发生的变化,综合考虑选择分水方案实施效果、水文情势、管理手段与工程、方案技术特点等作为分水方案适应性的评价指标(见表4-32、图4-30)。

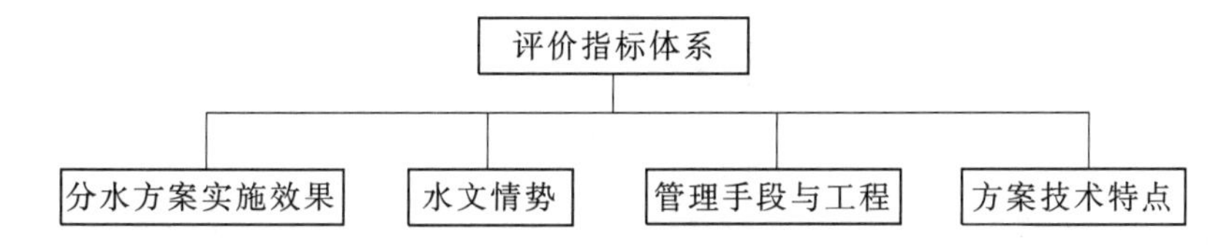

图4-30　黑河"九七分水方案"适应性评价指标体系

划分适应性评价分数段时,评价分数段太少显得过于粗糙,不利于提高评价的精度,评价分数段太多,则过于烦琐,此处将适应性评价分数分为5段,分别为0~20分(适应性弱)、20~40分(适应性较好)、40~60分(适应性中等)、60~80分(适应性很强)、80~100分(非常适应)。

二、评价标准与评价方法

标准划分依据主要分为以下四类,对应于表中的序号:①国家标准、规范或者法规,如三条红线、节水型社会规划等;②参考国内外普遍认可的标准,如人均水资源量所对应的等级;③参考国家关于某些发展规划的指标值,或发达国家或地区的指标实际值,结合相关理论分析来确定指标标准;④通过类比方法,参照相关研究文献,结合研究区域的情形来确定。

(一)分水方案实施效果指标的标准划分依据

(1)经济增长率、人口增长率、粮食产量增长率、农业用水比例:根据全国平均水平或者甘肃、青海、内蒙古等地的数据来确定标准。

表 4-32　黑河“九七分水方案”适应性评价指标和评价标准表

指标体系			序号	计算公式或描述	0~20 分	20~40 分	40~60 分	60~80 分	80~100 分
分水方案实施效果指标	经济增长率(%)		x_1	100%×(当年经济总量-上年经济总量)/上年经济总量	<5.1 或 >22.5	5.1~7.2	7.2~9.6	9.6~12.5	12.5~22.5
	人口增长率(%)		x_2	100%×(当年人口总量-上年人口总量)/上年人口总量	<0 或>3.5	0~0.2	0.2~0.6	0.6~1.5	1.5~3.5
	粮食产量增长率(%)		x_3	100%×(当年粮食总产量-上年粮食总产量)/上年粮食总产量	<0.8 或>9.5	0.8~2.5	2.5~4.6	4.6~6.5	6.5~9.5
	农业用水比例(%)		x_4	100%×农业用水量/总用水量	0%~20%或 95%~100%	20%~50%	85%~95%	70%~85%	50%~70%
	生态环境用水比例(%)		x_5	100%×中游生态用水量/中游总用水量	<1%	1%~2%	2%~3%	3%~5%	>5%
	中游绿洲增长率(%)		x_6	100%×中游绿洲增加面积/中游绿洲原有面积	<-5%	-5%~0	0	0~5%	>5%
	下游绿洲增长率(%)		x_7	100%×下游绿洲增加面积/下游绿洲原有面积	<-5%	-5%~-2%	-2%~+2%	2%~5%	>5%
	中游地下水水位变幅(m)		x_8	中游地下水位相对于合理水位的变化幅度	±15%	±10%	±5%	±3%	0
	下游地下水水位变幅(m)		x_9	下游地下水位相对于合理水位的变化幅度	±15%	±10%	±5%	±3%	0
	正义峡下泄水量偏差(%)		x_{10}	下泄水量相对于分水方案的偏差	<-10%	-10%~-5%	-5%~-1%	-1%~5%	>5%
水文情势指标	莺落峡水文过程	关键调度期(7月1日至8月31日)(m^3/s)	x_{11}	莺落峡流量对正义峡下泄效果的影响	<80	80~125	125~140	140~185	>185
		关键调度期(9月1日至11月10日)(m^3/s)		莺落峡流量对正义峡下泄效果的影响	<80	80~125	125~140	140~185	>185
	莺落峡来水量对分水方案适应性		x_{12}	丰、平、枯哪些年份能较好完成分水方案	特丰或者特枯年份	偏丰年份	枯水年份或丰水年份	偏枯年份	平水年
	上中游地区降水量同步性		x_{13}	上中游地区降水量丰枯的同步性	<0.5	0.5~0.7	0.7~0.85	0.85~0.95	>0.95
	莺落峡来水与中游作物需水的匹配度		x_{14}	莺落峡来水与中游作物需水的协调度	<0.2	0.2~0.4	0.4~0.6	0.6~0.8	>0.8
	正义峡下泄水量与下游生态需水的匹配度		x_{15}	正义峡下泄水量与下游生态需水过程的协调度	<0.5	0.5~0.7	0.7~0.85	0.85~0.95	>0.95

续表 4-32

指标体系			序号	计算公式或描述	0~20 分	20~40 分	40~60 分	60~80 分	80~100 分
管理手段与工程指标	闭口时间长度	关键调度期(7 月 1 日至 8 月 31 日)(d)	x_{16}	闭口时间多长下泄效果较好	<5	5~8	8~12	12~20	>20
		关键调度期(9 月 1 日至 11 月 10 日)(d)		闭口时间多长下泄效果较好	<30	30~38	38~45	45~55	>55
	闭口期间下泄量	关键调度期(7 月 1 日至 8 月 31 日)(亿 m^3)	x_{17}	闭口期间下泄比例多少分水效果较好	<0.4	0.4~0.6	0.6~0.9	0.9~1.2	>1.2
		关键调度期(9 月 1 日至 11 月 10 日)(亿 m^3)		闭口期间下泄比例多少分水效果较好	<0.6	0.6~0.8	0.8~1.2	1.2~1.8	>1.8
	耕地面积变化(%)		x_{18}	中游耕地面积变化是否处于正常变化	>1.5	0.7~1.5	0.7~0.4	0.4~0.1	<0.[illegible]
	灌溉水利用系数		x_{19}	灌入田间供给作物的水量与渠首引水总量比值	<0.2	0.2~0.4	0.4~0.6	0.6~0.8	>0.3
	政策办法的适合度		x_{20}	政策办法是否有利于分水	非常不适合	不适合	较适合	适合	非常适合
	调度方案的科学性		x_{21}	调度方案是否科学合理	非常不合理	不合理	较合理	合理	非常合理
	水利工程的调节能力		x_{22}	水利工程对于分水的调节能力	非常弱	较弱	一般	较强	非常强
方案技术特点指标		分水方案的可操作弹性	x_{23}	分水方案插值是否有可调节或者选择的余地	非常弱	较弱	一般	较强	非常强
		分水方案的全面性	x_{24}	分水方案是否考虑了特丰特枯年份	非常不全面	不全面	较全面	全面	非常全面

(2)生态环境用水比例:以《黑河近期治理规划》中的数据作为评价标准。

(3)中、下游绿洲增长率:将 20 世纪 80 年代中、下游绿洲面积作为标准。

(4)中、下游地下水位变幅:将中下游地下水位合理范围数据作为标准。

(5)正义峡下泄水量偏差:将分水方案要求的下泄水量作为标准。

(二)水文情势指标的标准划分依据

(1)莺落峡水文过程:根据莺落峡来水量与正义峡下泄比例的响应关系来确定分水方案要求下泄比例下的莺落峡最小流量过程,以此作为标准。

(2)莺落峡来水量对分水方案适应性:以 2000 ~ 2012 年正义峡能够完成下泄指标所代表的年份作为评价标准。

(3)上中游地区降水量同步性:根据公式计算自相关系数作为标准。

(4)莺落峡来水与中游作物需水的匹配度、正义峡下泄水量与下游生态需水的匹配度:以公式计算的协调度作为标准。

(三)管理手段与工程指标的标准划分依据

(1)闭口时间长度:根据闭口时间长度与正义峡下泄比例的响应关系来确定分水方案要求下泄比例下的最短闭口时间,以此作为标准。

(2)闭口期间下泄量:根据闭口期间下泄量与正义峡下泄比例的响应关系来确定分水方案要求下泄比例下的最小下泄水量,以此作为标准。

(3)耕地面积变化:以《黑河近期治理规划》中的数据作为评价标准。

(4)灌溉水利用系数:根据“三条红线”或者《黑河近期治理规划》来确定评价标准。

(5)政策办法的适合度、调度方案的科学性:根据问卷调查结果作为评价标准。

(6)水利工程的调节能力:根据调节系数公式计算得到相关标准。

(四)方案技术特点指标的标准划分依据

分水方案的可操作弹性、分水方案的全面性:根据问卷调查结果作为评价标准。

层次分析法(analytic hierarchy process,简称 AHP 方法)是美国运筹学家 T. L. saaty 于 20 世纪 70 年代提出的,它是对方案的多指标系统进行分析的一种层次化、结构化决策方法,它将决策者对复杂系统的决策思维过程模型化、数量化。应用这种方法,决策者通过将复杂问题分解为若干层次和若干因素,在各因素之间进行简单的比较和计算,就可以得出不同方案的权重,为最佳方案的选择提供依据。运用 AHP 方法,大体可分为如下几个步骤:

(1)分析系统中各因素间的关系,对同一层次各元素关于上一层次中某一准则的重要性进行两两比较,构造两两比较的判断矩阵;

(2)由判断矩阵计算被比较元素对于该准则的相对权重,并进行判断矩阵的一致性检验;

(3)计算各层次对于系统的总排序权重,并进行排序;

(4)得到各方案对于总目标的总排序。

层次分析法的一个重要特点就是用两两重要性程度之比的形式表示出两个方案的相应重要性程度等级。如对某一准则,对其下的各方案进行两两对比,并按其重要性程度评定等级。本次评价指标的评定等级量化值见表 4-33。

表 4-33　评价指标的评定等级量化值

指标比指标	量化值
同等重要	1
稍微重要	3
较强重要	5
强烈重要	7
极端重要	9
两相邻判断的中间值	2,4,6,8

根据层次分析法确定权重的原理及相关步骤,得到本次适应性评价指标体系各指标的权重,见表 4-34。

表 4-34 黑河“九七分水方案”适应性评价分数表

指标体系			权重	各指标得分	各指标权分数
分水方案实施效果指标	经济增长率		0.024	76	1.84
	人口增长率		0.008	65	0.54
	粮食产量增长率		0.011	47	0.54
	农业用水比例		0.054	55	2.99
	生态环境用水比例		0.049	85	4.20
	中游绿洲增长率		0.033	77	2.55
	下游绿洲增长率		0.034	80	2.69
	中游地下水水位变幅		0.028	65	1.81
	下游地下水水位变幅		0.078	92	7.16
	正义峡下泄水量偏差		0.080	37	2.95
水文情势指标	莺落峡水文过程	关键调度期(7月1日至8月31日)	0.025	45	1.14
		关键调度期(9月1日至11月10日)	0.018	73	1.29
	莺落峡来水量对分水方案适应性		0.053	38	2.01
	上中游地区降水量同步性		0.078	55	4.30
	莺落峡来水过程与中游作物需水的匹配度		0.071	57	4.02
	正义峡下泄水量与下游生态需水的匹配度		0.035	88	3.11
管理手段与工程指标	闭口时间长度	关键调度期(7月1日至8月31日)	0.018	48	0.87
		关键调度期(9月1日至11月10日)	0.009	70	0.64
	闭口期间下泄量	关键调度期(7月1日至8月31日)	0.023	56	1.27
		关键调度期(9月1日至11月10日)	0.014	65	0.89
	耕地面积变化		0.036	36	1.34
	灌溉水利用系数		0.027	58	1.58
	政策办法的适合度		0.023	71	1.61
	调度方案的科学性		0.018	76	1.38
	水利工程的调节能力		0.052	49	2.54
方案技术特点指标	分水方案的可操作弹性		0.055	56	3.08
	方案的全面性		0.045	48	2.16
总分			60.5		

三、评价指标计算

（一）经济增长率

此次评价的是“九七分水方案”是否能承载2000～2012年中游地区的经济增长率。为了较为科学与准确地表征最近几年的经济增长速度，选取2000～2012年经济增长率的平均值作为计算评价值。根据张掖市统计年鉴，得到2000～2012年的经济增长率，见表4-35。

表4-35　2000～2012年的经济增长率　（%）

年份	2000	2001	2002	2003	2004	2005	2006	2007	2008	2009	2010	2011	2012
经济增长率	8.1	14.7	12.8	11.3	10.2	9.2	14.4	16.9	17.3	10.5	10.8	20.7	13.7
经济增长率平均值	11.7												

根据评价标准值表，此项指标的评价值为76分。

（二）人口增长率

此次评价的是“九七分水方案”是否能承载2000～2012年中游地区的人口增长率。为了较为科学与准确地表征最近几年的人口增长速度，选取2000～2012年人口增长率的平均值作为计算评价值。根据张掖市统计年鉴，得到2000～2012年的人口增长率，见表4-36。

表4-36　2000～2012年的人口增长率　（%）

年份	2000	2001	2002	2003	2004	2005	2006	2007	2008	2009	2010	2011	2012
人口增长率	4.3	1.0	1.7	-0.2	-0.2	0.5	0.6	0.9	0.5	0.5	0.3	0.1	0.2
人口增长率平均值	0.8												

根据评价标准值表，此项指标的评价值为65分。

（三）粮食产量增长率

此次评价的是分水后中游粮食产量的变化率是否适应中游地区的水资

源承载能力。为了较为科学与准确地表征最近几年的粮食产量增长速度，选取2000～2012年粮食产量增长率的平均值作为计算评价值。根据张掖市统计年鉴，得到2000～2012年的粮食产量增长率，见表4-37。

表4-37　2000～2012年的粮食产量增长率　　(%)

年份	2000	2001	2002	2003	2004	2005	2006	2007	2008	2009	2010	2011	2012
粮食产量增长率	1.2	-0.3	-0.3	-0.3	-0.3	-0.3	1.9	4.5	2.0	8.5	6.1	5.5	7.2
粮食产量增长率平均值	2.7												

根据评价标准值表，此项指标的评价值为47分。

（四）农业用水率

此次评价的是农业用水量占总用水量的比例，2000年分水方案实施以来，在中游地区用水结构中，农业用水比例达87%，其中灌溉用水又占农业用水的90%以上。

根据评价标准值表，此项指标的评价值为55分。

（五）生态环境用水比例

此次评价的是“九七分水方案”实施后能够维持的生态环境用水比例，为了较为科学与准确地表征最近几年的生态环境用水比例，选取2011年的水利普查数据作为计算评价值。

根据评价标准值表，此项指标的评价值为85分。

（六）中游绿洲增长率

为了较为科学与准确地表征中游绿洲增长率，中游原有绿洲面积采用20世纪80年代的数据，现状绿洲面积采用2009年的数据，根据《黑河流域近期治理后评估报告》结果，80年代绿洲面积为3 245 km^2，2009年的绿洲面积为3 219 km^2。

根据评价标准值表，此项指标的评价值为77分。

（七）下游绿洲增长率

下游绿洲增长率指中游绿洲的增加面积和原有绿洲面积的比值，下游原有绿洲面积采用20世纪80年代的数据，现状绿洲采用2009年的数据。根据《黑河流域近期治理后评估报告》结果，80年代绿洲面积为5 309 km^2，2009年的绿洲面积为5 138 km^2。

根据评价标准值表，此项指标的评价值为80分。

（八）中游地下水位变幅

中游地下水位变幅指中游地下水位和原有地下水位的差值，中游原有地下水位采用20世纪80年代的数据，现状地下水位采用2012年的数据。根据研究结果，中游各灌区地下水埋深需要维持在2.5～4.0 m，才能达到一个合理的平衡点，维持植被的正常生长。

根据评价标准值表，此项指标的评价值为65分。

（九）下游地下水位变幅

下游地下水位变幅指下游地下水位和原有地下水位的差值，下游原有地下水位采用20世纪90年代的数据，现状地下水位采用2009年的数据。根据《黑河流域近期治理后评价报告》结果，额济纳绿洲2009年的地下水位较1999年平均回升了0.57 m。

根据评价标准值表，此项指标的评价值为92分。

（十）正义峡站下泄水量偏差

此次评价的是分水方案实施后，正义峡站实际下泄水量相对于“九七分水方案”的偏差。根据2000～2012年正义峡实际下泄水量与下泄指标，得到正义峡站下泄水量的平均偏差为-8.1%，即正义峡站少下泄的水量相对于下泄指标的偏差。

根据评价标准值表，此项指标的评价值为37分。

（十一）莺落峡站水文过程

此次评价在关键调度期的不同时段，根据已经研究得到的莺落峡站流量大小对正义峡下泄效果影响机制成果，来评价实际下泄水量是否适应分水要求的下泄指标要求。根据2000～2012年莺落峡站来水过程，得到关键调度期7月1日至8月31日莺落峡来水量的平均流量为121 m^3/s,9月1日至11月10日的平均流量为152 m^3/s。

根据评价标准值表,关键调度期7月1日至8月31日的评价值为45分,关键调度期9月1日至11月10日的评价值为73分。

(十二)莺落峡站来水量对分水方案适应性

分水方案实施后,根据分析研究结果可知,平水年和偏枯水年正义峡站实际下泄水量比较接近当年下泄指标,部分年份还能超额完成下泄指标任务,而偏丰水年、丰水年正义峡站下泄水量均有欠账,在丰水年正义峡站下泄水量欠账更多,表现为莺落峡站来水量较丰,超过多年平均径流量15.8亿 m^3 后,正义峡站下泄水量年均欠账增加。此次评价的是分水方案实施后,莺落峡站来水量对于"九七分水方案"的适应性。根据2000~2012年莺落峡站来水量,得到多年平均径流量为17.6亿 m^3,来水量偏丰。

根据评价标准值表,此项指标的评价值为38分。

(十三)上中游地区降水量同步性

上中游地区降水量同步性是指上中游地区降水量丰枯的同步性。

根据评价标准值表,此项指标的评价值为55分。

(十四)莺落峡站来水过程与中游作物需水的匹配度

当莺落峡站来水过程与中游作物需水能很好地匹配时(这种匹配主要包含来水量与需水量的匹配、来水过程与需水过程的匹配),将会有更多的时间开展"全线闭口、集中下泄"措施。通过计算协调度,得到莺落峡站来水过程与中游作物需水的匹配度为0.55。

根据评价标准值表,此项指标的评价值为57分。

(十五)正义峡站下泄水量与下游生态需水的匹配度

正义峡站下泄水量与下游生态需水的匹配度是指正义峡下泄水量与下游生态需水过程的协调度。根据《黑河流域近期治理后评价报告》,黑河下游1987年生态用水量为5.01亿 m^3,2009年生态用水量为5.52亿 m^3。

根据评价标准值表,此项指标的评价值为88分。

(十六)闭口时间长度

此次评价在关键调度期的不同时段,根据已经研究得到的闭口时间长短对正义峡站下泄效果影响机制成果，来评价实际闭口时间长短是否适应分水要求的下泄指标要求。根据2000～2012年闭口过程，得到关键调度期7月1日至8月31日闭口的平均天数为10 d，9月1日至11月10日闭口的平均时间为50 d。

根据评价标准值表，关键调度期7月1日至8月31日的评价值为48分，关键调度期9月1日至11月10日的评价值为70分。

（十七）闭口期间下泄量

此次评价在关键调度期的不同时段，根据已经研究得到的闭口期间正义峡站下泄水量对下泄效果影响机制成果，来评价实际闭口期间正义峡站下泄水量是否适应分水要求的下泄指标要求。根据2000～2012年闭口期间正义峡站下泄水量，得到关键调度期7月1日至8月31日闭口期间正义峡站下泄水量平均为0.85亿m^3，9月1日至11月10日闭口期间正义峡站下泄水量平均为1.43亿m^3。

根据评价标准值表，关键调度期7月1日至8月31日的评价值为56分，关键调度期9月1日至11月10日的评价值为65分。

（十八）耕地面积变化

此次评价的是"九七分水方案"实施后耕地面积的变化，为了较为科学与准确地表征2000～2012年耕地面积变化，选取2000～2012年耕地面积变化率的平均值作为计算评价值，计算得到耕地面积变化为0.9%。

根据评价标准值表，此项指标的评价值为36分。

（十九）灌溉水利用系数

灌溉水利用系数是指灌入田间供给作物的水量与渠首引水总量的比值，根据中游地区的水利年报，得到中游地区的灌溉水利用系数为0.58。

根据评价标准值表，此项指标的评价值为58分。

（二十）政策办法的适合度

政策办法的适合度主要是指政策办法是否有利于分水。根据专家打分的方式进行评价。

根据打分的结果，此项指标的评价值为71分。

(二十一)调度方案的科学性

调度方案的科学性主要是指调度方案是否科学合理。根据专家打分的方式进行评价。

根据打分的结果,此项指标的评价值为 76 分。

(二十二)水利工程的调节能力

水利工程的调节能力主要是指水利工程对于分水的调节能力。根据专家打分的方式进行评价。

根据打分的结果,此项指标的评价值为 49 分。

(二十三)分水方案的可操作弹性

分水方案的可操作弹性主要是指分水方案操作是否有可调节或者选择的余地。根据专家打分的方式进行评价。

根据打分的结果,此项指标的评价值为 56 分。

(二十四)分水方案的全面性

分水方案的全面性主要是指分水方案是否考虑了特丰特枯年份等。根据专家打分的方式进行评价。

根据打分的结果,此项指标的评价值为 48 分。

四、评价结果及分析

分水方案适应性评价总分数计算公式:

$$C = \sum_{i=0}^{n} S_i w_i \tag{4-6}$$

式中:C 为分水方案适应性评价总分数;S_i 表示第 i 个指标的评价分数;w_i 表示第 i 个指标的权重。

根据各指标的评价分数及各评价指标的权重,按照式(4-6)计算得到黑河干流水量分配方案的适应性评价总分数为 60.48 分,分水方案实施效果指标为 27.28 分,水文情势指标为 15.87 分,管理手段与工程指标为 12.09 分,方案技术特点指标为 5.24 分。从评价结果来看,由于外部原因及分水方案本身的技术特点,分水方案在实施过程中还存在较多的问题,评价分值偏低。其中,正义峡站下泄水量偏差、关键调度期(7 月 1 日至 8 月 31 日)

莺落峡站水文过程、莺落峡站来水量对分水方案适应性、耕地面积变化、分水方案的全面性这几项指标的评价分数较低，这说明莺落峡站来水过程、中游耕地面积、丰平枯年份、分水方案本身等对正义峡站下泄水量影响较大。

黑河干流实施水量统一调度十几年来，尽管正义峡站下泄水量较20世纪90年代显著增多，但按国务院批准的“九七分水方案”推算，完成正义峡下泄水量指标仍然存在一定的差距。黑河干流水量分配曲线制定时所采用的中游地区耗水量为80年代水平。然而，近年来黑河流域水文情势发生较大变化，且随着经济社会的发展和人口数量的不断增加，用水方式、规模等都发生了较大改变。按照科学性、可行性的原则，为科学评价“九七分水方案”现状条件下的适应性，对编制水量分配方案前后，特别是实施水量统一调度以来相关背景条件的变化，从水文情势、降水同频、径流同频、社会经济、土地利用变化及适应性评价等方面进行了综合分析。

（一）水文情势变化对分水曲线影响分析评价

问题一：分水方案的原则是在枯水年考虑中游地区相对多用水，正义峡站下泄水量指标相对较小，易于完成，丰水年则相反，要求正义峡站下泄指标较大，难以完成。如果莺落峡站来水量年际间出现丰、枯交替，正义峡站下泄指标压力可得到一定的缓解。前述分析表明，近年来黑河干流莺落峡站来水持续偏丰，将水文序列从1957～1987年延长为1957～2014年时，平均径流量由原来的15.8亿m^3增加到16.4亿m^3。特别是自2000年黑河水量统一调度以来，黑河出现了连续的丰水年份，莺落峡站平均来水为18.1亿m^3，这与“九七分水方案”中的平均来水15.8亿m^3相差2.3亿m^3。莺落峡来水情势已与分水曲线当初考虑情况不适应。

问题二：分水方案明确表述“当莺落峡站平均来水15.8亿m^3时，正义峡站下泄9.5亿m^3”，其隐含的意思为正义峡站下泄9.5亿m^3的指标，除了干流来水15.8亿m^3贡献之外，莺落峡至正义峡区间支流同样要做一定的贡献。前述分析表明，截至2015年，各支流水库已达到23座，由于区间支流陆续建成诸多水库拦蓄水量用于灌溉，支流已基本与黑河干流失去地表水力联系。支流来水情势已与分水曲线当初考虑不适应。

(二)上、中游降水同频变化对分水曲线影响分析评价

分水方案之所以考虑丰水年减少中游地区在干流用水,除考虑到支流加入外,同时考虑到丰水年份,上游降水量大,如按照上、中游降水同频考虑,中游降水也将较大,可减少中游灌溉引用水,以加大正义峡站下泄指标。但前述分析表明,在整个长系列降水过程中,上游主汛期降水和中游主汛期降水在20世纪90年代基本同步,2000年后上游主汛期降水呈增大趋势,中游主汛期降水变化不大。因此,黑河上、中游主汛期多年平均降水量并不是完全同步的。

(三)支流梨园河与干流径流同频变化对分水曲线影响分析评价

分水方案中含梨园河,虽然支流梨园河与干流同频概率相对较高,但径流的量级差较大,2000年以来莺落峡站来水量有逐渐增加趋势,特别是自2005年以来,黑河干流来水连续8年偏丰,呈现出“全年持续偏丰”的水情特点。而梨园堡径流量年际变化比较小,多年平均径流量为2.4亿m^3,每年大约1.6亿m^3来水量用于灌区灌溉,剩下0.8亿m^3径流量蒸发渗漏之后,基本与黑河干流失去地表水力联系,遇较大洪水年份约有0.2亿m^3的水进入黑河干流,对正义峡站下泄量影响甚微。

(四)社会经济变化及土地利用对分水曲线影响分析评价

随着流域经济社会的快速发展,对水资源的需求不断增加,中游地区人口2000~2010年增加了近5万。农业总产值2000~2014年增长了5.8倍,年均增长率为13.40%;粮食总产量2000~2014年增长了1.29倍,年均增长率为1.85%。

土地利用的变化直接体现和反映了人类活动的影响水平,其对水文过程的影响主要表现为对水分循环过程及水量的改变作用方面,最终结果直接导致水资源供需关系发生变化。过去20年间,黑河流域中游灌区的耕地总面积增加了约173.17万亩,其中甘肃、临泽、高台三县(区)增加了36.55万亩,沿山灌区增加了近100万亩。耕地面积的增加主要发生在20世纪末的10年间,即1990~2000年间增加了约111.86万亩,在2000~2011年的10年间增加了61.31万亩。耕地面积的增加必将加大对水资源的开发利

用,直接影响了正义峡站的下泄水量,这与当时分水方案制订时的背景情况相差较大。

(五)适应性综合评价

结合中游甘州、临泽、高台三县(区)在社会经济发展、气候及水文情势方面发生的变化,综合考虑选择分水方案实施效果、水文情势、管理手段与工程、方案技术特点等作为分水方案适应性的评价指标。建立评价标准,运用层次分析法,根据各指标的评价分数及各评价指标的权重,对评价指标进行计算,得到黑河干流水量分配方案的适应性评价总分数为60.5分。从评价结果来看,由于外部原因及分水方案本身的技术特点,分水方案在实施过程中还存在较多的问题,评价分值偏低。

综上所述,分水方案制定之后黑河背景条件发生了较大变化,而水量调度效果受上游来水和中游灌溉用水过程影响,具有很大的不确定性,特别是丰水年份或特丰年份,完成正义峡下泄水量指标反而存在更大困难。针对黑河分水方案中存在的适应性问题,应统筹考虑分水方案制定的历史条件和时代背景,进一步优化分水关系曲线,制定适应现状的科学的水量分配体系。

第五章　水量调度控制要素及关键指标

第一节　水量调度控制要素分析

一、影响因素分析

随着水量调度工作的不断深入,调度手段和措施不断完善。目前,黑河水量调度主要依赖于行政管理手段,有效地增加了正义峡的下泄水量,主要采取"全线闭口,集中下泄"的措施。在黑河流域的水量统一调度和管理中,黑河水量调度受到多方面因素的影响,其影响要素主要包括水文气象、经济、管理、工程、技术等方面,具体的影响分析如下。

(一)水文气象方面

气温的高低影响土壤墒情,来水过程和降水影响灌溉周期,通过强化水文气象预测预报,能够及时把握集中调水的时机和周期。适时采取集中调水、限制引水和洪水调度模式,增加正义峡断面下泄水量。

(二)经济措施方面

通过推进水价改革,改变传统用水习惯,减少水资源浪费,提高水资源利用效率,增加正义峡下泄水量。

(三)管理措施方面

加强沟通和协调,确定闭口时间;强化组织管理,落实责任制;加强监督检查,提高集中调度效果。

(四)工程措施方面

目前,黑河无骨干调蓄工程,黑河干流上游已建有一系列梯级水库电站,这些水库的统一调度和管理方式能够影响莺落峡断面的径流过程,影响集中调水输水效率。渠道衬砌能够提高灌溉水利用系数,减少渗漏损耗,提高用水效率。

(五)技术措施方面

通过地表水、地下水优化配置技术,压缩灌溉周期,增加集中调水时间;实施高效节水技术、优化和调整种植结构,提高用水效率。

二、控制要素集

在人类活动影响强烈、水资源开发利用程度较高的黑河流域,水文气象、经济、管理、工程、技术等影响要素从人类和自然耦合系统整体的角度,在水文循环和水资源利用转化的过程中起着主要控制性作用。

通过梳理黑河流域水量调度影响因素,得到水量调度的控制要素集。综合以上分析,从水文气象、管理、经济、工程、技术等方面对黑河流域水量调度的影响因素全集进行汇总概括,梳理得到16个主要影响因素,如图5-1所示。

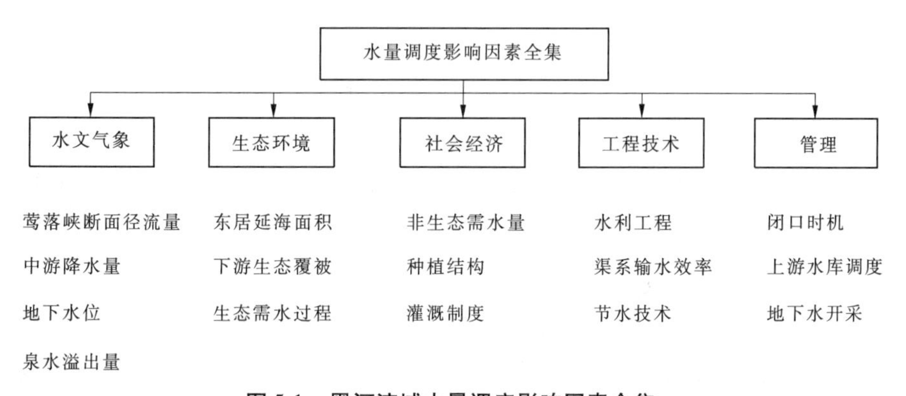

图5-1　黑河流域水量调度影响因素全集

三、控制要素分析

黑河流域水资源紧缺和人类活动影响强烈的现状,决定了流域的发展和演化受自然和社会双重属性的干扰,具有二元水循环的演变特征,控制要素从自然生态子系统和人类社会子系统进行量化分析。

(1)在自然生态子系统内,针对干旱的黑河流域自然气候和生态环境

特点,从如下两个方面进行控制要素的分析:

一是水文气象条件(出山径流量 $W_{入}$、中游平原降水量 P、地下水位 h、泉水溢出量 Q)的量化分析能更好地用于水量的优化调度。

在流域水文模拟和水量模拟模型中,出山径流量 $W_{入}$ 和中游平原降水量 P 是模型的边界条件,在西北内陆干旱流域,降水量稀少,中游平原降水量 P 的变化对流域水资源量的影响较小,而出山径流量 $W_{入}$ 是决定可用水资源量的关键控制要素。

地下水位 h 和泉水溢出量 Q 是模型的内部变量,地下水位 h 的变化决定着流域地下水流场的分布以及河流—含水层水量交换,从而影响到泉水溢出量 Q 的变化。在地表河水—地下水流模拟模型中,利用达西定律确定河水与地下潜水含水层之间的交换水量,相应的河水与地下水的水量交换由模拟的河水位和潜水位来计算:

$$Q_{g-r} = C_r(H_r - H_g) \tag{5-1}$$

$$C_r = \frac{K_z LW}{M} \tag{5-2}$$

式中:C_r 为河床(渗流层)的水力传导系数;L 和 W 分别为网格单元中河流的长度和宽度;M 为河床厚度;H_r 和 H_g 分别为河流水位和潜水位;Q_{g-r} 为该时段内该网格的河道和地下水的交换量,负值表示地下水补给河道,进而判断补给类型(形成反漏斗的"注水式补给"和形成地下水丘的"渗水式补给")和转化关系。

泉水的模拟同样是利用达西定律,含水层的排水量正比于地下水位与泉口标高之差,如果地下水位低于泉口标高,则不会有泉水溢出。泉流量 Q_{g-s} 由模拟的潜水位 H_g 和泉口标高 H_s 进行计算

$$\begin{cases} Q_{g-s} = C_s(H_g - H_s) & H_g > H_s \\ Q_{g-s} = 0 & H_g \leqslant H_s \end{cases} \tag{5-3}$$

式中:C_s 为泉水溢出的传导系数。

定量分析知,泉水溢出量 Q 除受到含水层性质(导水系数 K、给水度 μ)、河流水位(河道径流量,受出山径流量和人类引水活动直接影响)的影

响外,也受地下水位 h 的影响,地下水位 h 越高,则含水层的泉水溢出量 Q 越大;地下水位 h 越低,含水层的泉水溢出量 Q 越小。因此,地下水位 h 是这一水循环过程的控制要素。

二是生态环境状况(东居延海面积 A、下游生态覆被 $NDVI$、生态需水量 W_{eco}),既可以作为水资源模型中水量调度的目标,也可以用于水量调度情景和水资源开发利用方式效果的后评价,为下一步更好的水量调度提供参考依据。

东居延海面积 A 恢复是黑河流域规划和水量统一调度的主要目标之一。自 2000 年开始探索实施黑河干流水量统一分配,保障正义峡河道的下泄水量和东居延海的注入水量,东居延海的湖面得到有效恢复,2008 年以来最大水域面积基本在 40 km^2 以上。该要素反映了黑河尾闾湿地的生态状况。2000 年后黑河流域实施从中游向下游增泄流量以期恢复下游植被,分析 2000 ~ 2010 年增泄水量使得下游东、西居延海水体恢复情况,可反映下游地区水体的恢复情况。

下游生态覆被 $NDVI$ 能够反映黑河流域下游整体的生态状况,其受进入下游河道径流量的影响,也影响到合理的调度水量的确定。随着黑河干流水量统一调度的实施,以东居延海进水为标志的初级阶段的水量调度目标已经基本实现,随着黑河分水的进一步深入,黑河水资源管理与调度的方向转向维持和改善下游及尾闾生态系统。以下游生态覆被 $NDVI$ 为指标,通过量化其同狼心山径流量 W_{LXS} 的响应关系,能够较好地确定合理的下泄水量。

生态需水量 W_{eco} 是决定流域内的生态规模和生态环境健康状态的重要指标,它受到下游生态覆被 $NDVI$ 和东居延海面积 A 等的影响,而较短时期内的气候因素影响不大。因此,下游生态覆被 $NDVI$ 和东居延海面积 A 这两个控制指标能够基本确定生态需水量 W_{eco}。

(2)在人类社会子系统中,作为决策对象的水资源系统由区域内的水源单元、输水单元、用水单元和排水单元构成。水源单元包括地表水工程、地下水水源地、各种工农业节水措施和污水处理回用工程等。输水单元主要由河流、渠道、引水调水管线等组成。用水单元由工业、农业和生活三大用户组成，其中工业进一步分成若干宏观经济门类。不同的用水单元、不同的用户又分别分布在城镇和乡村地区，如生活用水也相应地分成城市生活和农村生活用水。排水系统包括生活污水、工业污水、农业渍涝排水等。主要从社会经济、工程技术和管理三大方面进行汇总分析。

一是社会经济（农业需水量 W_{agri}、非农业需水量 $W_{industry}$）对水量调度的影响，主要体现在水资源系统的用水单元模块，即人类社会经济用水量的变化直接影响到不同的水量调度方案。

农业需水量 W_{agri} 的确定又会受到种植结构、灌溉制度、耕地面积等更多要素的影响；非农业需水量 $W_{industry}$ 主要是城镇生活用水和工业用水量，其受人口、城镇化水平、GDP、万元 GDP 耗水量等诸多细节要素影响。因此，在水量调度的影响要素中，选择农业需水量 W_{agri} 和非农业需水量 $W_{industry}$ 作为综合反映人类经济社会的用水控制指标，在水量调度模型中进行不同用水情景的控制。

二是工程技术（水利工程、渠系输水效率、节水技术）方面的影响，主要体现在水资源系统的输水模块，通过提高水资源利用效率来达到。节水范畴包括生活节水、工业节水和农业节水三个子类别。黑河流域生产生活仍具有一定的节水潜力，可以凭借强化水资源统一管理、普及节水器具减少浪费、开展中水利用、制定合理的水价政策和一定的经济投入等手段来实现。流域内多年平均农业用水量约占总用水量的 90%，其中大部分用于农业灌溉。灌溉亩均净用水量偏高，多维持在行业用水定额的上限附近。

黑河流域水利工程（如正义峡水库、内蒙古输水干渠和上游山区黄藏寺水库）的建设，灌区合渠并口、渠系调整改造后，也要改建和增建部分建筑物，这些要素均为提高水资源利用效率提供技术手段。

而节水技术包括农业节水和非农业节水，农业的高新节水技术主要有喷灌、微灌和管道输水灌溉（简称管灌），喷灌、微灌和管灌的灌溉水利用系数分别可以达到 0.85、0.90 和 0.80，节水效果显著；田间节水工程包括农毛渠建筑物配套及渠道衬砌防渗、分水口配置等。非农业节水也是通过提高管道输水效率、减少渗漏损失、污水处理和水循环利用等措施，提高非农业用水的利用系数。

因此，工程技术方面的控制要素可归纳为水资源利用效率 η，降低无用耗水，提高水资源利用水平。

三是管理要素（闭口时机 T、水库调度 R、地下水开采量 $Q_{采}$），包括地表水和地下水的调度和管理，以及黑河干流水量调度中采用的“全线闭口，集中下泄”策略。

闭口时机 T 主要是针对干流实施的“全线闭口，集中下泄”的统一调度策略，以保障正义峡断面下泄水量满足下游的用水需求。黑河中游主要是莺落峡至正义峡区间河道，途经甘州区、临泽县和高台县，接受黑河干流及梨园河供水的13个灌区，包括甘州区的上三灌区、盈科灌区、大满灌区和西浚灌区，临泽县的梨园河灌区、平川灌区、板桥灌区、鸭暖灌区、蓼泉灌区和沙河灌区，高台县的友联灌区、六坝灌区和罗城灌区。全线闭口期间，关闭这些灌区所有的河道引水口门，集中向正义峡下泄水量，因此闭口时机 T 直接影响到正义峡河道断面的径流量。

水库调度 R 是体现地表水管理方式的主要内容，它能够影响黑河干流莺落峡的出山径流量过程，同时是“全线闭口，集中下泄”的重要工具手段，因此上游水库调度 R 这一影响因素可以由出山径流量 $W_{入}$ 和闭口时机 T 共同反映。

地下水开采量 $Q_{采}$ 是体现地下水管理的最主要内容，它不仅影响到区域的地下水位，也关系到流域地表水的引水量，从而对流域的地表水和地下水供水结构造成影响。黑河流域地表水、地下水转化频繁，水资源在多次转化并被重复利用的同时，也增加了水资源的无效消耗。规划根据流域特点，逐步调整水资源利用方式，实现地表水和地下水的统一规划、联合调度、综合开发及合理利用。确定合理的地下水开采量 $Q_{采}$ 也是影响水量调度的重要控制要素。

第二节　水资源调度配置模型

一、数学建模

（一）系统概化

黑河中游甘州、临泽、高台县（区）有众多引水口门，通过黑河干流河道引水进行灌溉，是黑河水量调度中需要考虑的重要因素。截至2012年底，黑河中游引水口门经合并改造后，干流与梨园河引水口门减少到49处，其中干流引水工程42处，梨园河引水口门7处，其位置分布如图5-2所示。

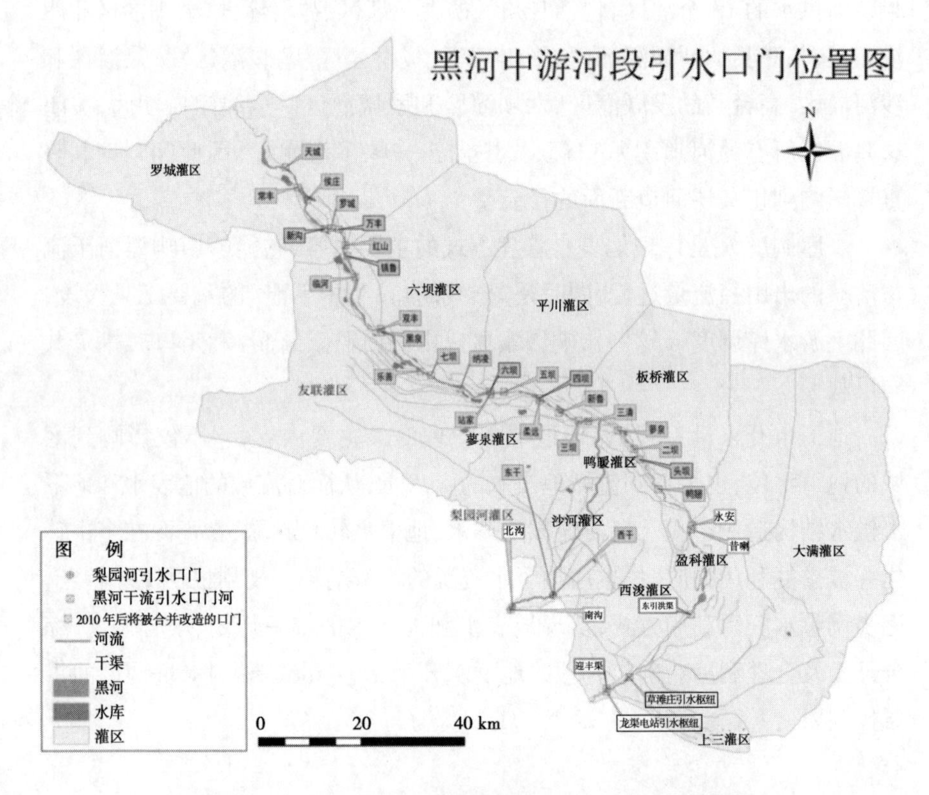

图5-2　2012年黑河干流与梨园河直引口门及中游灌区分布

甘州区引水工程4处，其中引水枢纽2处，分别是龙渠电站引水枢纽和草滩庄引水枢纽，草滩庄引水枢纽分为东总干渠、西总干渠和泄洪闸。各灌区供水关系为：龙渠电站引水枢纽上的龙洞分水闸、东总干渠上的马子干渠为上三灌区供水，盈科干渠为盈科灌区供水，大满干渠为大满灌区供水，西洞干渠和龙洞干渠为西浚灌区供水。

临泽县引水口门17处，其中黑河干流上10处，梨园河上7处，各灌区供水关系为：永安、暖泉、鸭翅向鸭暖灌区供水，昔喇和头坝为板桥灌区供水，蓼泉和新鲁向蓼泉灌区供水，二坝、三坝和四坝向平川灌区供水，梨园河西干、东干、五眼、九眼、红卫向梨园河灌区供水。

高台县引水口门28处，均从黑河干流引水。其中，各灌区供水关系为：三清、柔远、站家、纳凌、定宁、乐善、黑泉、双丰、小坝、丰稔、新开、镇江、永丰和胭脂为友联灌区供水，五坝、六坝、七坝为六坝灌区供水，临河、镇鲁、红山、罗城、万丰、新沟、侯庄、常丰、天城、赵家沟和杨家沟为罗城灌区供水。

根据据水资源开发利用效率评估研究成果，2010年甘州、临泽、高台三县（区）农业机井数量为9 297眼。其中，甘州区3 194眼，设计开采量3.09亿m^3；临泽县1 751眼，设计开采量0.75亿m^3；高台县4 352眼，设计开采量2.35亿m^3，详见表5-1。

根据统计整理的黑河流域干流水系、灌区和河道引水分布，对研究区的水资源利用进行概化分析，如图5-3所示。

黑河干流莺落峡断面和正义峡断面之间为中游地区，甘州、临泽、高台县（区）的大型灌区用水主要依赖黑河水量，实施“全线闭口，集中下泄”时会停止向这些灌区供水。正义峡断面以下为下游地区，主要有鼎新地区用水、东风场和居延海的生态用水。研究区以莺落峡为上边界，正义峡、狼心山、东居延海等为河道分析断面，评价河道输水效率及正义峡下泄水量的情况。

表 5-1　2010、2012 年中游各灌区农业机井情况统计

分区	灌区名称	2010 年农业机井数量(眼)	2012 年农业机井数量(眼)	设计年开采量(亿 m^3)
甘州区	大满灌区	1 133	1 153	1.04
	盈科灌区	1 189	1 209	1.14
	西浚灌区	849	862	0.90
	上三灌区	23	23	0.02
	小计	3 194	3 247	3.09
临泽县	梨园河灌区	376	390	0.21
	平川灌区	284	294	0.17
	板桥灌区	187	190	0.01
	鸭暖灌区	97	97	0.03
	蓼泉灌区	603	623	0.23
	沙河灌区	204	204	0.12
	小计	1 751	1 717	0.75
高台县	友联灌区	3 544	3 629	2.18
	六坝灌区	262	267	0.07
	罗城灌区	546	556	0.10
	小计	4 352	4 452	2.35
合计		9 297	9 416	6.19

(二)数学建模

模型以莺落峡为入流的上边界,正义峡为“九七分水方案”的控制断面和下边界,模型概化分为点和线两类:实际的水库、闸门、灌区、汇流点、水文及生态断面概化为节点,如较大的水利枢纽概化为闸坝等供水节点,大型灌区概化为用水节点;各节点之间通过概化的线连接,如灌区通过渠道从河道或水库引水灌溉,并回流至河道。水量调度模型对研究区的水资源配置可设置不同的调度规则进行模拟和优化。模型通过输送连接运送河流或水库

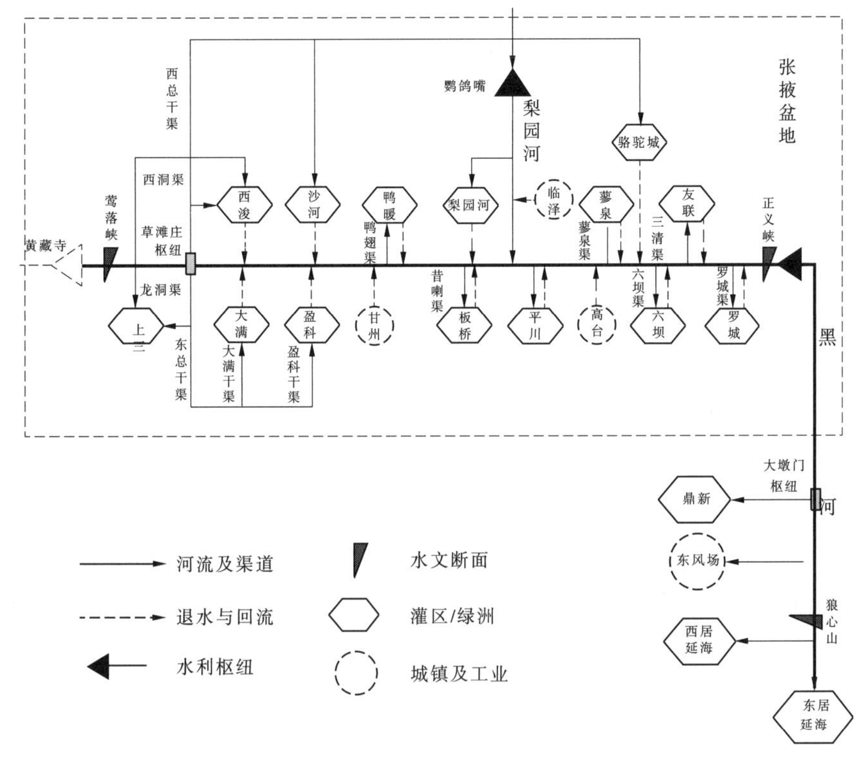

图 5-3　黑河流域水资源利用概化图

水源的水至需求点，它受损失和物理能力、人为和其他因素的制约。模型的物理约束限制条件按概化对象可分为以下七类：

(1)水库。

水量平衡约束

$$V(t+1) = V(t) + W_{\text{res\_in}}(t) - W_{\text{res\_out}}(t) - W_{\text{res\_sup}}(t) - L_{\text{res}}(t)$$

库容约束

$$V_{\text{ds}} \leqslant V(t) \leqslant V_{\max}$$

下泄能力约束

$$Q_{\text{res\_out}}(t) \leqslant Q_{\text{res\_max}}$$

引水能力约束

$$W_{\text{res\_sup}}(t) \leqslant Q_{\text{dmax}}$$

(2)河流。

水量平衡约束

$$W^{j}_{\mathrm{riv\_in}}(t) = W^{j}_{\mathrm{riv\_out}}(t) + W^{j}_{\mathrm{riv\_sup}}(t) + L^{j}_{\mathrm{riv}}(t)$$

过流能力约束

$$W^{j}_{\mathrm{riv\_in}}(t) \leqslant Q_{\mathrm{riv\_max}}$$

引水能力约束

$$W^{j}_{\mathrm{riv\_sup}}(t) \leqslant Q_{\mathrm{d\_max}}$$

(3)供水单元。

水量平衡约束

$$W^{j}_{\mathrm{sup}}(t) = W^{j}_{\mathrm{con}}(t) + W^{j}_{\mathrm{ret}}(t)$$

需水约束

$$W^{j}_{\mathrm{sup}}(t) = W^{j}_{\mathrm{mdem}}(t) - W^{j}_{\mathrm{mlack}}(t)$$

闸门供水约束

$$W^{j}_{\mathrm{sup}}(t) = \alpha(t) \times W^{j}_{\mathrm{cha\_out}}(t)$$

(4)汇流节点。

水量平衡约束

$$W_{\mathrm{con\_out}}(t) = \sum_{l=1}^{N} W^{l}_{\mathrm{con\_in}}(t)$$

(5)渠道。

水量平衡约束

$$W^{j}_{\mathrm{cha\_out}}(t) = (1 - \beta) \times W^{j}_{\mathrm{riv\_sup}}(t)$$

(6)控制断面。

水量平衡约束

$$W_{\mathrm{dsup}}(t) = W_{\mathrm{ddem}}(t) - W_{\mathrm{dlack}}(t) + W_{\mathrm{dinc}}(t)$$

(7)引水闸门。

开闭约束

$$\alpha(t) \in \{0,1\}$$

其中,$V(t)$、$V(t+1)$分别为第 t 时段和第 $t+1$ 时段的供水水库的蓄水量;

$W_{res\_in}(t)$、$W_{res\_out}(t)$、$W_{res\_sup}(t)$、$L_{res}(t)$分别为第t时段的供水水库的入流量、下泄流量、供水量和损失量；V_{ds}为供水水库的下限库容；V_{max}为供水水库的上限库容；Q_{res_max}为供水水库的下泄能力；Q_{dmax}为供水水库的引水能力；$W^{j}_{riv\_in}(t)$、$W^{j}_{riv\_out}(t)$、$W^{j}_{riv\_sup}(t)$、$L^{j}_{riv}(t)$分别为第t时段向中游第j个地区供水的河流入流量、河流出流量、河流供水量和河流损失量；Q_{riv_max}为河流的过流能力；Q_{d_max}为河流的引水能力；$W^{j}_{sup}(t)$、$W^{j}_{con}(t)$、$W^{j}_{ret}(t)$、$W^{j}_{mdem}(t)$和$W^{j}_{mlack}(t)$分别为第t时段河流中游第j个地区得到的供水量、损耗水量、回归下游河流的水量、需水量以及缺水量；$W_{con_out}(t)$为第t时段汇流节点的出流水量；$W^{l}_{con_in}(t)$为第t时段汇流节点的第l个分支的入流水量；N为流入同一汇流节点的分支数；$W^{j}_{cha_out}(t)$为第t时段向中游第j个地区供水的渠道出流量；$W_{dsup}(t)$、$W_{ddem}(t)$、$W_{dlack}(t)$、$W_{dinc}(t)$分别为第t时段河流下游生态的供水量、需水量、缺水量和加大量；$\alpha(t)$为第t时段闸门开启或关闭状态，取值为0或1(0表示闸门关闭向河流下游供水区供水，1表示闸门开放向河流中游供水区供水)；β为渠道损失系数，不同灌区的渠道损失系数根据实际调查资料和地表水、地下水模拟模型确定。

黑河干流全线闭口期间，中游张掖盆地通过闸坝等河道引水灌溉的闸门全部关闭，河道水量集中下泄至正义峡，用于保证下游额济纳盆地的生态用水。将正义峡河道断面作为控制断面，分水方案规定的下泄水量作为该断面的生态水量目标。由于闸门的全线闭口控制(0~1)涉及整数规划，数学模型包含控制闸门开闭的离散变量。同时，该地区12月至次年3月为非灌溉期，渠首引水很少，为减小计算规模，模型中设置该时期的闸门为关闭状态(0)，即天然闭口期。根据各需求点的需求优先顺序分配水，对于多个需水部门，不同需求点可具有不同的优先级，在水量调度分配中首先向优先级最高的需水部门(如城市工业及生活用水)供水，然后向优先级相对低的部门(如农业灌溉需水)供水，最后向优先级最低的部门(如水库蓄水目标)供应水量。该调度规则在出现水量短缺的时期较为有用，能够保证优先级最高的用水(如城市或最低河道内流量)得到满足。当水量不足时，优先级比较低的部门缺水量相应较大；当水量充足时，所有的需求点用水都能得到满足,需求优先级则不必要。

二、调度过程的水循环模拟

黑河中、下游地表水、地下水联合模拟模型采用 WEAP(Water Evaluation and Planning)地表水模块和 MODFLOW 地下水模块进行构建。其中,WEAP 作为一种水资源综合规划工具,能够为政策分析提供一种全面、灵活和用户友好型的框架。越来越多的水资源领域专业人员将 WEAP 视为他们所使用的各种模型、数据库、电子表格和其他软件工具的有益补充。WEAP 已用于包括美国、墨西哥、巴西、德国、加纳、布基纳法索、肯尼亚、南非、莫桑比克、埃及、以色列、也门、中亚各国家、斯里兰卡、印度、尼泊尔、中国、韩国和泰国在内的数十个国家的水资源评价。世界上很多地区面临严重的淡水管理的挑战,分配有限的水资源、环境质量和可持续用水政策等问题已经引起越来越多的关注。常规的以供给为导向的模拟模型在处理这些问题时有时显得不足。过去 10 年中,出现了一种将供水项目置于需求端问题、水质和生态系统保护背景之下考虑的水资源开发的综合方法。WEAP 旨在将这些价值观结合到一个实用的水资源规划工具中。WEAP 的独特之处在于其模拟水系统的综合方法和其政策导向,WEAP 把等式的用户端——用水规律、设备效率、回用、价格和分配,与供给端——地表水、地下水、水库和调水,放在同等的地位来考虑。WEAP 是检验可替代的水资源开发和管理策略的实验室。作为数据库,WEAP 提供一个管理水需求和供给资料的系统。作为预测工具,WEAP 模拟水的需求、供给、流量和存储,以及产生的污染、处理和排放。作为政策分析工具,WEAP 全面评估各种水资源开发和管理选择,并考虑水资源系统多元和互相竞争的利用方式。基于计算水收支平衡这一基本原则,WEAP 可用于城市和农业系统、单个集水盆地或复杂的跨界河流系统。此外,WEAP 可解决的问题广泛,包括部门需求分析、水资源保护、水权和分配优先顺序、地下水和地表水模拟、水库运行、水力发电、污染追踪、生态系统要求、脆弱性评价和项目损益分析等。用户以如下部分表述相关系统:各种水源(如河流、溪流、地下水、水库和海水脱盐设施);取水、传输和废水处理设施;生态系统要求、用水需求和产生的污染。数据结构和详尽水平可通过易于掌握的用户定制来满足特定分析的要求及反映有限数据的局限。

WEAP 的应用通常包括几个步骤:研究定义设置时间跨度、空间界限、系统组分和问题结构。可被视为应用开发过程的校准步骤的现状基准提供系统的实际用水需求、污染负荷、资源和供给的当时情况。关键假设可在现状基准中出现,用于代表政策、成本和影响需求、污染、供给和水文的因素。预案建立在现状基准之上,用户可以此探寻可替代假设或政策对未来水的供应和使用情况的影响。最后,就水的充足程度、成本和效益、与环境目标的兼容性及对关键变量不确定性的敏感程度对各预案进行评估。

Visual MODFLOW 是一个能够建立三维地下水流动和污染物迁移模型的、具有友好用户界面的应用软件。这个综合程序将逻辑菜单结构和强有力的分析工具充分结合起来,以达到以下效果:迅速标出模型区域的尺寸和选择单元;方便地指定模型性质和边界条件;运行模型模拟水流和污染物的运移;用手工或自动技术校准模型;纠正井的速率和位置使抽水试验最优化;用二维或三维的图形显示结果。在模型运行或结果显示过程中的任何时刻,模型都可以输入参数并且以二维(剖面图和平面图)或三维显示结果。

WEAP 地表水模型是有物理意义的概念性模型,模型概化分为点和线两类:实际的水库、灌区、汇流点、水文及生态断面概化为节点,它将水资源供需中不同的物理单元(供水单元、需水单元)和节点(水库、水文站、取水点)进行概化;具有物理意义的连接(渠道、河道)表现其水力联系,如灌区通过渠道从河道或水库引水灌溉,并回流至河道;模拟不同调度模式下的水量配置结果。以黑河流域内水资源循环及利用为对象,莺落峡断面为上边界的入流边界,正义峡断面为生态分水的控制断面和下边界。黑河流域灌区分布及水资源利用概化如图 5-4 所示。

地下水模型 MODFLOW 是一种模块式三维有限差分地下水流模型,可以对不同地下水含水层及单元水流进行模拟。作为一种模块式三维有限差

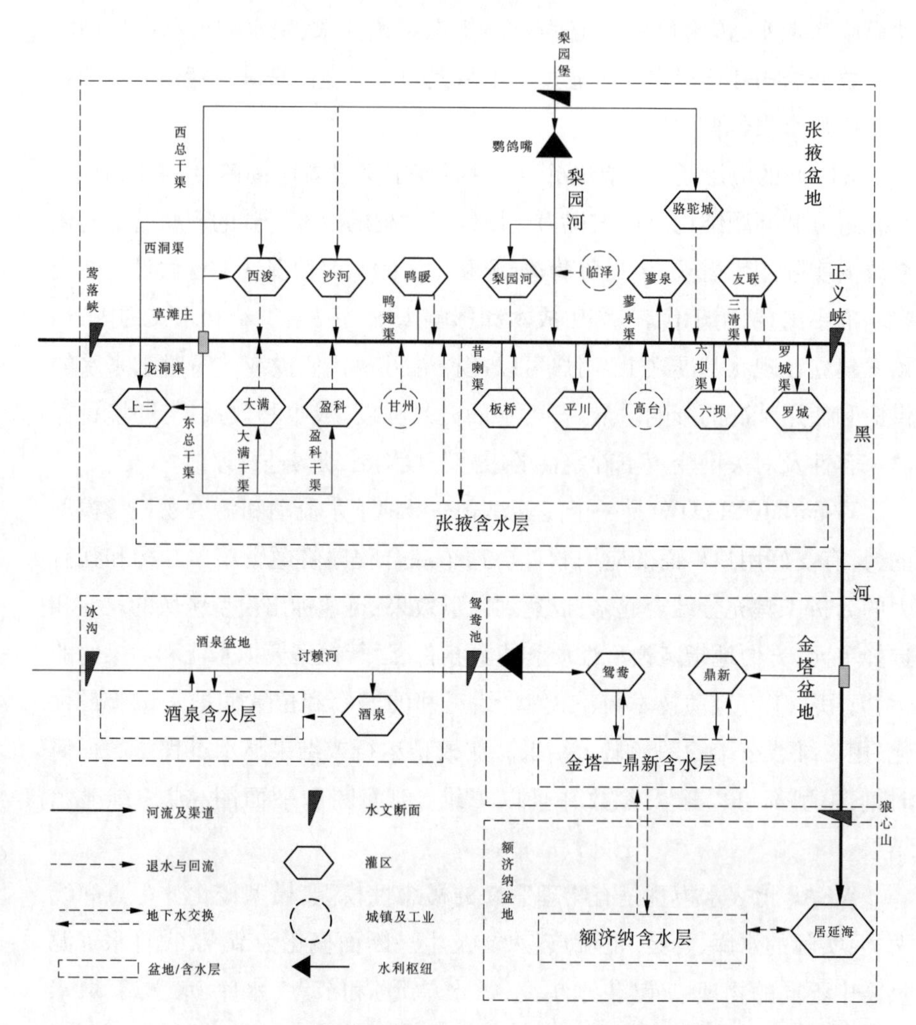

图5-4　黑河中、下游地表水、地下水循环利用的概化

分地下水流模型，可以模拟孔隙介质的三维地下水流动。模型原理如下：

$$\frac{\partial}{\partial x}\left(K_{xx}\frac{\partial h}{\partial x}\right)+\frac{\partial}{\partial y}\left(K_{yy}\frac{\partial h}{\partial y}\right)+\frac{\partial}{\partial z}\left(K_{zz}\frac{\partial h}{\partial z}\right)-W=S_s\frac{\partial h}{\partial t} \tag{5-4}$$

式中：K_{xx}、K_{yy}、K_{zz}分别为沿 x、y、z 方向的渗透系数；h 为水头；t 为时间；W 为在非平衡状态下，通过均质、各向同性土壤介质单位体积的流量，表示地下水的源汇项；S_s 为贮水系数。

供水单元和水源：按照 WEAP 模型要求，需要对研究区主要河流黑河干流和梨园河进行概化模拟，河流上包含水库、河段、水文站三类物理单元。地下水供水单元按照区域地下水地质单元和灌区进行分区。

输送连接表示从地表、地下单元和水库等供水点至需求点之间的水力联系，其约束参数有最大输送流量、系统水量损失、渗漏到地下水的比例以及供水优先级等。回流连接表示从需求点至回流点、水库或地下水含水层节点的水力联系，约束条件和参数包括系统水量损失、入渗地下水和地下回流等。由于灌区的输配水渠系是灌区水循环的核心环节之一，河水、水库蓄水、泉水以及所开采的地下水等水源均通过渠系引入田间。从各种水源到田间，渠系输水存在一定的损失，包括渠道水流失（渠道退水和闸门漏失）、渠道水面蒸发损失、渠道两侧土壤蒸发损失和渠道渗漏损失等。渠系水利用系数反映了各级输配水渠道的输水损失，表示整个渠系的输水效率，在模型中该损失按通过输送连接的流量的百分比指定。

需水单元（demand sites）代表流域内实际的需水部门，包括农业、工业和生活用水等部门，活动水平、年均用水及分配、消耗比例可采用不同的规划年水平。

根据文献调研及资料成果，对初始及边界条件进行初步分析，包括地表高程、降雨补给、河道边界、侧向补给、潜水蒸发、排水沟（泉）、挡墙（分水岭）、初始水头等设置。

地表高程：根据公布的黑河流域 500 m 精度的数字高程模型（DEM）进行插值，获取地下水模型各个网格所需要的地表高程数据集。

降雨补给：根据临泽、高台、酒泉地区气象站获得的月降雨数据，利用已有降雨入渗补给系数成果（胡立堂等）作为输入，下游额济纳盆地的降雨补给每年约为 5 mm，补给微小。

河道边界：根据黑河流域水系在研究区内的分布，确定对应网格具有相应的河流单元属性，输入河床水力传导系数和河道初始水位，与地表水模型耦合后 WEAP 每一步计算的河道水位进行更新。

潜水蒸发：利用已有地下水潜水蒸发经验公式，潜水蒸发量与地下水埋深存在非线性关系,模型中假定潜水蒸发在不同的地下水埋深区间具有分段线性分布,极限埋深为 5 m,(各月)最大蒸发能力根据不同观测站蒸发皿数据进行确定。

排水沟(泉):黑河中游地表水、地下水交换频繁,山前河水大量渗漏补给地下水,进入细土平原地带地下水埋深较浅,以泉水的形式溢出,进入河道或用于灌溉引水消耗,模型根据已有调研及研究成果确定的泉水溢出带,通过 Drain 模块设置泉水溢出高程和导水系数,进行泉水溢出量的计算。

挡墙(分水岭):不同的分水岭将黑河流域划分为各个子流域,地下分水岭阻碍了地下水流的水平运动,起到水流挡墙的作用,模型根据调研得到的地下分水岭及地质构造分布,利用 Wall 模块模拟分水岭对地下水运动的影响。

初始水头:根据已有观测井初始年份的实测数据,进行插值计算,获得各个网格初始水位,考虑插值误差影响,选取第一年计算作为预热期。

灌溉引水闸门的约束限定可以模拟不同的闭口调度方式,进而评价分析不同调度模式对模拟结果的影响。根据收集到的黑河干流莺落峡和梨园河 1983 ~ 2012 年流量资料,以旬为时间步长进行计算,共 1 080 个时段。根据不同的水文条件、需水情景和调度模式,进行不同闭口方案的长系列模拟计算,得到正义峡断面下泄水量和鼎新灌区农业水量的缺水量变化情况。利用该地表水 - 地下水联合调度模型进行模拟计算。

采用已有的地表水模型和地下水模型,进行地表水和地下水模型的连接及耦合计算。地表水、地下水模型的耦合是将 MODFLOW 中离散的网格与 WEAP 的单元节点对应连接,使之具有一定的单元属性,包括地下含水层单元、灌区、河道。地表水模型 WEAP 和地下水模型 MODFLOW 连接后的模型概化如图 5-5 所示。地表水、地下水联合调度模型在 WEAP 平台中运行和操作,通过读入 MODFLOW 的网格划分、河道、补给等基本信息数据文件,包括以 BAS6、BCF6、CHD、DIS、DRN、HUF2、LPF、NAM、OC、RCH、RIV、WEL 为扩展名的文件,获得不同的地下水模型的边界条件和参数情况。地表水模型 WEAP 和地下水模型 MODFLOW 的耦合主要是将

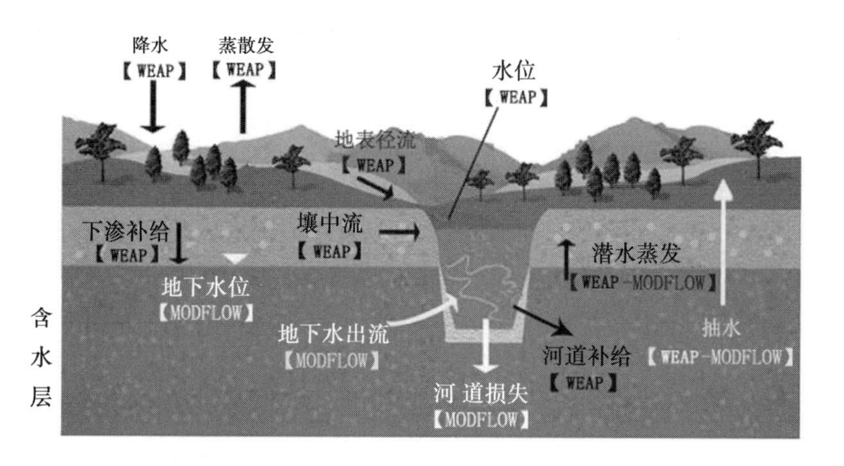

图 5-5 耦合 WEAP - MODFLOW 的地表水、地下水模型

MODFLOW中离散的网格与 WEAP 的水文单元或节点根据其空间位置进行对应匹配和关联,使之具有一定的水文属性,包括地下含水层单元、灌区、河道。通过建立地表水模型和地下水模型的连接文件来实现这些功能,完成各种水文单元和地下水网格的转化,可将地表水的不同子单元同地下水的含水层网格和河流相关联,模拟 WEAP 地表水的水文过程和 MODFLOW 地下水的运动变化及其之间的联系。其耦合在时间尺度上可采用不同步长进行,在空间尺度上采用灌区 - 网格的大小匹配,并进行水量数据的交换。在每一步计算中,地表水、地下水的循环与转化量通过入渗补给、开采、渠系渗漏、河道、泉水和回归水等过程因素进行数据的交换。

通过耦合 WEAP 模型和 MODFLOW 模型,能够实现数据和结果在 WEAP 和 MODFLOW 之间的交换,共同完成地表水、地下水联合调度,研究局部地下水位对整个系统(如地表水、地下水的相互作用,侧向地下水补给)的影响。WEAP 模型输出的地下水入渗(补给)值、地下水开采量(抽水量)、河流水位和地表径流,作为 MODFLOW 的输入值;MODFLOW 的地下水位(水头)、含水层间的侧向流与地表水、地下水流,将作为 WEAP 的输入值进行计算。模型在 WEAP 界面下运行计算,每步首先进行地表水、地下水单元的调度和水量计算,然后调用 MODFLOW 模拟地下水运动,基于

WEAP 和 MODFLOW 的地表水、地下水耦合模型计算过程及原理如图 5-6 所示。

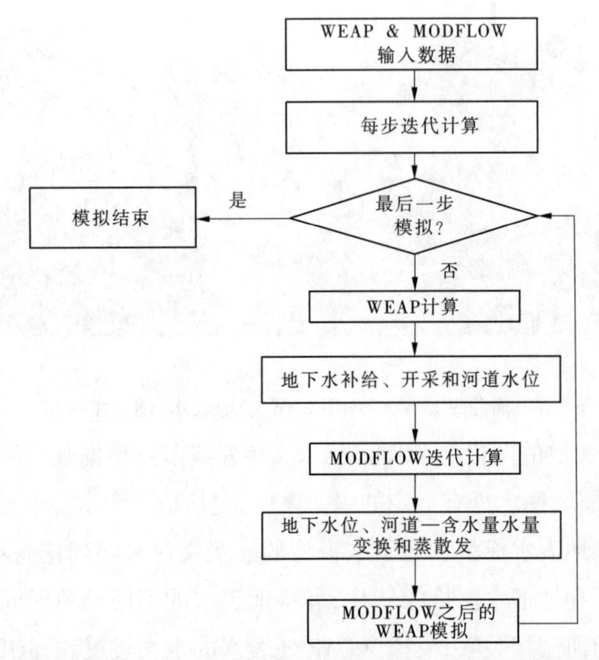

图 5-6　耦合 WEAP – MODFLOW 的地表水、地下水模型计算过程

地表水、地下水模型的耦合是将 MODFLOW 中离散的网格与 WEAP 的单元节点对应连接,使之具有一定的单元属性,包括地下含水层单元、灌区、河道;每一步计算,地表水、地下水的循环与转化通过入渗补给、开采、渠系渗漏、河道、泉水和回归水等过程因素进行耦合与交换。WEAP 模型输出的地下水入渗(补给)值、地下水开采量(抽水量)、河流水位和地表径流,作为 MODFLOW 的输入值;MODFLOW 的地下水位(水头)、含水层间的侧向流与地表水、地下水流,将作为 WEAP 的输入值进行计算。模型在 WEAP 界面下运行计算,每步首先进行地表水、地下水单元的调度和水量计算,然后调用 MODFLOW 模拟地下水运动。

三、模型率定验证

模型的参数主要包括各灌区水利用系数和地质参数/特性(导水系数

及给水度)的确定。由于灌区的输配水渠系是灌区水循环的核心环节之一,河水、水库蓄水、泉水以及所开采的地下水等水源均通过渠系引入田间。从各种水源到田间,渠系输水存在一定的损失,包括渠道水流失(渠道退水和闸门漏失)、渠道水面蒸发损失、渠道两侧土壤蒸发损失和渠道渗漏损失等。渠系水利用系数反映了各级输配水渠道的输水损失,表示整个渠系的输水效率。农业耗水能够反映渠系改造、田间整治、种植结构调整等的效果。它是与农业水利用效率密切相关的指标。以渠首总引水量和地下水井开采量为基础,并考虑灌溉过程中渠道和田间的水量损失,计算得到灌区的作物耗水量。灌溉水有效利用效率主要通过渠系水利用系数和田间水利用系数确定。2000 年渠系水利用系数平均值为 0.55,甘州、临泽和高台的值分别为 0.55、0.55 和 0.56;田间水利用系数平均值为 0.89,甘州、临泽和高台的值分别为 0.90、0.89 和 0.87;灌溉水利用系数平均值为 0.49,甘州、临泽和高台的值分别为 0.50、0.50 和 0.49。2010 年渠系水利用系数平均值为 0.58,甘州、临泽和高台的值分别为 0.57、0.58 和 0.58;田间水利用系数平均值为 0.91,甘州、临泽和高台的值分别为 0.92、0.91 和 0.90;灌溉水利用系数平均值为 0.53,甘州、临泽和高台的值分别为 0.53、0.53 和 0.53。

在黑河流域地表水、地下水耦合模型中,研究区导水系数和给水度的分布及大小是模型率定的关键,在已有项目研究成果基础上,利用实测的观测井数据对比进行率定。研究对地表水部分的率定主要是利用水文站实测河道径流资料,对正义峡断面的过流水量进行准确模拟,以反映地表水的利用及其与地下水、泉水转化的综合特征。对该水循环模拟模型的率定和检验,结合河道径流和地下水位进行率定得到可靠模型,以减小不确定性的影响,包括对地表水部分(以控制站断面的河道径流为指标)和地下水部分(以地下水位观测值为指标)的率定分析。选取黑河干流中游正义峡站和讨赖河鸳鸯池水库站作为河道径流率定的控制断面,以研究区内分布的观测井作为地下水位率定的控制点。地表水径流的模拟效果采用纳氏效率系数 NSE(Nash-Sutcliffe Efficiency Coefficient)指标进行评价,地下水位的模拟效果采用平均绝对误差 MAE(Mean Absolute Error)、均方根残差 RMSE(Root Mean

Square Error)和标准化的均方根残差 N_RMSE(Nomalized Root Mean Square Error)等指标进行评价。各评价指标的定义如下:

$$NSE = 1 - \frac{\sum_{i=1}^{n} (Q_{\text{isim}} - Q_{\text{iobs}})^2}{\sum_{i=1}^{n} (Q_{\text{iobs}} - \overline{Q}_{\text{obs}})^2} \tag{5-5}$$

式中:Q_{isim}为第 i 个模拟流量值;Q_{iobs}为第 i 个观测流量值;$\overline{Q}_{\text{obs}}$为观测流量的平均值;$n$ 为拟合数据总数。

$$MAE = \frac{1}{n} \sum_{i=1}^{n} |h_{\text{isim}} - h_{\text{iobs}}| \tag{5-6}$$

$$RMSE = \sqrt{\frac{1}{n} \sum_{i=1}^{n} (h_{\text{isim}} - h_{\text{iobs}})^2} \tag{5-7}$$

$$N\_RMSE = \frac{RMSE}{(h_{\text{obs}})_{\max} - (h_{\text{obs}})_{\min}} \tag{5-8}$$

式中:h_{isim}为第 i 个模拟的地下水位;h_{iobs}为第 i 个实测的地下水位;n 为拟合数据总数;$(h_{\text{obs}})_{\max}$为拟合点中的最大观测值;$(h_{\text{obs}})_{\min}$为拟合点中的最小观测值。

以 1989 年为预热期,利用 1990 ~ 1999 年的水文系列及需水数据资料进行耦合模型的率定(1990 ~ 1994 年)和验证(1995 ~ 1999 年)。根据黑河干流(东支)正义峡断面实测月径流资料,利用耦合模型率定模拟的河道径流水量如图 5-7 所示。

正义峡河道径流模拟的 *NSE* 在率定期和验证期分别为 0.82 和 0.90,水量误差分别为 1.20% 和 6.35%;率定期和验证期的径流模拟效果均比较满意。对于河道的径流特征,黑河干流正义峡的径流量由出山径流和地表水、地下水转化组成,并受到中游人类引水灌溉及渠系渗漏、回归水量的影响,在汛期(7 ~ 9 月)河道水量较大,非汛期(4 ~ 6 月)因灌溉需水量较大、引水较多而河道径流较小,12 月至次年 3 月虽为枯水期,但也无灌溉引水,中、下游河道受地下水补给,到达正义峡的径流相对较高。

地下水位动态由地下水观测井数据得到,在率定过程中将模型模拟的

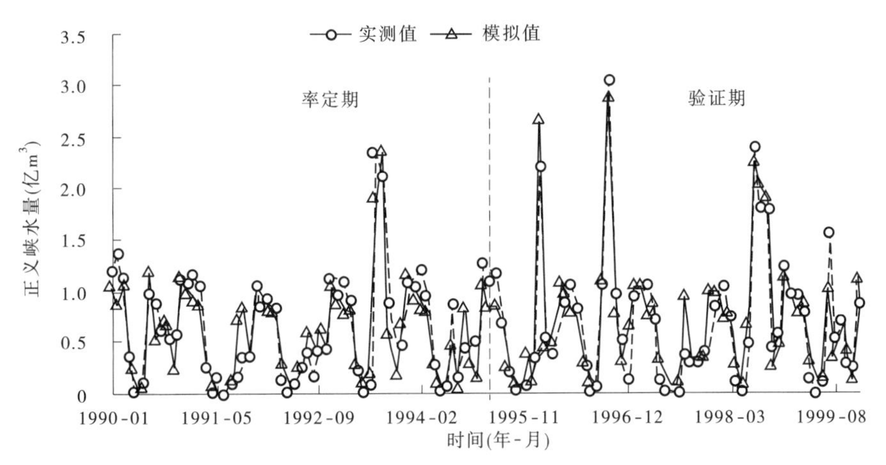

图 5-7　黑河干流(正义峡)径流模拟值与实测值比较

地下水位与实测值对比,以 *MAE*、*RMSE* 和 *N_RMSE* 为评价指标,河道径流及地下水位模拟的指标效果如表 5-2 所示。黑河流域所有观测井的 *MAE*、*RMSE* 和 *N_RMSE* 在率定期分别为 0.57 m、0.84 m 和 0.12%,在验证期分别为 0.53 m、0.67 m 和 0.10%。整个模拟期内,各个盆地的 *RMSE* 分别为 0.74 m、0.64 m、0.80 m、0.63 m,均在 0.80 m 以下,在合理的误差范围内。

表 5-2　地表水及地下水拟合效果参数统计

地表水	*NSE*	地下水位	*MAE*(m)	*RMSR*(m)	*N_RMSR*(%)
黑河干流	0.85	率定期	0.57	0.84	0.12
讨赖河	0.70	验证期	0.53	0.67	0.10

对张掖、酒泉、金塔(鼎新镇)和额济纳盆地所有观测井地下水位的模拟值和观测值进行对比分析,如图 5-8 所示。黑河中、下游全境所有观测井的地下水位在 900~1 600 m 范围,在模拟期内,黑河流域张掖、酒泉、金塔(鼎新镇)和额济纳盆地的地下水位模拟值同观测值基本分布在 1∶1线附近,在整个模拟期内的模拟效果整体较为满意。

另外,为分析所有观测井整个模拟期的误差分布,统计所有观测井在率定期和验证期内的拟合误差的绝对值,不同误差分布区间的统计结果如

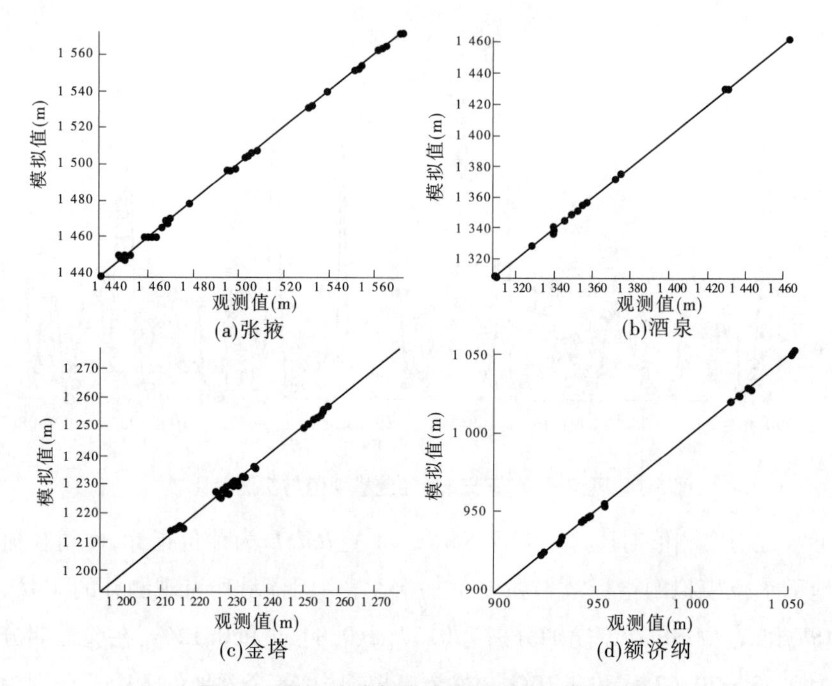

图 5-8　黑河流域各盆地观测井水位模拟结果

表 5-3 所示;对于流域内部分典型位置观测井的地下水位,其随时间变化的拟合情况如图 5-9 所示。由表 5-3 可见,模拟的水头误差小于 1 m 的点在率定期和验证期均达到了 80% 以上,表明该水循环模型能够较好地刻画黑河流域的水文地质条件,可用于流域水循环过程的模拟和水资源配置情景的分析。

同时,根据地表水、地下水循环模型的模拟结果,黑河流域中、下游地区在模拟期末的地下水位及埋深分布情况如图 5-10 所示。其总体趋势表现为,从张掖盆地和酒泉盆地到金塔－鼎新盆地、额济纳盆地,流域地下水位逐渐降低,水位埋深在山前等沿山地带较深,而冲积平原等地区较浅。如张掖盆地和酒泉盆地上游山前地带的地下水位相对较高,在 1 500 ~ 1 700 m,地下水分别向西北和东北方向流动;河流冲积平原地区的地下水位埋深较浅,大多在 0 ~ 10 m,沿河附近地下水大量向地表排泄;下游额济纳盆地的地下水位在 900 m 左右,沿东河、西河、古日乃及拐子湖、天鹅湖绿洲地区埋深较浅，对于绿洲生态的维持具有重要作用。

表 5-3　地下水位拟合绝对误差统计

时段	误差绝对值(m)	[0,0.2)	[0.2,0.5)	[0.5,1)	[1,1.2)	[1.2,+∞)
率定期	出现频数	1 089	1 257	1 013	164	437
	百分比(%)	27.50	31.74	25.58	4.14	11.04
验证期	出现频数	907	1 028	809	141	283
	百分比(%)	28.63	32.45	25.54	4.45	8.93

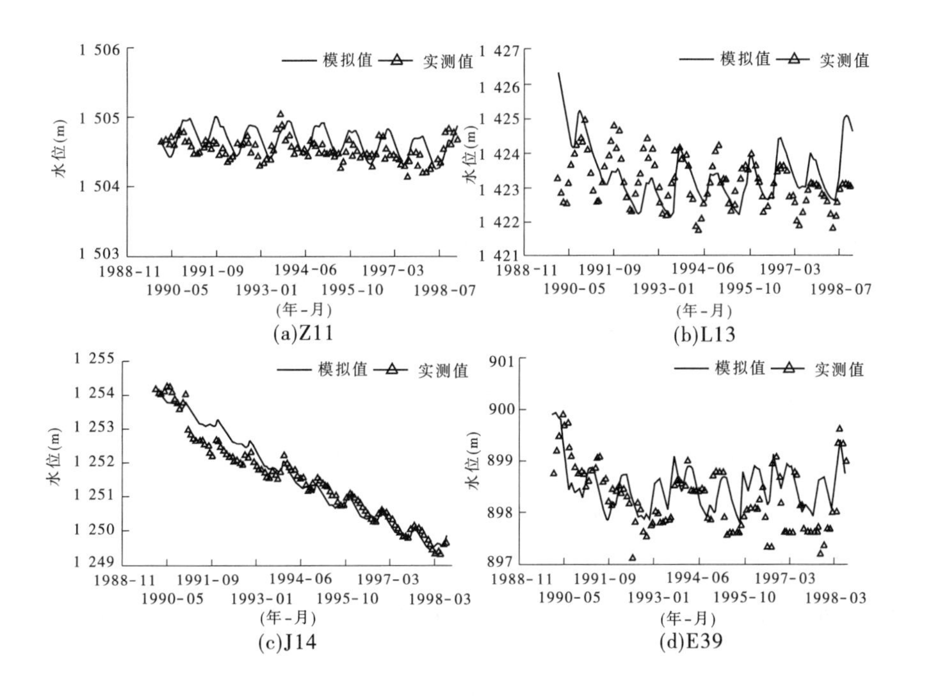

图 5-9　典型位置观测井地下水位拟合效果

大部分观测井对地下水位变化趋势模拟较好，能够反映地下水随时间的变化情况；也有个别实测观测井数据缺失或存在问题，导致水位不匹配；井群平均到面上的影响，使模拟值变化幅度降低，造成部分水位趋势波动偏

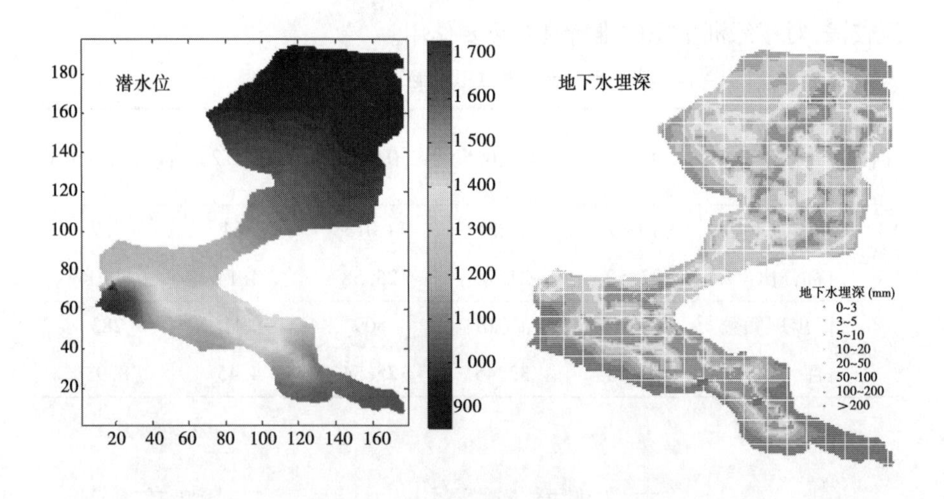

图 5-10　模拟期末黑河流域潜水位(左)和地下水埋深(右)分布

小。总体来说,典型区域地下水位计算和观测水位变化趋势基本一致,表明所建立的研究区地下水概念模型是合理的,对各类边界条件、渠系的概化以及相关参数的选取和分区是恰当的,利用 WEAP 和 MODFLOW 建立的中、下游地表水、地下水联合模拟模型能够较好地刻画黑河流域的水文地质条件,可用于不同调度方案的模拟评价。

四、水量调度和配置效果历史反演

(一)历史调度方案分析

黑河中游主要是莺落峡至正义峡区间河道,途经甘州区、临泽县和高台县接受黑河干流及梨园河供水的 13 个灌区,包括甘州区的上三灌区、盈科灌区、大满灌区和西浚灌区,临泽县的梨园河灌区、平川灌区、板桥灌区、鸭暖灌区、蓼泉灌区和沙河灌区,高台县的友联灌区、六坝灌区和罗城灌区。在关键调度期,常规调度模式实施 3 次闭口措施(7 月 10 ~ 20 日,8 月 10 ~ 20 日,9 月 5 日至 10 月 25 日),采取连续调度模式后实施 2 次闭口措施(7 月 10 ~ 20 日,8 月 25 日至 10 月 25 日)。黑河流域从 2000 年开始实施“全线闭口,集中下泄”的水量统一调度分配模式,2001 ~ 2003 年属于起步和探索阶段,调度协调工作难度很大,没有形成较为固定的调度方式,有一定的随机性。2004 年起，调度模式开始固定，2004 ~ 2010 年采用了常规调度模式，自 2011 年开始尝试连续调度模式。在常规调度及连续调度两种调度模式下，8 ~ 10 月正义峡断面下泄水量会产生不同的效果。

自 2000 年实施黑河分水方案以来，以东居延海进水为标志的初级阶段的水量调度目标已经基本实现，随着黑河分水进一步深入，黑河水资源管理与调度的方向转向维持和改善下游及尾闾生态系统。黑河干流通过实施"全线闭口，集中下泄"的统一调度，以保障正义峡下泄水量满足下游的生态用水需求。分析调度以来闭口时间及调度方式，统计黑河 2001 ~2013 年中游各次闭口时间、天数、莺落峡和正义峡水量及水量损失情况，如表 5-4 所示。

表 5-4　黑河干流闭口时间及闭口期水量统计

年度	闭口时间（月-日）	天数（d）	莺落峡来水量（亿 m^3）	正义峡过水量（亿 m^3）	水量损失（亿 m^3）	水量损失率（%）
2001 ~ 2002	07-08 ~ 07-23	15	3.04	2.46	0.58	0.19
	08-15 ~ 08-25	10	0.76	0.38	0.38	0.50
	09-10 ~ 10-12	32	1.57	1.67	-0.10	-0.06
2002 ~ 2003	04-01 ~ 05-15	45				
	07-10 ~ 07-20	10	0.85	0.51	0.34	0.40
	08-09 ~ 08-25	16	2.58	2.05	0.53	0.21
	09-08 ~ 10-19	41	3.85	3.95	-0.10	-0.03
2003 ~ 2004	04-01 ~ 04-10	10				
	07-11 ~ 07-20	9	0.63	0.30	0.33	0.52
	08-08 ~ 08-23	15	1.59	1.14	0.45	0.28
	09-08 ~ 10-26	48	2.54	2.39	0.15	0.06
2004 ~ 2005	04-06 ~ 04-15	10				
	07-07 ~ 07-21	14	1.52	1.12	0.40	0.26
	08-09 ~ 08-24	15	2.00	1.64	0.36	0.18
	09-06 ~ 10-24	49	3.87	3.44	0.43	0.11

续表 5-4

年度	闭口时间(月-日)	天数(d)	莺落峡来水量(亿 m^3)	正义峡过水量(亿 m^3)	水量损失(亿 m^3)	水量损失率(%)
2005 ~ 2006	04-02 ~ 04-16	15				
	07-12 ~ 07-26	14	2.13	1.68	0.45	0.21
	08-14 ~ 08-22	8	1.09	0.86	0.23	0.21
	09-06 ~ 10-18	42	3.27	3.04	0.23	0.07
2006 ~ 2007	04-06 ~ 04-20	15				
	07-06 ~ 07-22	16	2.36	1.67	0.69	0.29
	08-08 ~ 08-20	12	1.09	0.49	0.60	0.55
	09-04 ~ 10-26	52	5.00	4.05	0.95	0.19
2007 ~ 2008	04-02 ~ 04-21	20				
	07-15 ~ 07-22	7	0.76	0.12	0.64	0.84
	08-06 ~ 08-16	10	1.43	0.96	0.47	0.33
	09-04 ~ 10-23	49	4.65	3.72	0.93	0.20
2008 ~ 2009	04-01 ~ 04-24	23				
	07-10 ~ 07-18	8	1.14	0.49	0.65	0.57
	08-07 ~ 08-15	8	0.85	0.33	0.52	0.61
	09-02 ~ 10-25	53	6.41	5.61	0.80	0.12
2009 ~ 2010	04-08 ~ 05-04	26				
	07-08 ~ 07-17	8	1.46	0.94	0.52	0.36
	08-09 ~ 08-15	6	0.56	0.15	0.41	0.73
	09-06 ~ 10-25	49	3.17	3.09	0.08	0.03
2010 ~ 2011	04-03 ~ 05-08	35	0.98	0.95	0.03	0.03
	07-05 ~ 07-15	10	1.14	0.53	0.61	0.53
	08-25 ~ 10-25	61	4.43	3.81	0.62	0.14
2011 ~ 2012	04-01 ~ 05-10	40	1.59	1.36	0.23	0.14
	07-08 ~ 07-15	7	0.84	0.46	0.38	0.45
	08-25 ~ 10-25	61	4.06	3.41	0.65	0.16

根据历史上各年度黑河中游各次闭口时间、天数分布,按照4～5月、7～8月和9～10月三个时期进行统计,得到各年份在此三个时期的闭口天数变化情况(见图5-11)。由图5-11可知,4～5月的闭口从2004年开始,该时期的闭口天数自黑河统一调度以来基本呈现增加趋势,2012年达到40 d;7～8月的闭口一直存在,2001年为8 d,2002～2007年都在20～30 d,近些年采用连续调度模式,使得8月的闭口天数有所减少;9～10月的闭口天数为各时期最多,从2001年的18 d增加到2004年的48 d,随后基本维持在50 d左右。

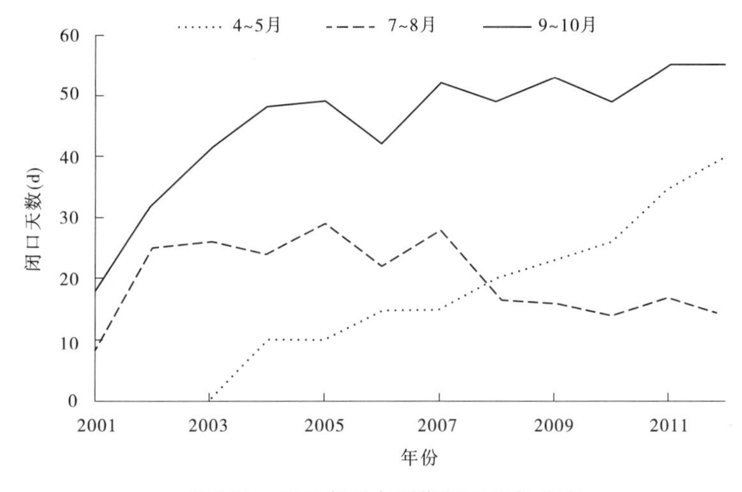

图5-11　闭口年份各时期闭口天数分布

黑河水量调度的闭口天数基本呈增加趋势,从2001年的26 d增加到2012年的109 d。各年闭口期间的正义峡输水量受莺落峡水量和闭口时间的影响,年尺度的闭口输水效率相对较高,基本在70%以上。莺落峡闭口期间最大水量和最小水量分别出现在2009年和2001年,来水量分别是8.50亿m^3和2.32亿m^3。正义峡闭口期间最大水量和最小水量分别出现在2003年和2001年,下泄水量分别是6.51亿m^3和1.26亿m^3。根据历史各年调度的闭口时间,以年内日时间段为横坐标,各年份为纵坐标,得到各闭口年份年内的闭口时段分布(见图5-12)。其中,黑实线段表示闭口的起始时间长度,空白区间为年内不闭口的时间段。

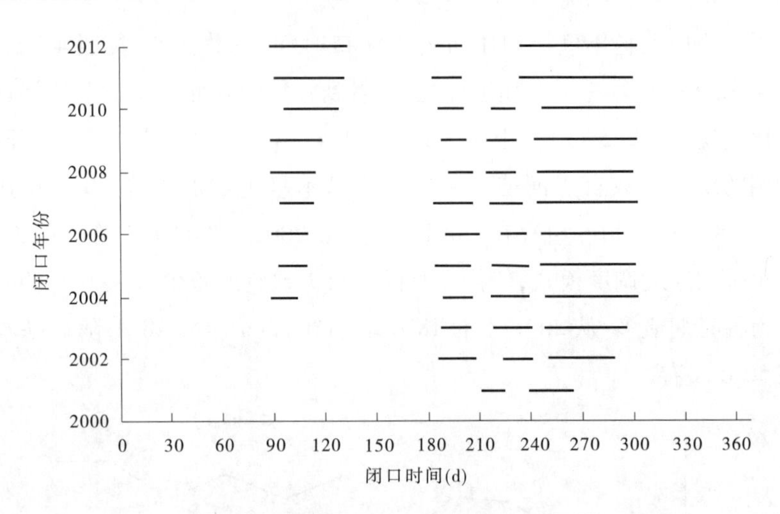

图 5-12　各闭口年份年内各时段闭口分布

可以看出,2001 ~ 2003 年黑河中游闭口时间处于初步探索阶段,主要尝试 7 ~ 10 月期间的闭口操作。2004 ~ 2010 年每年进行 4 次闭口操作,其调度规则基本遵循第三章第三节的时段调度方案,4 月、5 月、7 月、8 月和 9 月、10 月分别进行闭口,年内第一次闭口(4 ~ 5 月)时间呈增加趋势,而关键调度期(7 ~ 10 月)的各次闭口时间长度变化没有明显规律。在 2011 年以后,黑河尝试进行 8 ~ 10 月连续调度的方式,将 8 ~ 10 月期间的两次闭口操作合并为一次,年内共进行三次闭口调度。

(二)调度效果的历史反演

利用建立和率定的黑河流域中、下游地表水、地下水模型,对 1949 ~ 2012 年的流域历史水文及用水过程进行模拟反演,以定量评价水文径流和人类用水活动对流域水循环的影响及下游额济纳盆地生态水量的响应。

长系列模拟反演的黑河干流正义峡的河道径流变化过程如图 5-13 所示。在 1961 年以前,由于正义峡水文站停测(1949 年)及恢复测验(1954 年),受工作不连续等因素的影响,各类调查与观测数据可靠度较低,实测值和人类活动模拟均可能存在误差,故与模拟值相差较大。在 1962 ~ 2001 年期间,历史模拟反演值与实测值接近,能够很好地反映流域水文过程及人类用水活动变化。在 2002 年以后,正义峡河道径流的模拟值系统性偏小,反映了黑河水量统一调度活动对正义峡河道下泄水量的影响。结果表明,黑河实施干流水量统一调度以后,正义峡河道下泄水量增加 1.63 亿 m^3 左右(增幅为 18%)。

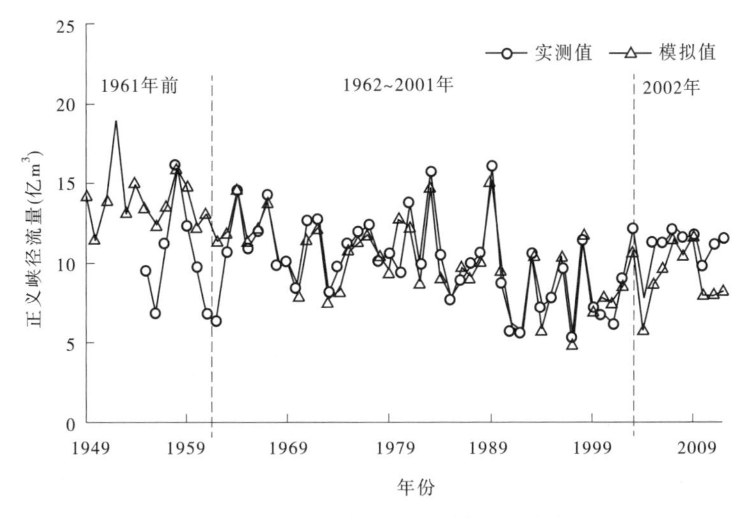

图 5-13　黑河正义峡断面径流模拟反演结果

黑河下游尾闾湖居延海的变化一直是国内外关注和研究的热点。西居延海曾是黑河下游最大的终端湖,但在 1961 年秋季全部干涸。东居延海在 20 世纪七八十年代出现干涸—充水—干涸的变化,1991 年后基本消失,导致生态环境恶化(王根绪和程国栋, 1998)。除了以讨赖河为代表的水系联系减少的影响,干流水文径流和人类活动也是导致居延海消失和变化的主要因素。根据水系关系,狼心山断面径流全部进入额济纳盆地,该水量可以反映盆地绿洲生态和东居延海水面的生态供水条件。利用水循环模拟模型对历史系列反演,得到狼心山断面径流变化过程(见图 5-14)。

由图 5-14 可知,在 20 世纪 50 ~ 70 年代,黑河河道经狼心山断面补给额济纳绿洲的水量分别为 9.13 亿 m^3、6.90 亿 m^3 和 5.70 亿 m^3。60 年代比 50 年代降低了 24% ,此时期狼心山断面下泄水量仅能注入东居延海,注入西居延海的水量迅速减少,可能是导致西居延海消失的重要因素。1980 年以后,虽然黑河中游灌溉面积和人类用水进一步扩大,但由于黑河水量在 80 年代偏丰,狼心山断面径流量(6.70 亿 m^3) 比 70 年代有所增加,还能勉

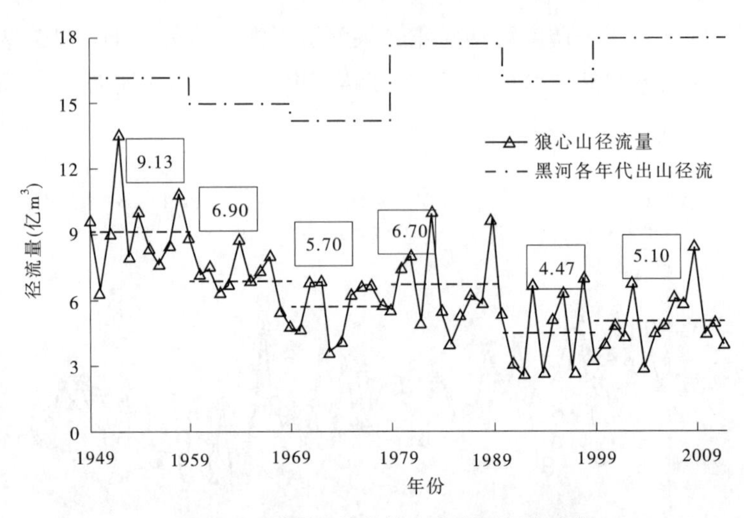

图 5-14　模拟反演的狼心山断面径流变化

强维持东居延海的水面。进入 90 年代,黑河经历了出山径流偏枯阶段,加之中游张掖地区灌溉面积增加,使得人类用水继续扩大,狼心山断面径流量(4.47 亿 m^3)显著减小,尤其是 1991 年(3.05 亿 m^3)和 1992 年(2.54 亿 m^3)的径流量相比 1990 年(5.42 亿 m^3)分别骤减了 44% 和 53%,直接导致东居延海在 1992 年干涸消失。而黑河水量统一调度的实施(2000 年以后),增加了狼心山河道的过水量,使得东居延海水面再次出现,生态环境得到恢复,2008 年后水域面积达到 40 km^2;依此初步推断维持东居延海现有的水面规模,狼心山断面年径流量需维持在 5.0 亿 m^3左右。

表 5-5 列出了各年代黑河莺落峡断面出山径流、区间水量损耗和狼心山断面径流量的变化,以及上游出山径流和中游人类活动对狼心山断面径流量减少的影响情况。莺落峡断面出山径流量主要反映了流域上游的气候因素变化,区间水量损耗的变化认为是由中游人类活动增加导致的。根据对黑河干流正义峡断面的径流量突变检验,其在 20 世纪 60 年代存在突变;选取人类活动干扰较少的 20 世纪 50 年代为参照,进行狼心山断面径流量减小的定量识别和分析。在枯水年代(如 70 年代)出山径流量的减少(1.94 亿 m^3)和人类活动用水的增加(1.48 亿 m^3)叠加,导致狼心山断面径流量的显著减少(3.42 亿 m^3),上游气候变化和中游人类活动对狼心山断

面径流量减少的贡献率分别为57%和43%。而对于丰水年代(如80年代),出山径流的显著增加(1.59亿 m^3)和人类活动用水的增加(4.01亿 m^3),使狼心山断面径流量总体减少了2.42亿 m^3,上游气候变化和中游人类活动对狼心山断面径流量减少的贡献率分别为-66%和166%。

表5-5　狼心山断面径流量及其上游耗水量变化模拟

项目	20世纪50年代	20世纪60年代	20世纪70年代	20世纪80年代	20世纪90年代	2000年
出山口径流(亿 m^3)	16.14	15.01	14.20	17.73	15.97	17.95
区间损耗量(亿 m^3)	7.01	8.11	8.49	11.02	11.50	12.89
狼心山径流(亿 m^3)	9.13	6.90	5.70	6.71	4.47	5.06
上游贡献率(%)	0	51	57	-66	4	-44
中游贡献率(%)	0	49	43	166	96	144

第三节　正义峡下泄水量变化关键影响因素分析

如前所述,黑河水量调度受到水文气象、管理、经济、工程、技术等多方面因素的影响。利用调配模型分析正义峡下泄水量对上游来水量、来水过程、中游地下水开采量、支流来水、闭口时间、水资源利用效率等因子变化的敏感性,在假定其他影响因子不变的情况下,改变某一因子,通过调配模型计算正义峡下泄水量对该因子变化的敏感性,敏感性计算指标 Y 如下:

$$Y = 1 - \frac{Q_{指} - Q_2}{Q_{指} - Q_1} \tag{5-9}$$

式中:Y 为正义峡下泄水量对影响因子变化的敏感性;$Q_{指}$ 是由莺落峡断面来水量正义峡断面根据分水方案应下泄指标;Q_1 和 Q_2 分别为该影响因子不同情境正义峡模拟下泄的水量。

通过模型模拟计算,得到不同影响因子对正义峡下泄水量的影响(见

图 5-15),由图可以看到,中游需水量、支流来水、上游来水及闭口时间对正义峡下泄水量影响较大。

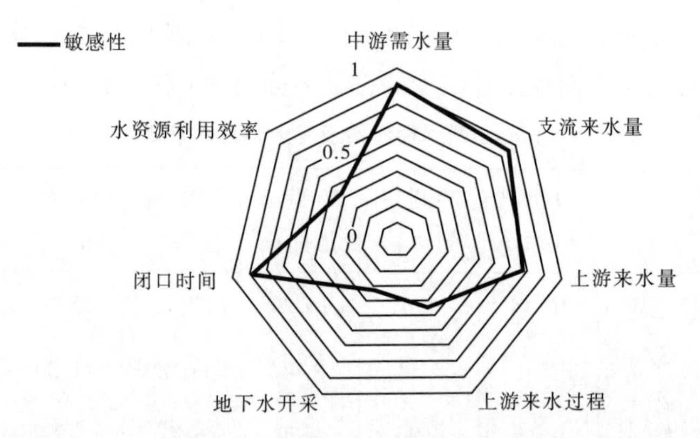

图 5-15　正义峡下泄水量变化对主要影响因素变化的敏感性

第四节　正义峡可控下泄水量分析

为了增加正义峡断面的下泄水量,黑河流域管理局在调度过程中克服调度手段单一的困难,主要依靠“权限闭口、集中下泄”的行政措施在闭口时机上下大功夫,为完成调度任务,把行政措施发挥到极致,也通过加强水情会商,进而对来水条件的预测预报来选择全线闭口时机,在 7 月、8 月洪水频率较高的时段选择洪水(>150 m^3/s)过水时段进行洪水调度,洪水调度可使莺落峡到正义峡的输水时间缩短,减少渗漏损失,增大下泄率。

同时,黑河流域管理局也在其他方面做出努力,与地方水务管理部门加强沟通,要求采取加强灌溉管理,减少灌溉定额等管理措施来增加正义峡下泄水量。

为了进一步挖掘正义峡增泄潜力,黑河流域管理局加强基础研究,分析各时段的正义峡下泄量,指导春季生态水量调度和关键期 7 月、8 月地表水、地下水联合配置。在春季生态水量调度方面,随着春季调度的加强,正义峡下泄比例逐渐增大,特别是近两年以来,下泄比例已经达到 85%,但已经采取了多种措施,所以调度潜力不大;在关键期 7 月、8 月,通过选择地下水位较高宜采区域开采地下水来减少对地表水的引用量。

通过以上措施和手段，正义峡断面下泄水量达到极限，这个水量即为正义峡断面可控下泄水量。

调度以来资料时间序列不长，并且调度以来多为丰水年，为了模拟还原枯水年份情况，根据现状水平年黑河中游需水，利用模型模拟计算长系列年分水方案的完成情况。

一、“九七分水方案”长系列年模拟分析

图5-16是现状需水条件下分水方案长系列年（1954～2012年）模拟结果，表5-16是正义峡断面分水指标在不同来水年完成情况。从图5-16和表5-6中可以看到，在来水特丰和偏丰的年份，正义峡模拟下泄量少于正义峡下泄指标，差值分别为2.59亿m^3和1.05亿m^3，在枯水年和平水年基本可以完成正义峡下泄指标。多年平均正义峡模拟下泄量少于正义峡下泄指标，差值为0.60亿m^3，大于调度允许偏差5%，即0.48亿m^3。上述模拟分析表明，在现状需水条件下，即使对中游地表水和地下水进行联合调配，以及全线闭口的优化，在丰水年份及多年平均依然不能满足“九七分水方案”正义峡下泄指标的要求。

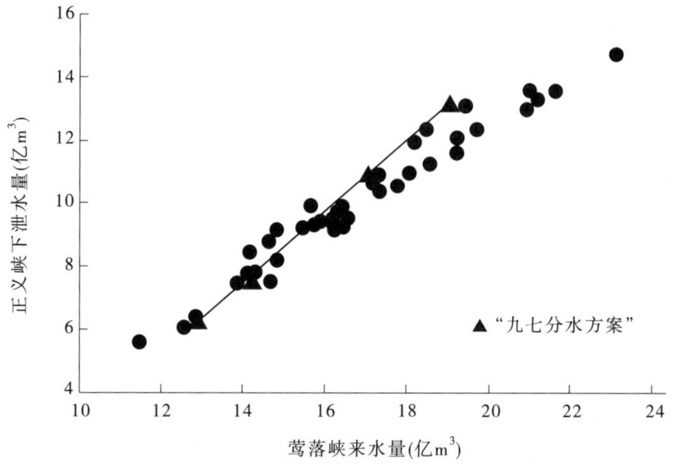

图5-16　现状需水条件下分水方案长系列年（1954～2012年）模拟结果

表 5-6 现状需水条件下不同来水年正义峡分水指标完成情况模拟 （单位:亿 m^3）

来水年份	莺落峡	正义峡下泄指标	正义峡模拟下泄量	分水指标完成情况	中游耗水量
特枯年均值	12.40	5.80	5.83	0.03	6.57
枯水年均值	14.35	7.77	7.70	-0.07	6.65
平水年均值	16.07	9.78	9.42	-0.36	6.65
丰水年均值	17.92	11.88	10.83	-1.05	7.09
特丰年均值	20.58	15.11	12.52	-2.59	8.06
多年平均	16.77	10.61	10.01	-0.60	6.76

二、与实际调度情况对比分析

统计常规调度以来(2004～2012 年)9 年的调度情况,见表 5-7。由表 5-6 可见,模拟的莺落峡来水量为 14.35 亿 m^3时,正义峡实测来水量比下泄指标少 0.07 亿 m^3,与 2004 年调度情况相比,在莺落峡来水量为 14.98 亿 m^3时,正义峡实测来水量比下泄指标多 0.02 亿 m^3,两者差异很小;在模

表 5-7 调度以来实际情况 （单位:亿 m^3）

莺落峡来水量	年份	正义峡下泄指标	正义峡实测下泄水量	差值
14.98	2004	8.53	8.55	0.02
17.45	2010	11.32	9.57	-1.75
17.89	2006	11.86	11.45	-0.41
18.06	2011	12.16	11.27	-0.79
18.09	2005	12.09	10.49	-1.60
18.87	2008	13.04	11.82	-1.22
19.35	2012	13.72	11.13	-2.59
20.65	2007	15.20	11.96	-3.24
21.30	2009	15.98	11.98	-4.00

拟来水量为17.92亿m^3时，正义峡实测来水量比下泄指标少1.05亿m^3，与真实调度情况比较接近的是莺落峡来水量17.89亿m^3、18.06亿m^3和18.09亿m^3，对应的正义峡实测来水量比下泄指标分别少0.41亿m^3、0.79亿m^3和1.60亿m^3，平均后为0.93亿m^3，两者差异也较小；模拟的莺落峡来水量为20.58亿m^3时，正义峡实测来水量比下泄指标少2.59亿m^3，与真实调度情况比较接近的是莺落峡来水量20.65亿m^3，对应的正义峡实测来水量比下泄指标少3.24亿m^3，模拟的比实际的略小。在模拟来水量为12.40亿m^3和16.07亿m^3时，虽然没有与之接近的实际调度情况，但总体来说，模拟结果与真实情况对比，二者差异不大。

综上分析，可以认为正义峡可控下泄水量在莺落峡不同来水情况下，在丰水年份及特丰年依然不能满足“九七分水方案”正义峡下泄指标的要求。

第六章　生态演化规律与驱动机制

第一节　绿洲格局变化及水量分布变化

绿洲演化主要包括林草地、耕地、河流、渠系等景观类型的相互演化,河流、渠系、林草地、耕地等都是景观的组成要素,各类型的数量、大小、形状、边缘特征、位置空间关系等都决定了格局的变化,绿洲演化也可以通过 *NDVI* 等指数来反映。

一、生态景观变化

此次景观分析范围同第四章土地利用区域,覆盖黑河干流中游地区五县(区)和下游额济纳绿洲区域。

(一)景观指标选取及生态学意义说明

景观指标能够高度浓缩景观格局的空间信息,反映其结构组成和空间配置特征。本书利用美国俄勒冈州立大学森林科学系开发的景观指标计算软件 FRAGSTATS 计算景观格局指标。景观变化分析将在类型水平和景观水平两个尺度上进行。在类型水平上选用了斑块类型面积 *CA*、斑块类型百分比 *PLAND*、斑块个数 *NP*、斑块密度 *PD*、最大斑块指数 *LPI*、周长-面积分维数 *PAFRAC*、聚集度指数 *AI*、散布与并列指数 *IJI*、斑块结合度指数 *COHESION* 共 9 个指标;在景观水平上选用了斑块个数 *NP*、斑块平均面积 *AREA_MN*、最大斑块指数 *LPI*、景观形状指数 *LSI*、周长-面积分维数 *PAFRAC*、聚集度 *AI*、蔓延度指数 *CONTAG*、香农多样性指数 *SHDI*、香农均匀度指数 *SHEI* 共 9 个指标。

这些景观指数的生态学含义如下:

斑块类型面积(*CA*):*CA* 度量的是景观的组分,也是计算其他指标的基础。它有很重要的生态意义,其值的大小制约着以此类型拼块作为聚居地(Habitation)的物种的丰度、数量、食物链及其次生种的繁殖等,如许多生物对其聚居地最小面积的需求是其生存的条件之一;不同类型面积的大小能够反映出其间物种、能量和养分等信息流的差异,一般来说,一个斑块中能量和矿物养分的总量与其面积成正比。

斑块所占景观面积的比例(*PLAND*):*PLAND* 度量的是景观的组分,其在斑块级别上与斑块相似度指标(*LSIM*)的意义相同。由于它计算的是某一斑块类型占整个景观面积的相对比例,因而是帮助人们确定景观中模地(Matrix)或优势景观元素的依据之一,也是决定景观中的生物多样性、优势种和数量等生态系统指标的重要因素。

斑块个数(*NP*):*NP* 反映景观的空间格局,经常被用来描述整个景观的异质性,其值的大小与景观的破碎度也有很好的正相关性,一般规律是 *NP* 大,破碎度高;*NP* 小,破碎度低。*NP* 对许多生态过程都有影响,如可以决定景观中各种物种及其次生种的空间分布特征,改变物种间相互作用和协同共生的稳定性。而且,*NP* 对景观中各种干扰的蔓延程度有重要的影响,如某类拼块数目多且比较分散,则对某些干扰的蔓延(虫灾、火灾等)有抑制作用。

斑块密度(*PD*):斑块密度是景观格局分析的基本指数,即单位面积上的斑块数,有利于不同大小景观间的比较。绿地斑块密度越大,则绿地越破碎,效益越差,可与其他指标结合分析。

最大斑块所占景观面积的比例(*LPI*):有助于确定景观的优势类型等。其值的大小决定着景观中的优势种、内部种的丰度等生态特征;其值的变化可以改变干扰的强度和频率,反映人类活动的方向和强弱。

周长-面积分维数(*PAFRAC*):*PAFRAC* 反映了不同空间尺度的性状的复杂性。分维数取值范围一般应在 1~2,其值越接近 1,则斑块的形状就越有规律,或者说斑块就越简单,表明受人为干扰的程度越大;反之,其值越接近 2,斑块形状就越复杂,受人为干扰程度就越小。

聚集度指数(*AI*):*AI* 反映景观中不同斑块类型的非随机性或聚集程

度,可反映景观组分的空间配置特征。如果一个景观由许多离散的小斑块组成,其聚集度的值最小,当景观中以少数大斑块为主或同一类型斑块高度连接时,聚集度的值较大。

散布与并列指数(*IJI*):*IJI* 是描述景观空间格局最重要的指标之一。*IJI* 对那些受到某种自然条件严重制约的生态系统的分布特征反映显著,如山区的各种生态系统受到垂直地带性的严重影响,其分布多呈环状,*IJI* 值一般较低;而干旱区中的许多过渡植被类型受制于水的分布与多寡,彼此邻近,*IJI* 值一般较高。

斑块结合度指数(*COHESION*):*COHESION* 取值在 0~100,测量的是该斑块类型的物理连通性,在过滤阈值下,斑块内聚性指数对该类型的集合度敏感。当该类型的斑块分布的集合度增加时,斑块聚合度指数值增大。

斑块平均面积(*AREA_MN*):*AREA_MN* 代表一种平均状况,在景观结构分析中反映两方面的意义,即景观中 *AREA_MN* 值的分布区间对图像或地图的范围以及对景观中最小拼块粒径的选取有制约作用;另外,*AREA_MN* 可以表征景观的破碎程度,如我们认为在景观级别上一个具有较小 *AREA_MN* 值的景观比一个具有较大 *AREA_MN* 值的景观更破碎,同样在拼块级别上,一个具有较小 *AREA_MN* 值的拼块类型比一个具有较大 *AREA_MN* 值的拼块类型更破碎。研究发现 *AREA_MN* 值的变化能反馈更丰富的景观生态信息,它是反映景观异质性的关键。

景观形状指数(*LSI*):*LSI* 通过计算某一景观形状与相同面积的圆或正方形之间的偏离程度来测量其形状复杂程度。

蔓延度指数(*CONTAG*):*CONTAG* 指标描述的是景观里不同拼块类型的团聚程度或延展趋势。该指标包含空间信息,是描述景观格局的最重要的指数之一。一般来说,高蔓延度值说明景观中的某种优势拼块类型形成了良好的连接性;反之,则表明景观是具有多种要素的密集格局,景观的破碎化程度较高。

香农多样性指数(*SHDI*):*SHDI* 是一种基于信息理论的测量指数,该指标能反映景观异质性,特别对景观中各拼块类型非均衡分布状况较为敏感,即强调稀有拼块类型对信息的贡献,这也是与其他多样性指数不同之处。在比较和分析不同景观或同一景观不同时期的多样性与异质性变化时,*SHDI* 也是一个敏感指标。如在一个景观系统中,土地利用越丰富,破碎化程度越高,其不确定性的信息含量也越大,计算出的 *SHDI* 值也就越高。景观生态学中的多样性与生态学中的物种多样性有紧密的联系,但并不是简单的正比关系,研究发现在一景观中二者的关系一般呈正态分布。

香农均度指数(*SHEI*):*SHEI* 与 *SHDI* 指数一样也是人们比较不同景观或同一景观不同时期多样性变化的一个有力手段。而且,*SHEI* 与优势度指标(*Dominance*)之间可以相互转换(*Evenness* = 1−*Dominance*),即 *SHEI* 值较小时优势度一般较高,可以反映出景观受到一种或少数几种优势拼块类型所支配;*SHEI* 趋近 1 时优势度低,说明景观中没有明显的优势类型且各拼块类型在景观中均匀分布。

(二)景观结构变化分析

1.类型尺度上的景观变化分析

表 6-1~表 6-4 分别给出了黑河中游地区、鼎新地区、额济纳地区和古日乃地区在类型尺度上的景观变化数据,下面分别分析。

表 6-1　黑河中游地区两个时期景观在斑块类型尺度上的景观指标

指标	年份	耕地	林地	草地	城乡建设用地	水体	裸地与稀疏植被
CA(万亩)	2000	617.30	17.58	633.51	30.92	37.01	1 149.82
	2011	678.62	28.78	597.48	39.44	33.25	1 066.35
PLAND(%)	2000	24.82	0.71	25.48	1.24	1.49	46.24
	2011	27.77	1.18	24.45	1.61	1.36	43.63
NP(个)	2000	705	382	1 174	4 132	272	887
	2011	652	488	1 190	4 257	205	908
PD(个/万亩)	2000	26.67	13.33	46.67	166.67	13.33	33.33
	2011	26.67	20.00	46.67	173.33	6.67	40.00

续表 6-1

指标	年份	耕地	林地	草地	城乡建设用地	水体	裸地与稀疏植被
LPI(%)	2000	3.90	0.04	6.54	0.05	0.16	24.13
	2011	6.53	0.11	5.94	0.11	0.24	22.98
PAFRAC	2000	1.42	1.39	1.37	1.38	1.75	1.41
	2011	1.41	1.40	1.37	1.37	1.80	1.42
AI(%)	2000	97.04	90.79	97.11	83.71	82.02	98.41
	2011	97.32	92.04	97.09	85.58	81.19	98.39
IJI(%)	2000	74.89	65.76	66.07	17.02	64.17	63.01
	2011	77.58	72.83	67.10	18.81	66.63	64.82
COHESION	2000	99.78	96.66	99.79	91.32	99.00	99.90
	2011	99.85	97.44	99.78	92.86	99.10	99.91

表 6-2　黑河鼎新地区两个时期景观在斑块类型尺度上的景观指标

指标	年份	耕地	林地	草地	城乡建设用地	水体	裸地与稀疏植被
CA(万亩)	2000	14.46	0.98	24.78	2.52	6.84	540.87
	2011	22.67	2.01	29.73	2.68	9.48	523.89
PLAND(%)	2000	2.45	0.17	4.20	0.43	1.16	91.60
	2011	3.84	0.34	5.04	0.45	1.61	88.73
NP(个)	2000	40.00	18.00	206.00	142.00	28.00	105.00
	2011	100.00	43.00	260.00	149.00	20.00	100.00
PD(个/万亩)	2000	6.67	0	33.33	26.67	6.67	20.00
	2011	20.00	6.67	46.67	26.67	6.67	20.00
LPI(%)	2000	0.77	0.08	0.55	0.20	0.83	49.07
	2011	1.39	0.05	0.24	0.20	1.28	48.40
PAFRAC	2000	1.58	1.50	1.36	1.40	1.70	1.28
	2011	1.47	1.48	1.42	1.42	1.69	1.36

续表 6-2

指标	年份	耕地	林地	草地	城乡建设用地	水体	裸地与稀疏植被
AI(%)	2000	94.62	92.66	94.07	90.12	87.82	99.63
	2011	95.46	91.07	92.80	90.01	90.07	99.51
IJI(%)	2000	83.51	70.96	57.16	33.47	51.02	69.85
	2011	81.08	88.84	62.58	42.93	58.27	69.71
COHESION	2000	99.05	96.80	97.99	94.70	99.44	99.95
	2011	99.09	95.72	98.00	94.92	99.58	99.95

表 6-3 黑河额济纳地区两个时期景观在斑块类型尺度上的景观指标

指标	年份	耕地	林地	草地	城乡建设用地	水体	裸地与稀疏植被
CA(万亩)	2000	12.79	60.40	194.06	2.80	9.68	2 411.64
	2011	22.45	64.57	190.92	6.06	20.02	2 387.35
PLAND(%)	2000	0.48	2.24	7.21	0.10	0.36	89.61
	2011	0.83	2.40	7.09	0.23	0.74	88.70
NP(个)	2000	185.00	1 068.00	1 195.00	48.00	15.00	912.00
	2011	403.00	1 050.00	1 384.00	90.00	78.00	1 015.00
PD(个/万亩)	2000	6.67	40.00	46.67	0	0	33.33
	2011	13.33	40.00	53.33	6.67	0	40.00
LPI(%)	2000	0.11	0.04	0.62	0.03	0.31	87.69
	2011	0.14	0.19	0.46	0.05	0.40	86.75
PAFRAC	2000	1.38	1.57	1.52	1.44	1.96	1.46
	2011	1.35	1.58	1.53	1.38	1.57	1.45
AI(%)	2000	93.78	89.18	92.52	92.95	82.89	99.40
	2011	93.50	89.28	92.15	94.27	88.28	99.39
IJI(%)	2000	85.94	63.90	48.49	78.11	71.77	49.17
	2011	81.88	72.44	55.02	81.64	72.71	52.77
COHESION	2000	97.60	96.92	99.06	97.04	99.59	99.99
	2011	97.57	97.80	98.79	97.24	99.62	99.99

表 6-4　黑河古日乃地区两个时期景观在斑块类型尺度上的景观指标

指标	年份	林地	草地	城乡建设用地	水体	裸地与稀疏植被
CA(万亩)	2000	1.96	70.84	0.05	0.14	1 508.15
	2011	6.56	105.34	0.07	0.15	1 469.02
PLAND(%)	2000	0.12	4.48	0	0.01	95.38
	2011	0.41	6.66	0	0.01	92.91
NP(个)	2000	6.00	419.00	3.00	2.00	16.00
	2011	38.00	535.00	4.00	4.00	42.00
PD(个/万亩)	2000	0	26.67	0	0	0
	2011	0	33.33	0	0	0
LPI(%)	2000	0.12	1.23	0	0.01	95.25
	2011	0.13	0.55	0	0.01	92.81
PAFRAC	2000	*N/A*	1.34	*N/A*	*N/A*	1.30
	2011	1.55	1.47	*N/A*	*N/A*	1.43
AI(%)	2000	56.76	6.65	44.89	0	9.40
	2011	33.72	4.60	46.05	8.62	17.75
IJI(%)	2000	99.15	99.27	91.78	96.15	100.00
	2011	98.51	99.07	91.39	95.53	100.00
COHESION	2000	96.35	96.74	91.73	94.43	99.82
	2011	92.97	93.87	90.65	93.16	99.51

1) 中游地区

(1) 面积变化分析。

斑块类型面积、斑块类型百分比和最大斑块指数用于表示景观类型面积变化。如表 6-1 所示，在黑河流域中游地区，最大的斑块类型分别为裸地与稀疏植被、耕地和草地，2011 年分别占甘州、临泽、高台、民乐四县(区)总面积的 43.63%、27.77%和 24.45%。在 2000~2011 年间，耕地、城镇用地和林地比例均有不同程度的提高；裸地与稀疏植被、草地和水域比例下降。在 2000~2011 年间，中游地区耕地的 *LPI* 变化最大，说明人类对耕地的干扰强度最大；城乡建设用地的相对变化也较大。这说明了这段时期耕地在中游地区面积上呈增加、空间上呈连片的趋势。城镇用地的 *LPI* 增加是因为经济发展，人口增加，城市化进程加快，导致斑块面积扩大，并趋于成片成团的分布。另外，裸地与稀疏植被的 *LPI* 相应地降低，表明连片面积上在缩小、空间上被分割，在景观中的优势有所减少。

(2) 形状变化分析。

斑块类型分维数 *PAFRAC* 用于度量景观类型的形状变化，其值大小反映了人类活动对景观的影响，一般介于 1~2。分维数越接近 1，斑块的自相似性越强，斑块形状越有规律。斑块的几何形状越趋于简单，说明斑块受人为干扰的程度越大。中游地区的耕地和城镇用地 *PAFRAC* 减小，说明这两种景观类型的斑块形状朝简单、规则方向变化，受干扰程度更加强烈；水域分维数增加，说明其斑块形状变得复杂。

(3) 聚集度和分离度分析。

斑块个数、斑块密度、聚集度指数、散布与并列指数用于表示景观类型聚集度。从斑块个数(*NP*)来看，中游地区的城镇用地斑块个数最多，并且增量最大。同时斑块密度最大且增加最多，说明除主城区外，农村建设用地也在增大。耕地斑块的个数在减小，密度没有变化，面积在增大，说明耕地趋于成片成团的分布。从聚集度指数(*AI*)来看，在中游地区，裸地与稀疏植被的聚集度最大，其次是耕地、草地和林地，城镇用地、水域的聚集度 *AI* 值最小，说明裸地与稀疏植被和耕地的斑块相对较大，城镇用地和水域的斑块相对分散破碎。从变化趋势看，在2000~2011年间，中游地区的耕地、林地和城乡建设用地聚集度均有较大的增加，表明这几种类型分布更加集中，有连片增加的趋势。从散布与并列指数(*IJI*)来看，在中游地区，城镇用地的*IJI*最低，邻接类型最少。

(4)连通性分析。

斑块结合度指数(*COHESION*)是对各斑块类型的物理连通性的描述。中游地区，除了城乡建设用地，其他类型的*COHESION*都很高，接近100，说明干旱区大多数景观类型的连通性都很好，而城镇用地的分布则相对分散，空间连接性较差。从变化趋势来看，中游地区的所有景观类型的连通性基本在增加，草地的连通性略有降低。

2)鼎新地区

(1)面积变化分析。

如表6-2所示，在黑河流域鼎新地区，最大的斑块类型分别为裸地与稀疏植被、耕地和草地。在2000~2011年间，耕地、林地、草地、建设用地和水体比例均有不同程度的提高，裸地与稀疏植被比例下降。从最大斑块指数(*LPI*)来看，在2000~2011年间，除了裸地，鼎新地区耕地和水体的*LPI*增加最多，说明人类对耕地的干扰强度最大；而这个地区的城乡建设用地几乎没有变化。这说明了这段时期鼎新地区耕地在空间上呈连片的增加趋势。随着黑河调水的实施，鼎新地区的水体也明显增加。

(2)形状变化分析。

鼎新地区的耕地、林地和水体的*PAFRAC*减小，说明这三种景观类型的斑块形状朝简单、规则方向变化，在水资源供给增加的情况下，这几种景观的建设趋于强烈；草地和城乡建设用地*PAFRAC*的增加，说明其斑块形状变得复杂。

(3)聚集度和分离度分析。

鼎新地区的草地、耕地、林地的斑块个数和斑块密度增加最多，说明鼎新地区的耕地增加不同于中游地区，以零星、破碎的方式扩耕，草地和林地的增加情况类似，主要沿黑河河道增加。水体的斑块个数和斑块密度在减少，但面积在增加，说明水体的聚集度指数在增加。从聚集度指数（*AI*）来看，在鼎新地区，除了裸地与稀疏植被，耕地、草地和林地及城乡建设用地的聚集度指数值最大。从变化趋势看，在2000~2011年间，鼎新地区的耕地和水体聚集度指数总体在增加。从散布与并列指数（*IJI*）来看，鼎新地区的城乡建设用地*IJI*最低，邻接类型最少。耕地类似于中游，其*IJI*最高，说明耕地的空间邻接分布复杂，相邻景观类型最多。

（4）连通性分析。

斑块结合度指数（*COHESION*）是对各斑块类型的物理连通性的描述。鼎新地区，所有景观类型的*COHESION*都很高，接近100，说明该地区大多数景观类型的连通性都很好，而城镇用地的分布则相对分散，空间连接性较差。从变化趋势来看，几乎所有景观类型的连通性都在增加，林地的连通性略有降低。在林地恢复中，应该注意林地连通性问题。

3）额济纳地区

（1）面积变化分析。

如表6-3所示，在黑河流域额济纳地区，较大的斑块类型分别为裸地与稀疏植被、草地、林地和耕地。在2000~2011年间，耕地、城镇用地、水体和林地比例均有较大程度的提高，相应地，裸地与稀疏植被的比例下降较多，草地比例略有下降。从最大斑块指数（*LPI*）来看，在2000~2011年间，额济纳地区耕地、林地、城乡建设用地和水体的*LPI*增长较多，说明了下游植被得到有效恢复。

（2）形状变化分析。

从分维数*PAFRAC*来看，额济纳地区的耕地、城乡建设用地和水体的*PAFRAC*减小，说明这三种景观类型的斑块形状朝简单、规则方向变化。林地和草地分维数略有增加，说明其斑块形状变得复杂，以自然恢复为主。

（3）聚集度和分离度分析。

从斑块个数（*NP*）和斑块密度（*PD*）来看，额济纳地区的林地斑块个数最多，密度也最大。从变化趋势来看，2000~2011年间，耕地、草地、城乡建设用地和水体的斑块个数和斑块密度都在增加。从聚集度指数（*AI*）来看，城乡建设用地和水体的聚集度指数增加最多,说明城乡建设用地和水体在空间上连片分布,聚集度指数在增加。而耕地、林地和草地的聚集度指数变化不大。与前两个地区相比,额济纳地区的聚集度指数相对较低。从散布与并列指数(*IJI*)来看,草地的 *IJI* 最低,邻接类型最少。耕地的 *IJI* 最高,说明耕地的空间邻接分布复杂,相邻景观类型最多。从 *IJI* 的变化来看,除了林地,其他景观类型的 *IJI* 都在增加,说明在以自然恢复为主的生态恢复中,除了林地恢复较慢而变化不大外,其他景观类型的空间邻接分布变得更加复杂。

(4)连通性分析。

额济纳地区各景观类型的 *COHESION* 都很高,接近 100,说明各景观类型的连通性都很好。从变化趋势来看,额济纳地区的林地、水体、城乡建设用地的连通性都在增加,耕地、草地的连通性略有降低,说明该地区的耕地扩张比较分散、破碎。

4)古日乃地区

(1)面积变化分析。

如表 6-4 所示,在古日乃地区,除了裸地与稀疏植被,较大的斑块类型分别为草地和林地。在 2000~2011 年间,草地、林地、城乡建设用地和水体比例均有较大程度的提高,相应地,裸地与稀疏植被的比例下降较多。从最大斑块指数(*LPI*)来看,在 2000~2011 年间,随着植被的自然恢复,古日乃地区的草地优势度在下降,当然这存在较大不确定性,对于稀疏的极端干旱区草地植被类型,遥感的分类精度还较低,有待于更好的分类方法的发展和应用。

(2)形状变化分析。

从分维数(*PAFRAC*)来看,古日乃地区的主要景观类型的 *PAFRAC* 都在增大,说明其斑块形状变得复杂,以自然恢复为主。

(3)聚集度和分离度分析。

从斑块个数(*NP*)和斑块密度(*PD*)来看,古日乃地区的植被景观斑块个数和密度都在增加。从散布与并列指数(*IJI*)来看,城乡建设用地的 *IJI*

最低,邻接类型最少。除了裸地,草地的 *IJI* 最高,说明草地的空间邻接分布复杂,相邻景观类型最多。2000~2011 年期间 *IJI* 的变化不大,说明自然恢复过程中,10 年尺度上没有改变古日乃地区的景观结构。

(4)连通性分析。

除了裸地,古日乃地区各景观类型的 *COHESION* 相对于其他地区都较低,说明各景观类型的连通性没有其他地区好。从变化趋势来看,尽管植被面积在增加,但古日乃地区植被景观的连通性有所降低,说明该地区的自然植被恢复比较分散、破碎。

2.景观尺度上的景观结构变化

在景观尺度上,如表 6-5 所示,在 2000~2011 年期间,除了额济纳地区,其他三个地区(中游地区、鼎新地区和古日乃地区)的斑块个数都显著增加,斑块平均面积 *AREA_MN* 在明显减少,说明中游地区、鼎新地区和古日乃地区的景观结构整体上变得更为破碎;额济纳地区则相反,其景观更加聚集,连通性变好。最大斑块指数 *LPI* 在中游地区、鼎新地区、额济纳地区和古日乃地区都明显降低。但中游地区、鼎新地区降低幅度较小,这与中游地区和鼎新地区与额济纳地区和古日乃地区两种植被变化的主导方式有关。景观形状指数 *LSI*,除在中游地区和额济纳地区减小外,鼎新地区和古日乃地区都明显增大。景观分维数 *PAFRAC* 在四个地区相差不大,但相对来看,2011 年古日乃地区的最大,其次为中游地区。从 2000~2011 年间的变化来看,中游地区没有发生变化,额济纳地区的 *PAFRAC* 变小,说明相对于 2000 年的景观破碎度水平,2011 年景观更加聚集。鼎新地区和古日乃地区的景观破碎度相比 2000 年的水平有所增加。这与聚集度指数反映的情况一致。从蔓延度指数(*CONTAG*)来看,在四个地区中,古日乃地区最高,说明在该区域以裸地与稀疏植被为优势景观的团聚程度高,但在 10 年间的植被恢复中,该地区的蔓延度指数(*CONTAG*)有所下降。鼎新地区与额济纳地区的 *CONTAG* 较为一致且在 10 年间都明显降低,说明了植被恢复对于原来裸地景观的影响。中游地区则变化不大。香农多样性指数(*SHDI*)和香农均匀度指数(*SHEI*)在四个地区均增大,说明了景观多样性水平提高,异质性增加,景观中斑块优势度在减少,斑块类型在景观中趋于均匀分布,景观向着多样化和均匀化方向发展。

表 6-5 黑河中、下游地区两个时期景观在景观级别上的景观指标

地区	中游地区		鼎新地区		额济纳地区		古日乃地区	
年份	2000	2011	2000	2011	2000	2011	2000	2011
NP(个)	7 562	7 711	539	672	3 423	672	446	623
AREA_MN	219.23	211.31	730.31	585.77	524.17	585.77	2 363.42	1 691.95
LPI(%)	24.13	22.98	49.07	48.4	87.69	48.4	95.25	92.81
LSI	61.06	60.53	11.1	14.17	33.23	14.17	7.01	16.85
PAFRAC	1.42	1.42	1.36	1.4	1.52	1.4	1.34	1.47
AI	97.26	97.26	99.08	98.79	98.58	98.79	99.68	99.1
CONTAG(%)	65.19	64.28	87.67	84.38	86.03	84.38	93.41	90.1
SHDI	1.21	1.24	0.39	0.49	0.43	0.49	0.19	0.27
SHEI	0.62	0.64	0.22	0.27	0.24	0.27	0.12	0.17

二、绿洲生态指数

分析黑河流域从 2000 年开始实施《黑河流域近期治理规划》以来,上、中、下游植被在 2001~2010 年的总体变化趋势,可反映植被整体的恢复情况以及恢复速度的相对快慢(见图 6-1)。从区域上看,自上游到下游区域植被年平均 *NDVI* 值递减,分别为 0.25、0.15、0.07。自 2000 年实施治理规划以来,三个区域植被覆盖度都呈增加趋势,其中上游和中游恢复速度相对较快,总体植被年平均 *NDVI* 增长幅度分别达到 0.21%和 0.2%,下游地区植被也呈现恢复趋势,但速度较慢,总体年平均 *NDVI* 增长幅度仅 0.03%。虽然整个流域内植被在 2000 年治理之后都呈现恢复趋势,但是其间植被覆盖度也有不同程度的波动。

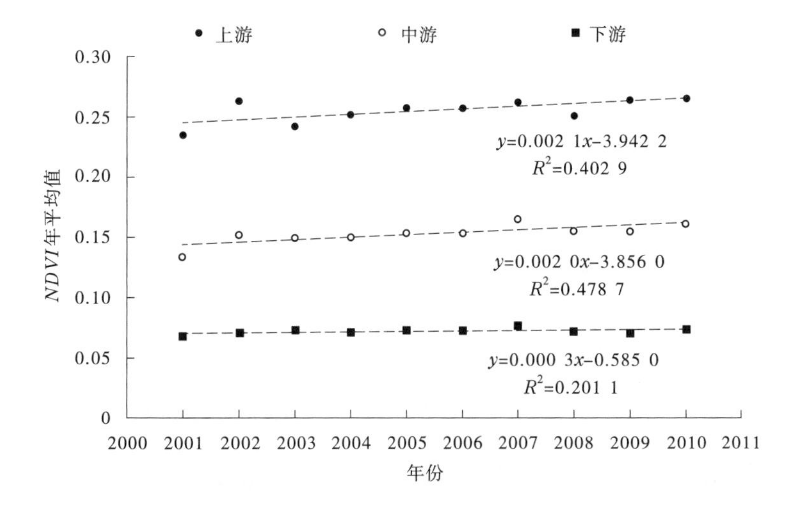

图 6-1　2001~2010 年上、中、下游区域年平均总 *NDVI* 变化趋势

由 *NDVI* 数据计算每个格网的植被覆盖度,从年平均、生长季节平均、年最大植被覆盖度逐年变化来看,增长趋势明显,说明经过一系列生态环境治理工程,植被生长状况有所好转,生态系统的稳定性有所增强(见图 6-2)。

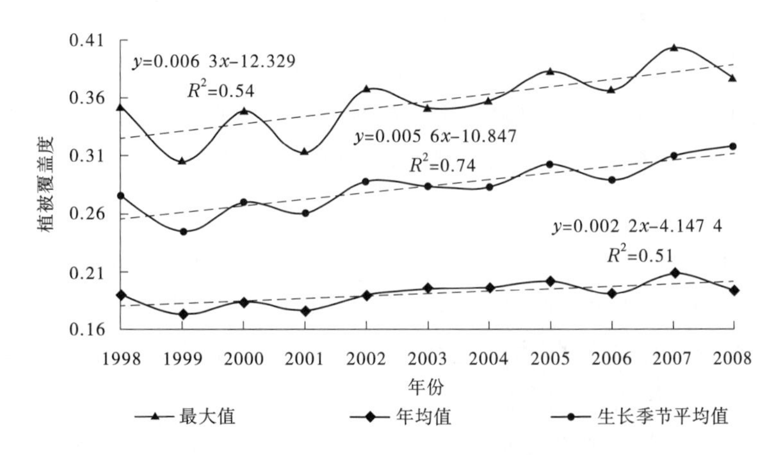

图 6-2　甘临高盆地三种植被覆盖度时间变化趋势(1998~2008 年)

采用一元线性回归分析方法模拟研究区各像元 1998~2007 年生长季节平均植被覆盖度的变化趋势线,从而计算植被覆盖度增长幅度和增长百分率(见图 6-3)。其中,未计算区域为多年平均年最大 *NDVI* 值小于 0.1 的区域,作为荒漠区处理。可见,生态治理成效最显著的是张掖市甘州区,植被覆盖度增加明显,年增长幅度集中在 0.03~0.3,其后依次是临泽县和高台县。从植被覆盖度变化情况来看,高台县和临泽县北部被荒漠包围的过渡带地区,植被覆盖度以降低为主,荒漠化趋势明显。

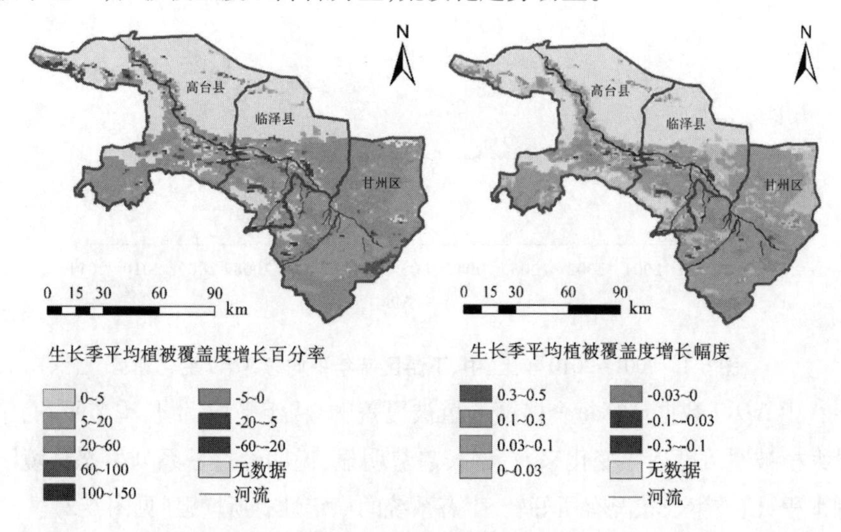

图 6-3　甘临高盆地生长期(5~10 月)植被覆盖度空间变化特征(1998~2007)

从生长季节植被覆盖度变化规律(见图 6-4)来看,各年植被覆盖度到达峰值的时间并不一致,2002 年之前,植被覆盖度偏低,峰值到来时间较早,6~7 月植被覆盖度较高,8 月植被覆盖度已处于明显下降阶段。2002 年及之后,植被覆盖度较高,峰值到达时间较晚,7~8 月植被覆盖度较高,在 0.35 左右,2003 年和 2006 年峰值出现在 8 月,2007 年峰值达到 0.392 4。随着甘临高盆地灌溉条件的改善,7~10 月植被覆盖度呈现明显增长趋势,同时生长季节时间长度有增加趋势,而植被覆盖度峰值提高、生长期延长,是区域生态环境改善的标志。

利用年最大植被覆盖度数据,采用 6 级表示法(0~15%、15%~30%、30%~45%、45%~60%、60%~75%、75%~100%)进行植被覆盖度分级统计,分别对应极低、低、中低、中、中高、高植被覆盖度区。可以看出,植被覆盖度变化主要发生在低覆盖度和极低覆盖度区,两者波动幅度较大,互为增

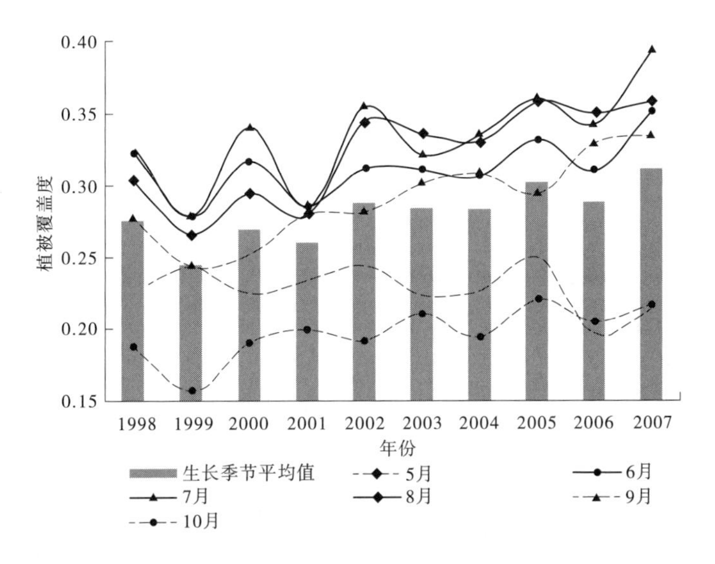

图 6-4　甘临高盆地生长期(5~10 月)植被覆盖度变化(1998~2007 年)

减关系,且两者累积面积比例占 50%以上;高覆盖度植被增长明显,增长了约 16%;植被覆盖度分级组成结构整体呈现优化趋势(见图 6-5),主要体现在高覆盖度植被比例增长和极低覆盖度植被逐渐转化为低覆盖度植被,可以看出张掖市节水灌溉、退耕还林还草等一系列工程取得了不错的成效。

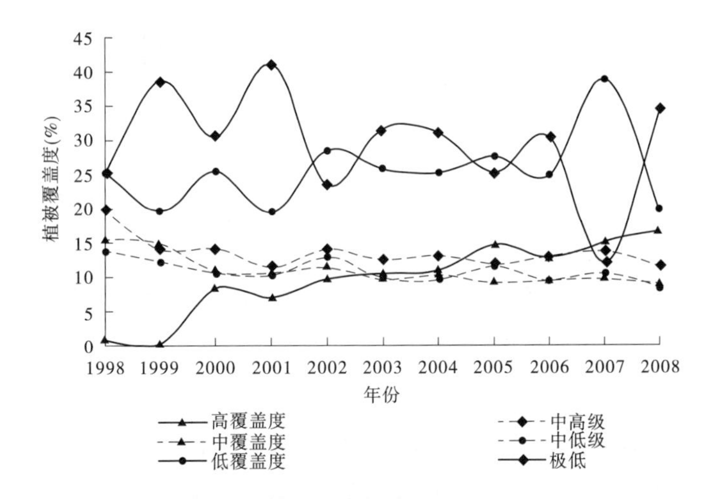

图 6-5　甘临高盆地植被覆盖度分级变化趋势(1998~2008 年)

下游地区虽然 *NDVI* 指数恢复速度较慢，但尾闾湖泊水体恢复态势很好。图 6-6 为下游东、西居延海水体整体恢复情况，可以看出，自 2000 年以来，东居延海水体呈现逐渐恢复的趋势，其中 2002 年以前水体基本没有恢复，2004～2006 年东居延海西部水体开始恢复，2008～2010 年东居延海东部水体也开始恢复。黑河流域治理的第一个 10 年中，下游东居延海水体以平均每年 4 km^2的速度增加，到 2010 年水体面积达到 46.8 km^2。相对于东居延海水体的逐步恢复，西居延海 10 年中水体基本没有恢复，虽然 2010 年在最西端出现零星水体，但是恢复水体面积非常小，基本可以忽略。2000 年后下游东、西居延海水体恢复情况分析表明，下游增泄水量对东居延海有很好的恢复作用，但是对西居延海恢复作用不明显。

(a)2000年　(b)2002年

(c)2004年　(d)2006年

(e)2008年　(f)2010年

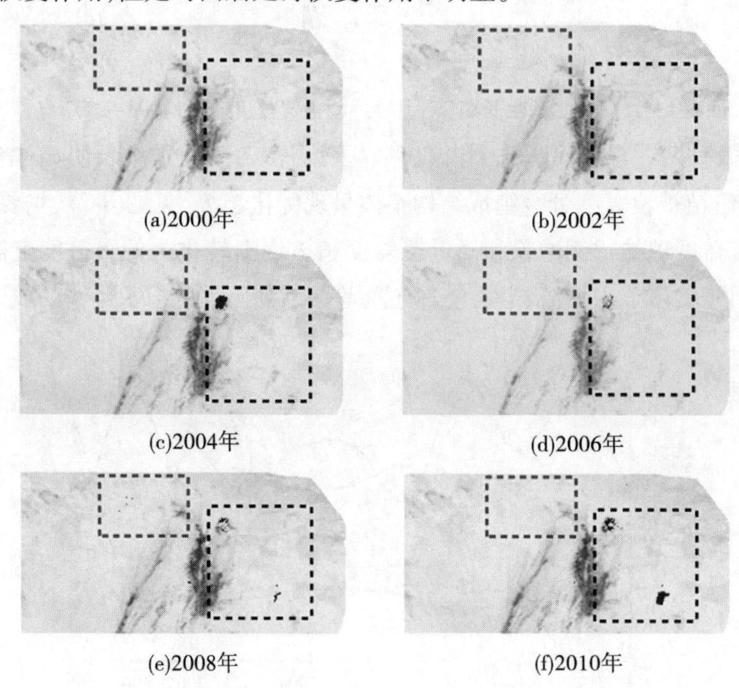

图 6-6　2000 年后下游东、西居延海水体面积变化

（红色虚线框部分为西居延海所在位置，黑色虚线框部分为东居延海所在位置，蓝色区域表示水体）

图 6-7 为东居延海水文监测站长期监测结果，更能说明东居延海水体

恢复情况。2004~2012 年东居延海库容和水域面积呈逐渐增加趋势,平均库容 0.48 亿 m^3,平均水域面积为 36.5 km^2,在 2011 年 10 月中旬达到最大库容 0.88 亿 m^3,水域面积也达到最大值 42.7 km^2。

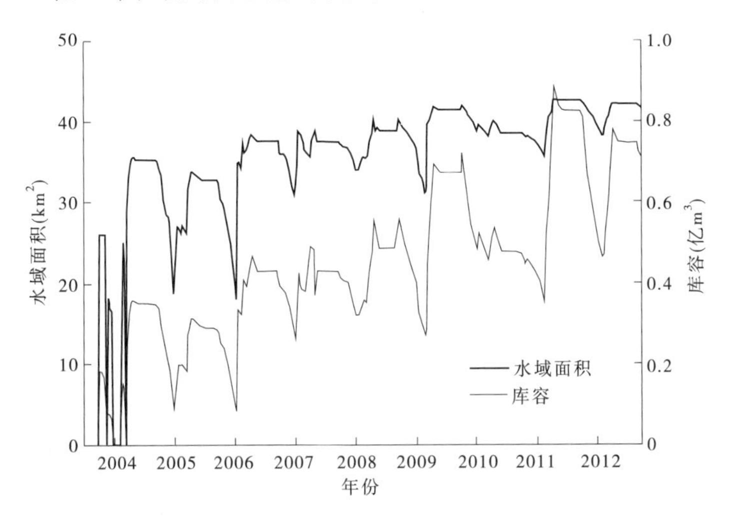

图 6-7　2004~2012 年东居延海库容和水域面积变化

三、水量分布变化

(一)降水变化分析

黑河流域地处祁连山中段河西走廊中部,深居内陆,远离海洋,水汽不易到达,气候干旱,属大陆性气候干旱区,其降水特点为:冬季寒冷漫长,降雪稀少,夏季气温高,降水相对集中,产流区降水常以暴雨为主,落点分散、时间短、强度大;流域内上、中、下游年平均降水分布差异明显,无论是在上游山区还是在中游盆地区,降水量都出现从东南向西北递减的趋势。全流域多年平均降水量 122.6 亿 m^3,上游多年平均降水量为 350 mm,中游 140 mm,下游只有 47 mm。黑河中游地区近期年降水变化过程见图 6-8。

从图 6-8 中可以看出,黑河中游降水呈丰、枯交替出现,其过程为三五年丰、枯交替,没有大的丰、枯周期。最大、最小年降水量的倍比为 1.9~5.0,而且水量越少的地区,其倍比系数越大。

降水量年内变化特点是夏季降水量大而集中,春季雨水少而不稳,冬季

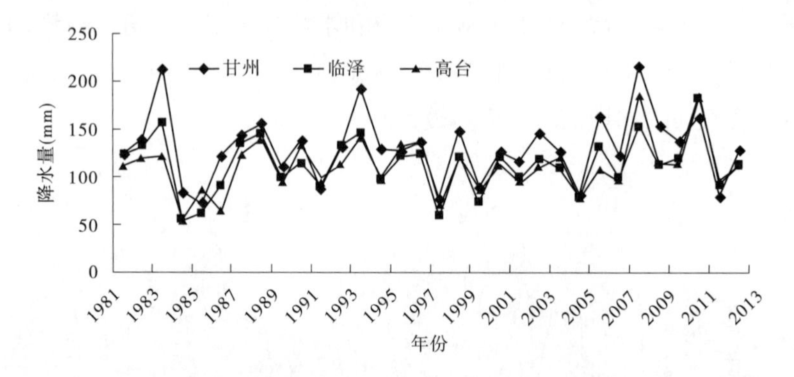

图 6-8　黑河中游甘州、临泽、高台三地区降水量变化过程

降雪稀少。6~9 月,是全年降水连续最大的 4 个月,其降水量占年降水量的 73.35%以上;7~8 月最为集中,一般可占年降水量的 45%左右;冬季 3 个月(12 月至翌年 2 月)降水量占年降水量的 3.5%,连续最枯 5 个月(11 月至翌年 3 月)降水量占年降水量的 10%。春季的 4~5 月,是农业用水高峰期,但降水量普遍偏少。4 月平均降水量占年降水量的 5.1%,5 月平均降水量占年降水量的 10.6%左右。

黑河降水量年际变化不大,上游 20 世纪 80 年代与 90 年代的平均降水量基本保持不变,2000 年以后略微有所下降;中游平均降水量 80 年代略微高于 90 年代,2000 年之后有略微下降的趋势;下游额济纳旗 80 年代平均降水量为 20.97 mm,90 年代为 47.62 mm,2000 年之后为 31.81 mm,下游年平均降水量变化波动较大,80 年代到 90 年代增加明显,2000 年之后有所下降,但仍高于 80 年代水平。

(二)地表径流变化分析

黑河流域径流空间分布差异很大,南部祁连山区径流丰富,北部径流非常贫乏或者基本不产流。黑河流域地表径流主要来源于大气降水,径流的分布与降水量的分布是大体一致的。径流量的多年变化主要受补给来源与降水量变化的影响,由于黑河流域的径流基本上为降水和地下水及高山冰雪融水的混合补给,且流域面积较大,调蓄能力较强,水量变化相对比较稳定。

1.地表径流在时间上的变化分析

1)地表径流的年内分配

黑河流域径流受降水条件、河流补给类型及流域自然地理特征影响,年内分配极不均匀。选取黑河干流两个代表性水文站莺落峡和正义峡分析研究。

莺落峡水文站 2000~2013 年径流量的年内分配呈现明显的"单峰型"分布,径流主要集中在 5~10 月,这 6 个月径流量占全年径流量的 81.29%,为非汛期径流量的 4 倍[见图 6-9(a)]。

正义峡水文站 2000~2013 年径流量的年内分配表现为"两高两低",两高分别为每年的 7~10 月和 12 月至翌年 4 月,径流量分别为 5.31 亿 m^3 和 4.39 亿 m^3,占全年径流量 10.27 亿 m^3 的 52%和 43%;两低分别为每年的 5~6 月和 11 月,径流量分别为 0.43 亿 m^3 和 0.12 亿 m^3,仅占全年径流量的 4%和 1%,两者合计仅占全年的 5%[见图 6-9(b)]。

2)地表径流的年际分配

黑河流域径流年际变化不大。由于河川径流受冰川补给的影响,径流年际变化相对不大,干流莺落峡站多年平均径流量 15.8 亿 m^3,最大年径流量 23.2 亿 m^3,最小年径流量 11.2 亿 m^3,年径流量的最大值与最小值之比为2.1,年径流量变差系数 C_v 值仅为 0.2 左右。根据 1954~2013 年 60 年资料系列,计算莺落峡站多年平均径流量为 16.25 亿 m^3,正义峡站多年平均径流量为 10.27 亿 m^3,莺落峡站、正义峡站历年径流量及调度以来的变化情况如图 6-10~图 6-12 所示。

黑河干流莺落峡至正义峡之间为中游地区,除梨园河外基本无区间地表径流加入。梨园河为梨园河灌区、沙河灌区供水,部分水量加入黑河干流。因此,莺落峡和正义峡水文站的径流量变化基本反映区域内地表水资源量的变化。

由图 6-10~图 6-12 可以看出,整个流域年际径流相对稳定,没有明显的丰、枯变化,但不同年代内径流有丰、枯交替变化现象,总的趋势是全流域 20 世纪 50~70 年代逐减趋势,80 年代回升,90 年代为平水年,2000 年之后整体偏丰。

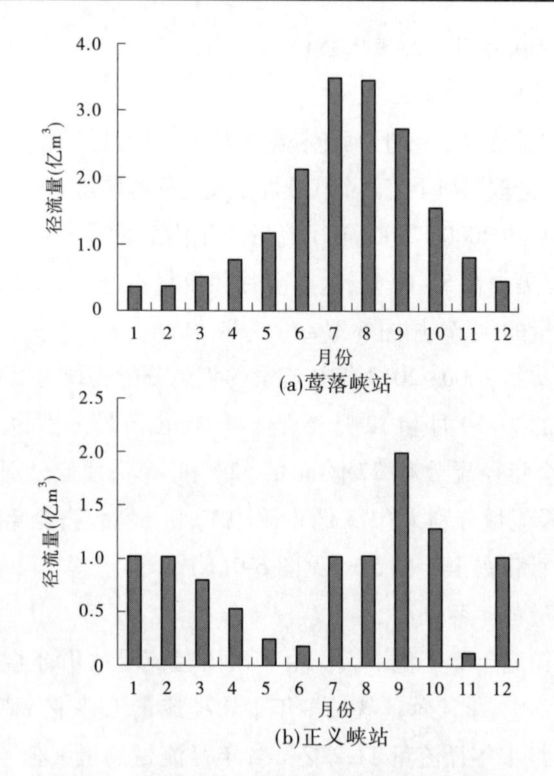

图 6-9　2000~2013 年月平均流量的年内变化

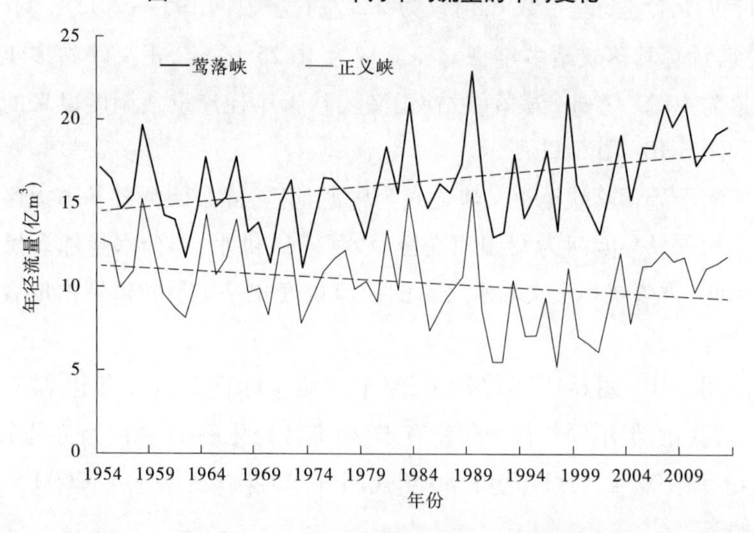

图 6-10　1954~2013 年黑河主要水文站点年径流量的变化

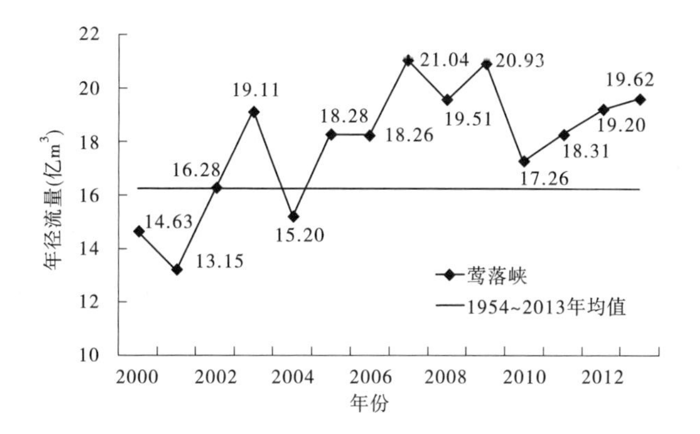

图 6-11　莺落峡站 2000~2013 年径流变化

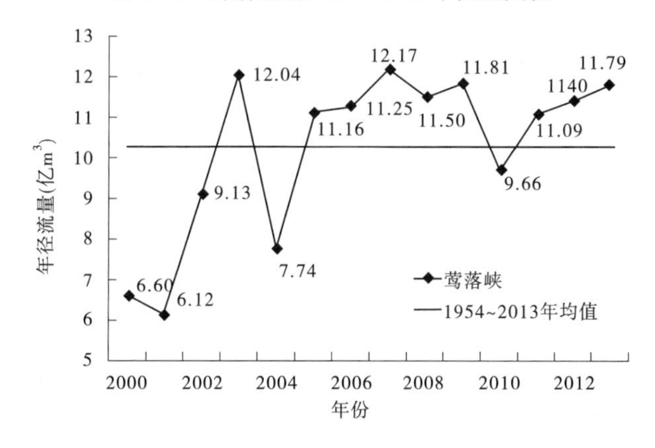

图 6-12　正义峡站 2000~2013 年径流变化

根据莺落峡站 2000~2013 年径流系列统计,该时段多年平均径流量为 17.91 亿 m³,比 1956~2000 年多年径流量系列均值 16.25 亿 m³偏大 1.66 亿 m³。该系列中有 11 年径流量大于 16.25 亿 m³,其中 2005~2013 年连续 9 年偏丰,9 年平均径流量为 19.16 亿 m³,比多年径流量系列均值 16.25 亿 m³偏大 21.3%。以上分析说明 2001 年以来黑河径流变化总体上表现为偏丰,2005 年以来表现为连续偏丰(见图 6-11)。

正义峡站 2000~2013 年平均年径流量为 10.25 亿 m³,与多年均值(10.27 亿 m³)基本持平,较 1991~2000 年系列均值(7.55 亿 m³)偏大 39.47%。2000~2013 年系列中有 9 年径流量大于 10.27 亿 m³,而在 2010 年莺落峡来水较少的年份不足多年平均值。

2.地表径流在空间上的变化分析

黑河流域年径流分布和年降水量分布基本一致,但由于下垫面的不同,径流与降水的分布存在一定的差异。流域从南到北以祁连山前山区为分界线,以南为丰水区和相对丰水区,以北为相对少水区及干涸区。丰水区和相对丰水区主要分布在祁连山山地、山地北坡及前山区上部一带;相对少水区分布在流域走廊的山前区域,占全流域面积的11.4%,水资源量占流域的5.8%;干涸区分布在流域走廊平原北部山地和内蒙古自治区额济纳旗沙漠戈壁地区,该区虽有地表径流(局部暴雨洪水),但量很少,基本不产流,其流域面积约占全流域面积的70%。

上游莺落峡来水量整体上呈现出增加的趋势,上游水资源量的增加有多方面的原因,主要是上游祁连山山区降水增加以及全球气温升高导致冰雪融水增加所致。而正义峡站年径流量整体上却呈现出减小的趋势,其原因主要是:上游祁连山区为产流区,水资源的利用量很小,径流量的变化能够较好地反映自然状态下水资源的变化;黑河流域的下游为径流利用和消失区,进入下游的水资源量取决于中游水资源的消耗量,在上游来水量一定的条件下中游耗水量的增加必然导致下游入境水量的减少,下游水资源量的变化受中游人为因素的影响,不能反映天然状态下的水资源量的变化,中游消耗的水量少,进入下游的水量多,反之亦然。

(三)地下水资源变化

1.中游地区

黑河中游地区地下水的主要排泄途径是扇缘泉水溢出、细土平原和河流附近的蒸发、蒸腾及向黑河的排泄,主要补给源为河水渗漏、山前侧向补给、平原区降水补给以及灌溉入渗补给等。潜水溢出带集中分布在河流的洪积扇扇缘及盆地平原河流沿岸,即盆地北部黑河、梨园河洪积扇扇缘及甘州至高台间的黑河沿岸。

1)年际变化

根据黑河干流中游地区1981~2012年地下水位资料,在现有的58眼地下水位观测井中选取观测数据连续性较好的42眼进行统计分析。以1981年各观测井的地下水位为基准,与各观测井的地下水位做差值计算,分析中游地区地下水位的变化情况。1981~2012年甘州、临泽、高台地区的地下水位总体上呈波动下降趋势,平均下降速率约为0.161 m/年。

甘临高盆地2000~2010年期间地下水位变化过程见图6-13。

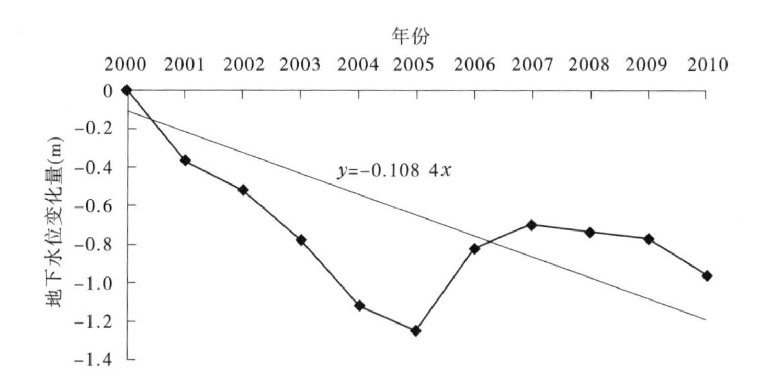

图6-13　甘临高盆地2000~2010年期间地下水位变化过程

1984~2012年,研究区地下水位呈现波动下降过程,下降速率空间分布不均,不同地带地下水位下降幅度不同,呈现出空间上的非均一性。由图6-14可以看出,除张掖城区周围潜水位出现小幅度回升外,张掖盆地其他地区潜水位均呈现下降趋势。降幅最小的地带出现在张掖市区和黑河干流周围,潜水位降幅小于2 m。其中,张掖市区周围潜水位出现2~4 m的上升,高台走廊一带,潜水位平均降幅小于2 m,而临泽走廊一带潜水位降幅较大,均大于2 m,局部降幅在4~6 m。分区域来看,甘州、临泽、高台三县(区)1984~2012年地下水平均水位呈波动下降趋势,其中,局部地区在某些年份有所升高。

从分时段来看,不同年代张掖盆地潜水位埋深均呈现由山前冲洪积扇向细土平原带递减的规律,最浅埋深出现在甘州—临泽细土平原带和高台—正义峡之间的黑河沿岸和河谷平原带,平均埋深小于3 m,且多处有泉水出露。1984~1990年水位埋深下降0.67 m,平均每年下降0.11 m;1990~2004年水位埋深下降2.95 m,平均每年下降0.21 m;2004~2012年间水位埋深平均每年上升0.25 m。因此,可以将张掖盆地地下水变化划分成三个

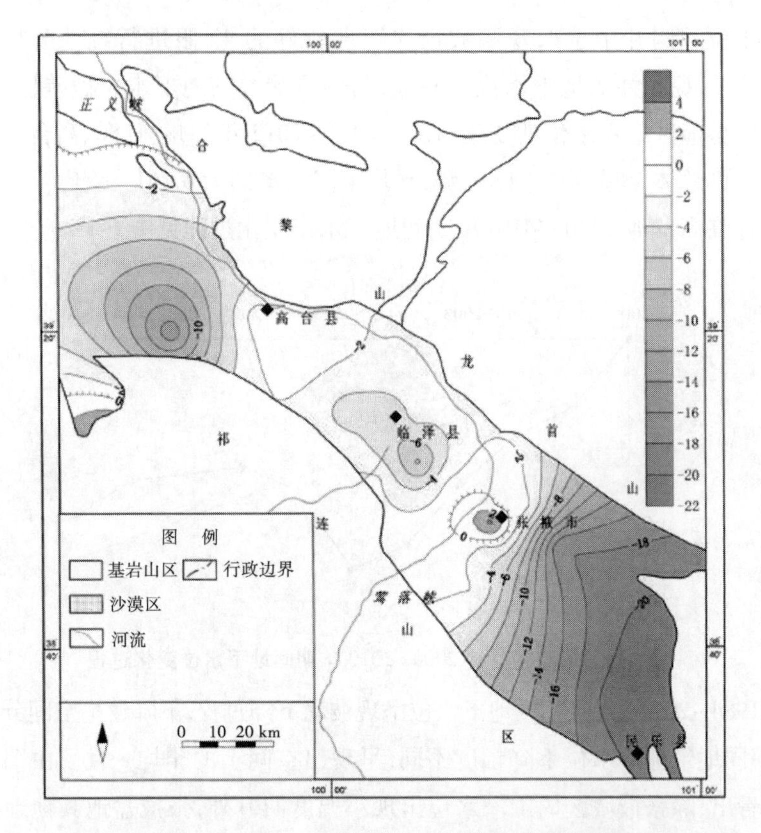

图 6-14　1984~2012 年地下水位降幅空间分布

阶段:1984~1990 年的缓慢下降阶段、1990~2004 年的快速下降阶段和 2004~2012 年的缓慢回升阶段。

形成这种水位下降分布的原因是:由于出山河水被灌溉渠道直接引向下游灌区,山前洪积扇河道过水量减少,地下水补给相应减少,因此这一带地下水位大幅下降,而在细土平原区,尽管从源区来的侧向径流补给减少,但由于存在灌溉入渗水对地下水的补给,水位下降幅度较小,只有在纯井灌区,地下水位降幅才较为明显。

进入 20 世纪 90 年代,张掖盆地潜水位开始出现大幅度下降,甘州走廊和临泽走廊冲洪积扇上部地区潜水位降幅也较大,介于 2~4 m,降幅最小的地区位于甘州至高台段的泉水溢出带以下的黑河干流周围,其潜水位下降幅度小于1 m,其中在高台县东部局部地区潜水位有小幅上升。

进入21世纪,张掖盆地潜水位下降幅度趋缓,局部地区开始出现地下水位回升。由图6-15可以看出,2004~2012年各观测井地下水位经历了下降—上升—稳定—下降的变化过程。黑河干流沿河道周围潜水位出现不同程度的上升,沿河道径流方向自冲洪积扇上部至细土平原带潜水位上升幅度呈增加趋势,即细土平原带潜水位上升幅度大于山前冲洪积扇潜水位的上升幅度;垂直于河道径流方向的潜水位上升幅度与河道距离呈反比,即距离河道越近水位上升幅度越大,距离河道越远水位上升幅度越小,呈现出典型的河道渗漏补给地下水特征。

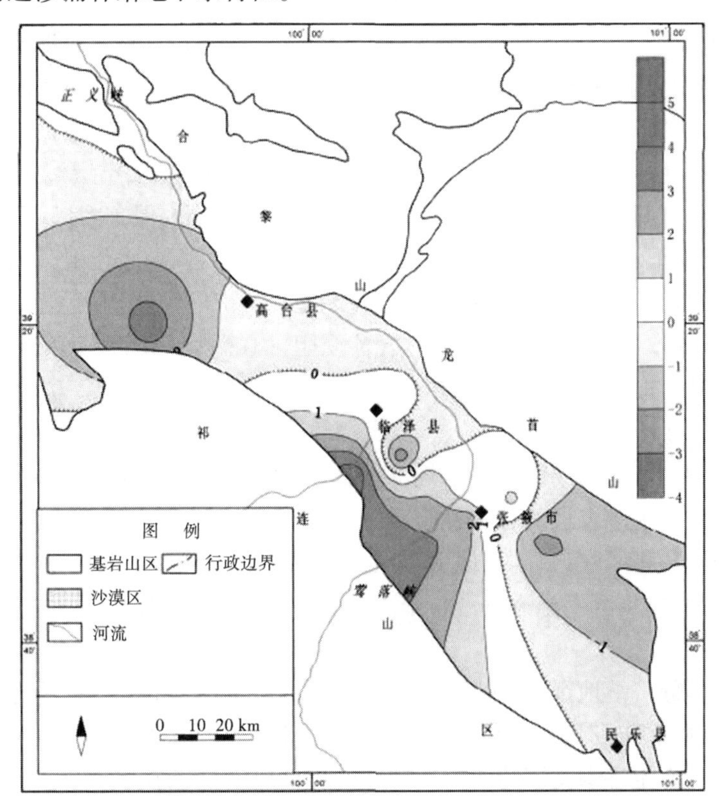

图6-15　2004~2012年水位埋深变化分布

2) 年内变化

研究区地下水的年内高水位出现在 9~10 月,10 月以后,汛期已过,降水量和出山径流量均大幅减少,而且此时恰进入冬灌期,农业开采地下水量增加,地下水位开始出现下降,至翌年 3 月降水和径流仍然很少,此时进入春灌期,地下水开采量增加,地下水位进入第二阶段下降期,直至 7 月进入汛期前,地下水位达到最低值;8 月进入汛期后,降水量和出山径流量均大幅增加,而此时农业灌溉需水量减少,因此地下水得到补给,地下水位大幅度回升,直至 10 月进入冬灌期前,达到最高水位。

在黑河实施水量统一调度前,该区域地下水的季节变化表现为春夏季灌溉期地下水位升高,说明在分水前,该区域受该区及上游灌溉回归水补给影响,抵消了上游地下水位下降的部分影响。分水后,夏季灌溉期地下水位降低,因为分水后该分区地表径流不足以维持灌溉需要,对地下水的抽取量增加,抽取地下水量高于灌溉回归水的补给量,导致地下水位的显著下降,随着灌溉期结束,地下水位受补给影响,呈现上升态势。中游灌溉用水主要集中在灌溉期的 6~9 月,7 月、8 月地下水位下降明显,但 10 月以后回补明显,说明地下水补给较好。由地下水位年内变化过程看,水位上升期与河道过水时间相对应,这说明在河道下渗量对地下水的补给作用下沿河地下水位上升,导致向黑河排泄的地下水径流受阻,引起黑河东岸一定范围内地下水位回升。

2. 下游地区

下游额济纳绿洲区地下水埋深渐浅,富水性渐弱。地下水的补给来源主要是黑河水季节性的入渗补给,外围(马鬃山和北山)山区基岩裂隙孔隙水的补给和相邻盆地、沙漠地下水的侧向径流补给较少。地下水的排泄以蒸散发为主,蒸散发排泄量占总排泄量的 97%,其余为人工开采。

1) 年际变化

根据额济纳地区 1987~2010 年地下水埋深长期观测资料(额济纳旗水务局提供)和定期地下水位调查点调查资料(中国科学院寒区旱区研究所阿拉善荒漠生态水文试验研究站 1999 年和 2010 年两次调查结果)统计分析来看,分水前 1987~1999 年东河区的地下水埋深上、中、下段分别下降了 0.34 m、0.85 m 和 0.73 m,西河区上段地下水埋深上、中、下段分别下降了 0.93 m、0.23 m、0.45 m。自黑河分水后 2000~2010 年,该区域的地下水埋深有一定幅度的回升，其中东河区的地下水位上、中段分别上升了0.03 m和0.14 m，西河区中段上升了0.2 m，在额济纳绿洲的东河上段、中段和西河中段地下水埋深呈先下降、后上升的趋势。

从额济纳绿洲长期观测井平均地下水埋深不同年代的变化可看出，20世纪80年代开始研究区平均地下水埋深呈下降趋势。2000年分水以来，部分区段地下水埋深开始回升，即通过几年来的分水，区域地下水得到有效补给，开始恢复上升。

2)年内变化

从地下水埋深的季节变化(见表6-6)来看，东河区地下水埋深最小值出现的月份主要集中在2~5月，其中最多出现的月份是4月；地下水埋深最大值出现的月份最多出现在8月、9月；西河区地下水埋深最小值出现的月份主要集中在3~4月，其中最多出现的月份是4月；地下水埋深最大值出现的月份最多出现在10~12月。从地下水埋深多年月平均最小值、最大值发生月份的时间可看出，东、西河区上段到下段，发生月份依次从早到晚，这主要是由于地下水受地表径流补给影响先从东、西河道上段开始，然后才影响到河道中、下段。

表6-6　额济纳绿洲地下水埋深多年月平均特征值

<table>
<tr><th colspan="3" rowspan="2">位置和井号</th><th colspan="2">最小值</th><th colspan="2">最大值</th><th rowspan="2">平均值(m)</th><th rowspan="2">年变幅(m)</th></tr>
<tr><th>数值(m)</th><th>发生月份</th><th>数值(m)</th><th>发生月份</th></tr>
<tr><td rowspan="8">东河区</td><td rowspan="3">上段</td><td>1号</td><td>1.81</td><td>2</td><td>3.39</td><td>7</td><td>2.71</td><td>1.58</td></tr>
<tr><td>5号</td><td>1.82</td><td>3</td><td>2.67</td><td>8</td><td>2.33</td><td>0.85</td></tr>
<tr><td>33号</td><td>1.70</td><td>3</td><td>2.19</td><td>8</td><td>1.90</td><td>0.49</td></tr>
<tr><td rowspan="4">中段</td><td>26号</td><td>2.23</td><td>4</td><td>3.34</td><td>9</td><td>2.87</td><td>1.11</td></tr>
<tr><td>27号</td><td>1.60</td><td>4</td><td>2.98</td><td>9</td><td>2.42</td><td>1.38</td></tr>
<tr><td>25号</td><td>1.84</td><td>4</td><td>3.06</td><td>8</td><td>2.73</td><td>1.22</td></tr>
<tr><td>42号</td><td>2.04</td><td>4</td><td>3.46</td><td>9</td><td>2.95</td><td>1.42</td></tr>
<tr><td>下段</td><td>6号</td><td>5.19</td><td>5</td><td>5.87</td><td>8</td><td>5.55</td><td>0.68</td></tr>
</table>

续表 6-6

位置和井号			最小值		最大值		平均值（m）	年变幅（m）
			数值（m）	发生月份	数值（m）	发生月份		
西河区	上段	3 号	3.00	3	3.59	11	3.36	0.59
		4 号	2.51	3	3.22	11	2.91	0.71
	中段	16 号	1.50	4	2.34	10	2.04	0.84
		15 号	1.36	4	2.39	10	2.11	1.03
		13 号	1.30	4	2.12	12	1.89	0.82
		14 号	1.47	4	2.23	11	1.97	0.76
	下段	51 号	3.84	4	4.20	12	3.95	0.36

第二节　绿洲生态驱动机制

水资源深刻影响着干旱区流域景观,最直观的表现是有水即是绿洲,无水则是荒漠。黑河干流泄水对植被格局、水分流动和养分流动都起到重要作用,进而影响系统净物质循环和整个流域的生态系统服务。但绿洲格局变化不仅受到水资源条件影响,而且受到社会经济、政策等因素的综合作用。

基于研究区近十几年来的绿洲生态演化总体特征,分别从水文因素、经济社会发展和人类活动干扰因素等几个主要的绿洲生态演化驱动因子入手,探讨其演化机制,揭示其演化规律。研究结果表明:黑河流域上、中游地表径流量的锐减而导致研究区地下水位下降、地下水矿化度升高以及水质恶化是绿洲生态演化的根本原因。经济的发展、人类社会活动强度的增加均不同程度地改变了黑河中、下游绿洲生态演化的程度。

一、水的分布直接影响绿洲生态格局

在干旱与半干旱地区,绿洲生态的变化与响应受降水、地表水和地下水分布变化的显著影响。生态格局一方面取决于受降水控制的干旱区地带性植被,另一方面取决于受河川径流及地下水控制的非地带性植被。地带性植被尽管面积大、范围广,但十分稀疏,生态作用不大;非地带性植被尽管面积小,但因水分充足而十分茂盛,生态作用明显,是区域生态格局的重要组成和生态保护的主要目标。因此,水资源的变化,如地表水和地下水的分布及数量变化,将对区域生态格局产生重要影响。

(一)中游地区

在黑河流域中游地区,天然来水在1980~2010年间总体稳定,略呈增加趋势,见表6-7。20世纪80年代以后(1980~1989年)上游年平均来水17.44亿 m^3,正义峡年平均下泄水量为11.00亿 m^3,此时中游地区消耗的地表水量为6.44亿 m^3。2000年以后黑河流域总体丰水,莺落峡径流10年中有8年大于正常年份的15.8亿 m^3,正义峡下泄水量10年中有6年也大于9.5亿 m^3。统一调水后用水关系基本保持平稳,中游平均耗用水量为7.62亿 m^3。

表6-7　1945~2010年黑河流域不同区域地表水资源量

时段	出山口(亿 m^3)	中游(亿 m^3)	下游(亿 m^3)
1980~1989年	17.44	6.44	11.00
1990~1999年	15.85	8.11	7.74
2000~2009年	17.56	7.62	9.94

中游地区绿洲总面积持续增长,由1990年的1 292.25万亩增加到2010年的1 338.15万亩,增加了45.9万亩,其中人工绿洲增加173.17万亩。绿洲总面积增加主要是由耕地增加引起的。黑河调水后,中游地区随着地表水用水规模的减少,对地下水补给量相应减少,为保持经济社会发展规模,地下水抽取量有所增加,造成地下水位缓慢下降,下降幅度自南部山前向北部细土平原逐步递减。

(二)下游地区

在下游绿洲及尾闾区,下游绿洲主要受上游来水量和来水过程影响。

在实施黑河水量统一调度以前,由于上游和中游大量拦蓄工程建设和经济社会用水量增加,内陆河的水文过程发生了改变:一是下泄水量减少甚至断流,直接导致了生态系统的退化;二是下泄水量减少的同时,地下水开采量增加导致区内地下水位下降,进一步加剧了生态恶化的趋势;三是由于调蓄水库拦蓄了洪水,下游洪水的消失导致依赖洪水淹灌的湿地植被和依靠漂种繁殖的胡杨林持续萎缩。具体表现为水域面积、林草地等类型减少,退化为未利用地。黑河水量调度以后,生态环境恶化的趋势得到有效遏制,局部绿洲面积增加,植被覆盖度增加,地下水位抬升,尾闾东居延海保持连年不干涸,核心绿洲区向外围扩张,生态格局发生了较大改变。

表6-8为黑河狼心山断面历年来水量,由于额济纳绿洲恢复直接受制于狼心山断面来水,所以通过分析栅格尺度上、下游植被 *NDVI* 与狼心山径流的相关关系,研究狼心山径流对下游植被的影响。

表6-8 黑河狼心山断面历年来水量(1988~2009年) (单位:亿 m^3)

年份								1988	1989	平均
来水								5.30	10.80	8.05
年份	1990	1991	1992	1993	1994	1995	1996	1997	1998	1999	平均
来水	5.83	2.80	1.83	5.18	2.67	3.81	5.03	2.11	5.24	3.22	3.77
年份	2000	2001	2002	2003	2004	2005	2006	2007	2008	2009	平均
来水	2.83	2.18	4.83	7.46	3.55	5.08	6.29	6.43	7.06	6.63	5.02

栅格尺度上、下游植被 *NDVI* 与狼心山径流的相关关系如图6-16所示。图中,"前 n 年"表示下游 *NDVI* 和 n 年前的径流的相关关系,例如"前1年"表示2001~2010年下游 *NDVI* 与2000~2009年狼心山径流的相关关系。从图6-16中可以看出,狼心山径流对下游植被有显著影响。其中,当年径流对下游植被的影响范围为非河道区,且较分散。前1年径流对下游植被的影响最显著,且影响范围集中分布在河道附近。前2年和前3年径流对下游植被也有一定的影响,影响范围也集中分布在河道附近,但相比前1年径流对植被的影响小,前4年径流对下游植被基本没有影响。可以得出,狼心

山径流对下游植被的影响存在滞后,影响最显著的为前1年径流,滞后时间最长为3年。

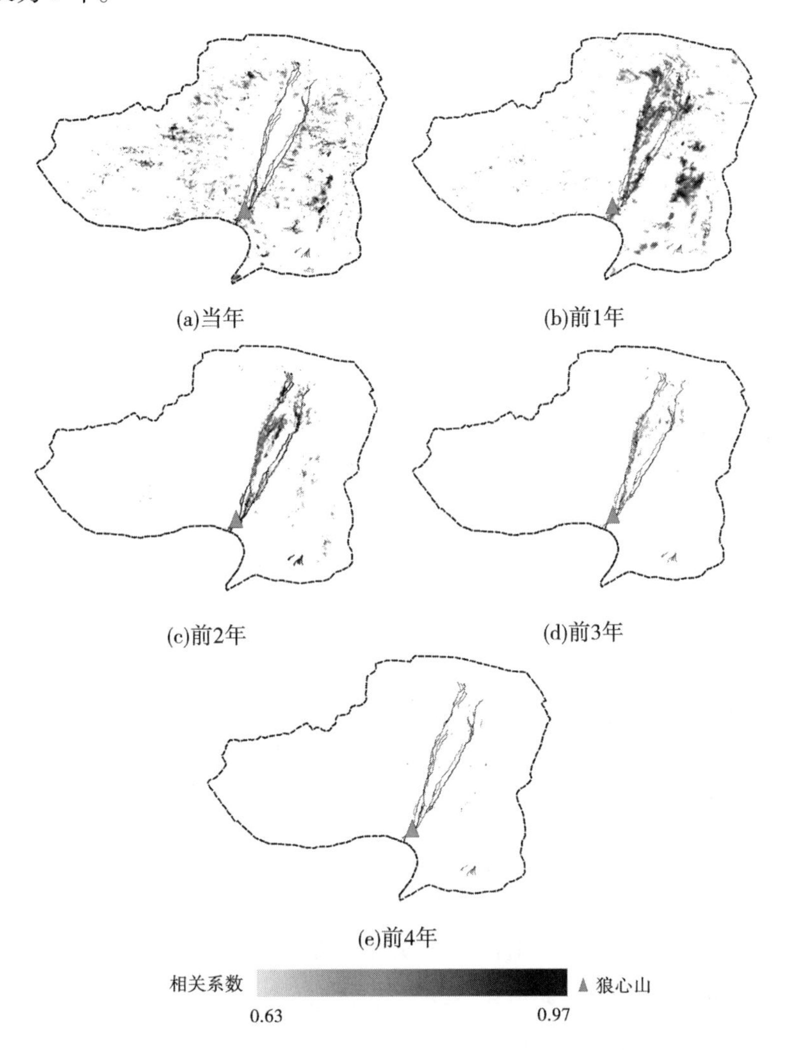

图 6-16　黑河流域下游径流对植被影响的滞后时间分析

黑河调水后下游植被 *NDVI* 距平 Δ*NDVI* 与径流距平的关系如图 6-17 所示。可以看出,当年径流和前1年径流对下游植被均有影响,其中前1年径流影响更大。

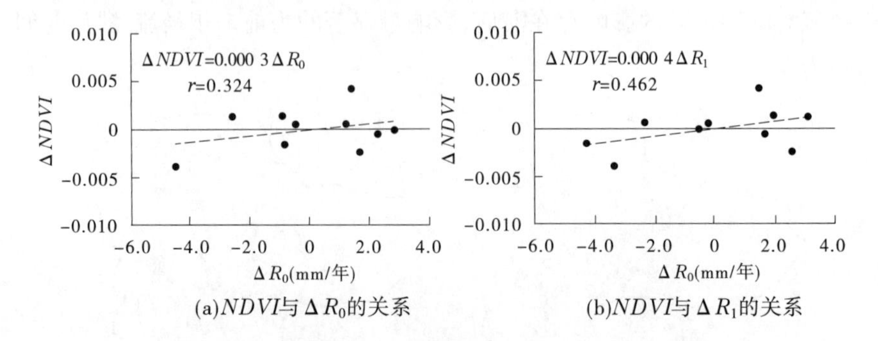

(a)NDVI与ΔR_0的关系　　(b)NDVI与ΔR_1的关系

图 6-17　流域内下游植被 NDVI 距平 ΔNDVI 与径流距平（当年径流距平 ΔR_0，前 1 年径流距平 ΔR_1）的关系

下游绿洲除主要受上游来水量和来水过程影响外，近些年下游地区降水也影响着绿洲生态的总体情况。

1990~2010 年下游地区降水 P 的变化如图 6-18 所示。从图 6-18(a)可以看出，下游地区在 1990~2010 年间 P 整体呈现下降的趋势，实施黑河水量统一调度前(1990~2000 年)P 呈现下降趋势[见图 6-18(b)]，实施黑河水量统一调度后(2001~2010 年)P 呈上升趋势[见图 6-18(c)]。

下游 *NDVI* 距平 Δ*NDVI* 与降水距平 ΔP 的关系如图 6-19 所示。可以看出，Δ*NDVI* 与 ΔP 的关系为正相关，表明降水减少时植被减少，反之则植被增加。

在下游绿洲区，更多的植被是靠地下水维持生长的。有研究表明，植物种和环境的关系十分复杂，但大多数表现为一个单峰曲线，也称单峰模型。多数植被有着自己适宜的地下水位范围。当地下水埋深在 2.5~4.0 m 时，额济纳旗大部分植物生长正常。流域治理及水量统一调度的深入实施，将进一步促进下游绿洲尤其是天然绿洲的恢复。

二、经济社会发展驱动

水是生命之源，更是经济社会发展的命脉。水资源的供给量影响着经济社会的发展变化，经济社会的变革同样也影响着水资源在时空上的再分

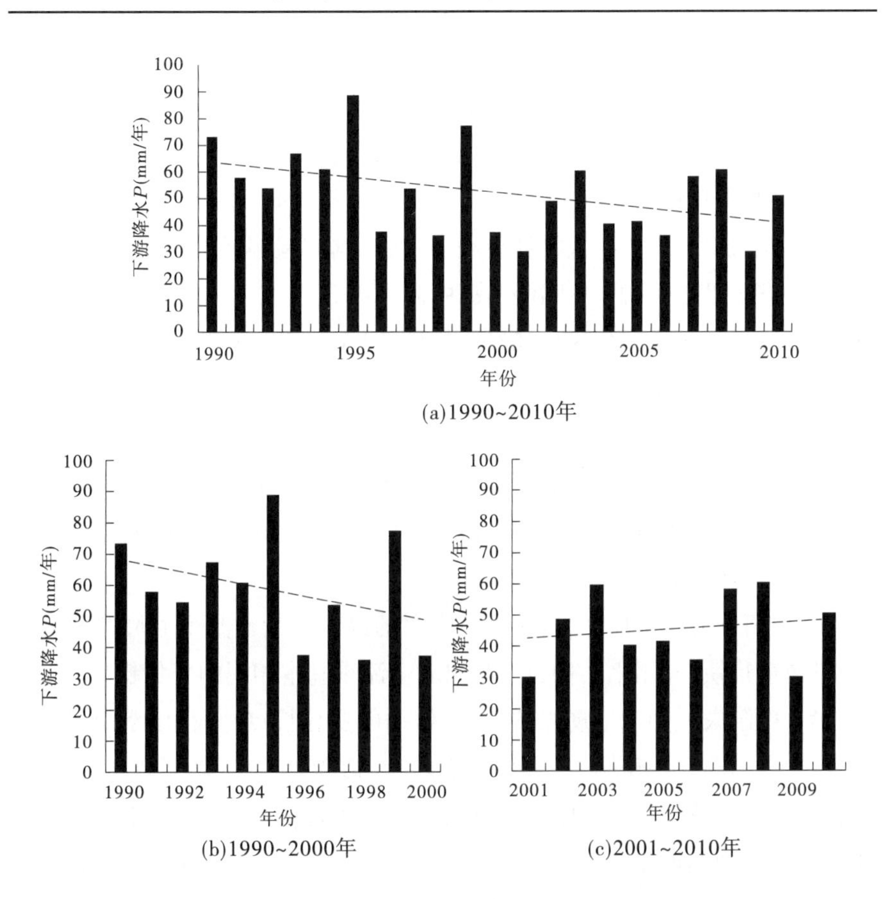

图 6-18　1990~2010 年流域下游降水 P 变化

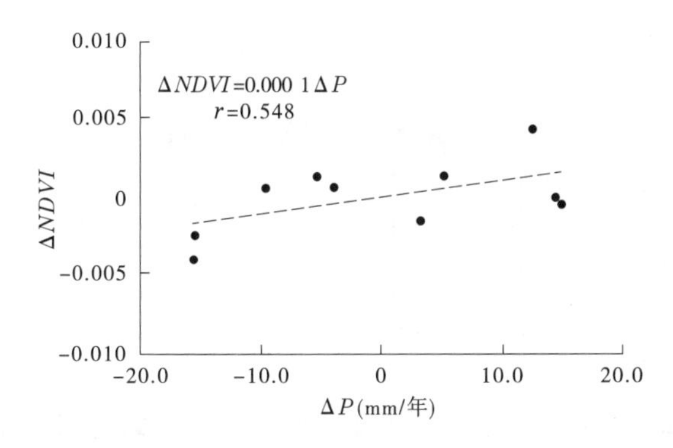

图 6-19　流域下游植被 $NDVI$ 距平 $\Delta NDVI$ 与降水距平 ΔP 关系

配。在自然生态和经济社会水资源竞争以及经济社会内部水资源竞争的情势下,区域间不同的经济分布格局决定着地区水资源在各平原绿洲区的再分布,以经济社会发展为目标、以水资源再分配为核心的人工驱动力在该区域生态演变中日益发挥着决定作用,进而影响着各平原区的生态格局。

黑河上游为产流区,人类社会经济发展基本不影响水资源的时空分布;黑河中、下游是水资源的利用区域,中游主要发展农业,素有“金张掖”之称,汇集了干流的大部分人口和经济体量,很大一部分水资源被用来灌溉农业;东风场区虽位于流域下游,但因其战略地位重要、需水量不大,用水也能得到充分满足。然而在下游,水资源主要被用来灌溉绿洲,额济纳旗用水却在相当长的时期内不能得到满足。总之,人类社会的生产活动深刻影响着水资源的时空分布,特别是农业经济的发展控制着水资源的再分配,进而影响绿洲演化和格局变化。

在黑河干流中游地区,以张掖市为主的经济总量占整个流域的90%以上,且增速很快,其用水结构也反映出和全流域基本相同的变化趋势。2000年以后,中游农业用水呈现先减少、后增加的变化特点,其在用水总量中的比重也是在2005年较低,之后又逐渐升高,到2010年恢复到2000年的水平(见图6-20、表6-9)。2005年之后,工业用水比例稳定在2%左右。其他用水所占比例呈现先增加、后减少的变化特点。由此可知,黑河干流的水资源再分布基本以中游张掖为中心,在水资源短缺情况下,下游用水将难以得到满足。

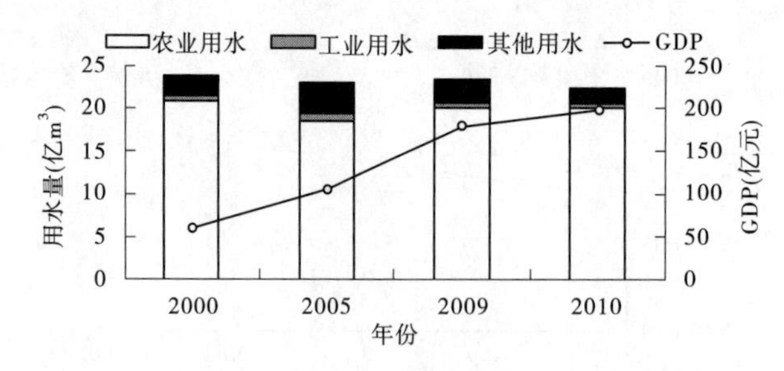

图 6-20　2000~2010 年黑河干流中游地区用水量及经济发展情况

表 6-9　2000~2010 年黑河干流中游用水结构　（%）

年份	农业用水	工业用水	其他用水
2000	87.95	2.74	9.31
2005	80.49	3.82	15.69
2009	86.20	2.33	11.47
2010	89.50	2.26	8.24

国家制定的各种政策、制度以及地方出台的法规对约束人们的行为和促进区域经济的增长和发展起着至关重要的作用，尤其是与土地资源开发、利用相关的各种政策、制度、法规，对区域土地利用变化产生了巨大影响，进而影响生态格局的变化。但这种影响程度难以量化，并且是突发性的，其程度可能超过其他影响因子的累积效应。在较小时间尺度上，社会经济因子对区域绿洲生态格局变化起到关键作用。人口、生产力、投入、生产、生活等各个层面的因子都有影响，从机制上看，这些因子都是生态格局时空变化过程中需要考虑的重要参变量。

在中游地区，由于经济利益驱使和政策诱导，人工绿洲呈极强的扩张趋势（见表 6-10）。1993 年 7 月 2 日颁布的《中华人民共和国农业法》，明确了土地的所有权和使用权，各级人民政府必须珍惜和合理利用土地，切实保护耕地，禁止乱占耕地和滥用土地；1994 年 7 月 4 日又通过了《基本农田保护条例》。这在一定程度上促进了中游地区耕地面积的扩张，导致一部分低覆盖度草地和未利用地被开垦为旱地，生态用水被农业用水挤占，绿洲演化过程中，自然绿洲被人工绿洲代替。2001 年国务院批复的《黑河流域近期治理规划》要求退耕还林还草，退出平原水库，由此导致耕地一度有所减少，水体亦有所减少；张掖市于 2009 年筹划建设滨河新区，率先建设湿地公园，并于 2011 年完成一期建设，水体又有所增加。另外，由于移民政策和国家粮价政策等的影响，耕地在动态变化中有所增加。

表 6-10　黑河流域中游地区圈层比变化

年份	天然绿洲（km²）	人工绿洲（km²）	绿洲（km²）	过渡带（km²）	沙漠（km²）	生态面积/总面积	绿洲面积/生态面积	人工绿洲面积/绿洲面积
1986	2 384	4 593	6 977	3 205	11 438	0.471	0.685	0.658
2000	2 294	4 868	7 162	3 029	11 429	0.471	0.703	0.680
变化百分比（%）	−3.8	6.0	2.7	−5.5	<0.1	—	—	—

由于人工绿洲本身需要额外的物质与能量输入来支撑，稳定性比天然绿洲生态系统明显偏低。从耗水量来看，其单位面积耗水量是天然绿洲的3倍，远大于过渡带。因此，人工绿洲扩展，对生态系统的整体稳定性是非常不利的，脆弱程度大大提高。人工绿洲的扩张，首先影响的是过渡带，随着过渡带可利用的径流型水资源量减少，对降雨型水资源的依赖程度增加，使得荒漠化发展的可能性将大大提高。

第三节　下游生态需水分析

通过对额济纳绿洲进行分区，根据面积定额法对植被生态需水进行计算，结合水体生态需水，进而计算额济纳绿洲的生态需水。

一、生态需水量计算分区

基于以下四个方面的原则，额济纳绿洲被划分为11个子区（东河上游区、东河中游区、东河下游区、西河上游区、西河中游区、西河下游区、东戈壁区、中戈壁区、西戈壁区、两湖区和古日乃区）（见图6-21）。①反映额济纳绿洲生态的不同特征；②反映不同的水资源特征；③分区具有一定规模以保证生态意义上的独立性和独特性；④对制定遏制生态退化和生态适度修复的对策有具体指导意义。

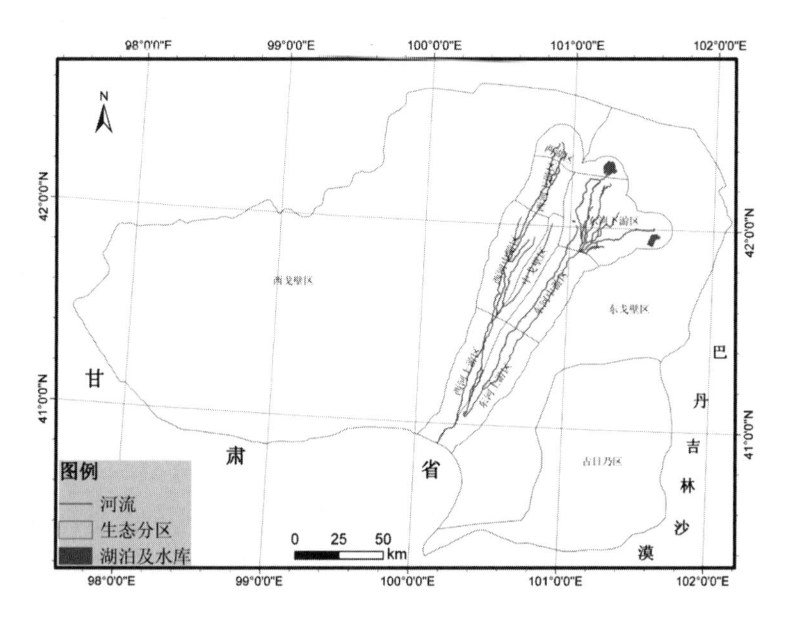

图 6-21 黑河下游额济纳绿洲生态需水量计算分区

二、计算方法

在降雨稀少的极端干旱地区,天然绿洲的生态需水量由植株生长本身所需的蒸腾消耗和维持植物生境的植被群落间潜水蒸发两部分组成,即

$$W = W_1 + W_2 \tag{6-1}$$

植物生长蒸腾需水量除与植被本身的叶面蒸腾强度有关外,还与植被的覆盖度有关,覆盖度越大,蒸腾叶面表面积越大,在相同的蒸发强度下蒸发量越大,则导致需水量越大。计算公式为

$$W_1 = \sum_i \sum_j ET_i A_{ij} P_i \tag{6-2}$$

式中:ET_i为 i 类植物生长蒸腾耗水量,万 m^3/km^2;A_{ij}为 i 类植物 j 种覆盖度的面积,km^2;P_i为 i 类植物的覆盖度(%)。

植被群落间的潜水蒸发量包括植物株间的潜水蒸发和植被覆盖区植物非生长期的潜水蒸发,即

$$W_2 = E_1 + E_2 \tag{6-3}$$

$$E_1 = \sum_i \sum_j A_{ijk} E_{ijk} (1 - P_i) \tag{6-4}$$

$$E_2 = \sum_i \sum_j A_{ijk} E_{ijk} P_i \tag{6-5}$$

式中:E_1 为植株棵间的潜水蒸发量,m^3;E_2 为植被覆盖区植物非生长期的潜水蒸发量,m^3;A_{ijk} 为计算区域 i 类植物 j 种覆盖度在地下水埋深条件 k 下的面积,km^2;E_{ijk} 为埋深条件下 k 的潜水蒸发强度,m^3/km^2;E_{ijk} 为埋深条件 k 下植被覆盖区非生长期的潜水蒸发强度,m^3/km^2。

三、生态需水量

(一)全分区计算结果

由面积定额法计算的生态需水量与范围大小有直接的关系,不同的绿洲计算范围,生态需水计算结果也不同,根据额济纳绿洲划分的 11 个子区,计算全分区的绿洲需水结果。

表 6-11 为黑河下游额济纳绿洲不同地下水埋深下的年潜水蒸发量。依据上述公式,额济纳绿洲 1987 年的蒸发蒸腾量计算过程如表 6-12~表 6-22所示,其他两个对比年 1999 年和 2010 年的计算过程略。1987 年、1999 年和 2010 年黑河下游额济纳绿洲生态需水量分区统计计算结果见表 6-23~表 6-25。

表 6-11　黑河下游额济纳绿洲不同地下水埋深下的年潜水蒸发量

地下水埋深(m)	0.5	1.0	1.5	2.0	2.5	3.0	3.5	4.0
年潜水蒸发量(mm)	631	320	219	150	81	35	18	15

通过对额济纳绿洲生态需水量计算过程及分区计算结果的分析可以看出,其中植被覆盖度小于 15%的草本主要为荒漠植被,分布于戈壁区或距河道较远的区域,受河道来水影响较小。因此,针对黑河下游分水过程对绿洲影响的关系,本次分析剔除植被覆盖度小于 15%的草本计算研究区的生态需水量。

表 6-12　1987 年东河上游区植物蒸腾量及潜水蒸发量

植物种类	总面积（km^2）	覆盖度（%）	地下水位（m）	植被有效面积（km^2）	株间有效面积（km^2）	植物蒸腾定额（m^3/km^2）	潜水蒸发定额（m^3/km^2）	植物蒸腾量（亿 m^3）	潜水蒸发量（亿 m^3）	合计（亿 m^3）
胡杨	20.92	>75	2～2.5	8.87	1.56	1 200 000	150 000	0.106 4	0.002 34	0.108 74
			2.5～3	8.93	1.58	1 200 000	81 000	0.107 2	0.001 28	0.108 48
	11.17	75～15	1～1.5	0.56	0.56	1 200 000	320 000	0.006 7	0.001 79	0.008 49
			1.5～2	1.08	0.64	1 200 000	219 000	0.0130	0.001 39	0.014 39
			3～3.5	1.17	0.73	1 200 000	35 000	0.014 1	0.000 25	0.014 35
			3.5～4	1.07	0.61	1 200 000	18 000	0.012 9	0.000 11	0.013 01
			4～6	3.37	1.25	1 200 000	15 000	0.040 5	0.000 19	0.040 69
	4.33	15～5	0.5～1	0.05	0.32	1 200 000	631 000	0.000 6	0.001 99	0.002 59
			6～10	1.46	2.50	1 200 000	90	0.017 6	0.000 00	0.017 60
灌木	9.19	>75	2～2.5	3.54	1.18	30 000	150 000	0.001 06	0.001 76	0.002 82
			2.5～3	3.35	1.12	30 000	81 000	0.001 01	0.000 91	0.001 92
	34.17	75～15	1～1.5	1.98	2.12	30 000	320 000	0.000 59	0.006 78	0.007 37
			1.5～2	3.62	3.62	30 000	219 000	0.001 09	0.007 93	0.009 02
			3～3.5	3.38	3.38	30 000	35 000	0.001 01	0.001 18	0.002 19
			3.5～4	2.73	2.73	30 000	18 000	0.000 82	0.000 49	0.001 31
			4～5.5	5.23	5.23	30 000	15 000	0.001 57	0.000 78	0.002 35
	10.15	15～5	0.5～1	0.87	0.70	30 000	150 000	0.000 26	0.001 05	0.001 31
			5.5～11	0.81	0.68	30 000	81 000	0.000 24	0.000 55	0.000 79
草地	3.07	>75	2～2.5	7.24	13.08	30 000	219 000	0.002 17	0.028 65	0.030 82
			2.5～3	11.58	11.56	30 000	35 000	0.003 47	0.004 05	0.007 52
	58.41	75～15	1.5～2	7.47	7.48	30 000	18 000	0.002 24	0.001 35	0.003 59
			3～3.5	0.18	0.35	30 000	631 000	0.000 05	0.002 22	0.002 27
			3.5～4	0.94	2.05	30 000	81 000	0.000 28	0.006 57	0.006 85
	58.68	15～5	0.5～1	4.74	50.35	30 000	15 000	0.001 42	0.007 55	0.008 97
			1～1.5	0.87	0.70	30 000	150 000	0.000 26	0.001 05	0.001 31
			4～7	0.81	0.68	30 000	81 000	0.000 24	0.000 55	0.000 79

表 6-13 1987 年东河中游区植物蒸腾量及潜水蒸发量

植物种类	总面积（km^2）	盖度（%）	地下水位（m）	植被有效面积（km^2）	株间有效面积（km^2）	植物蒸腾定额（m^3/km^2）	潜水蒸发定额（m^3/km^2）	植物蒸腾量（亿 m^3）	潜水蒸发量（亿 m^3）	合计（亿 m^3）
胡杨	2.65	>75	2~2.5	1.12	0.20	1 200 000	150 000	0.013 5	0.000 30	0.013 80
			2.5~3	1.13	0.20	1 200 000	81 000	0.013 6	0.000 16	0.013 76
	12.42	75~15	1~1.5	0.62	0.62	1 200 000	320 000	0.007 4	0.001 99	0.009 39
			1.5~2	1.20	0.71	1 200 000	219 000	0.014 5	0.001 55	0.016 05
			3~3.5	1.30	0.81	1 200 000	35 000	0.015 6	0.000 28	0.015 88
			3.5~4	1.19	0.68	1 200 000	18 000	0.014 3	0.000 12	0.014 42
			4~6	3.75	1.39	1 200 000	15 000	0.045 0	0.000 21	0.045 21
	3.80	15~5	0.5~1	0.05	0.28	1 200 000	631 000	0.000 5	0.001 75	0.002 25
			6~10	1.28	2.19	1 200 000	90	0.015 4	0.000 00	0.01540
灌木	3.98	>75	2~2.5	1.53	0.51	30 000	150 000	0.000 46	0.000 76	0.001 22
			2.5~3	1.45	0.49	30 000	81 000	0.000 44	0.000 39	0.000 83
	1.39	75~15	1~1.5	0.08	0.09	30 000	320 000	0.000 02	0.000 28	0.000 30
			1.5~2	0.15	0.15	30 000	219 000	0.000 04	0.000 32	0.000 36
			3~3.5	0.14	0.14	30 000	35 000	0.000 04	0.000 05	0.000 09
			3.5~4	0.11	0.11	30 000	18 000	0.000 03	0.000 02	0.000 05
			4~5.5	0.21	0.21	30 000	15 000	0.000 06	0.000 03	0.000 09
	0.54	15~5	0.5~1	0.02	0.10	30 000	631 000	0.000 01	0.000 62	0.000 63
			5.5~11	0.11	0.23	30 000	90	0.000 03	0.000 00	0.000 03
草地	1.68	>75	2~2.5	0.48	0.38	30 000	150 000	0.000 14	0.000 58	0.000 72
			2.5~3	0.44	0.37	30 000	81 000	0.000 13	0.000 30	0.000 43
	19.20	75~15	1.5~2	2.38	4.30	30 000	219 000	0.000 71	0.009 42	0.010 13
			3~3.5	3.81	3.80	30 000	35 000	0.001 14	0.001 33	0.002 47
			3.5~4	2.46	2.46	30 000	18 000	0.000 74	0.000 44	0.001 18
	1.82	15~5	0.5~1	0.01	0.01	30 000	631 000	0.000 00	0.000 07	0.000 07
			1~1.5	0.03	0.06	30 000	320 000	0.000 01	0.000 20	0.000 21
			4~7	0.15	1.56	30 000	15 000	0.000 04	0.000 23	0.000 27

表 6-14　1987 年东河下游区植物蒸腾量及潜水蒸发量

植物种类	总面积（km^2）	盖度（%）	地下水位（m）	植被有效面积（km^2）	株间有效面积（km^2）	植物蒸腾定额（m^3/km^2）	潜水蒸发定额（m^3/km^2）	植物蒸腾量（亿 m^3）	潜水蒸发量（亿 m^3）	合计（亿 m^3）
胡杨	52.86	>75	2~2.5	22.41	3.94	1 200 000	150 000	0.268 9	0.005 91	0.274 81
			2.5~3	22.57	4.00	1 200 000	81 000	0.270 8	0.003 24	0.274 04
	39.37	75~15	1~1.5	1.97	1.97	1 200 000	320 000	0.023 6	0.006 30	0.029 99
			1.5~2	3.82	2.24	1 200 000	219 000	0.045 8	0.004 91	0.050 71
			3~3.5	4.13	2.56	1 200 000	35 000	0.049 6	0.000 90	0.050 50
			3.5~4	3.78	2.17	1 200 000	18 000	0.045 4	0.000 39	0.045 79
			4~6	11.89	4.41	1 200 000	15 000	0.142 7	0.000 66	0.143 36
	29.74	15~5	0.5~1	0.36	2.17	1 200 000	631 000	0.004 3	0.013 70	0.018 00
			6~10	10.05	17.16	1 200 000	90	0.120 6	0.000 02	0.120 62
灌木	94.74	>75	2~2.5	36.47	12.13	30 000	150 000	0.010 94	0.018 19	0.029 13
			2.5~3	34.58	11.56	30 000	81 000	0.010 37	0.009 36	0.019 73
	133.68	75~15	1~1.5	7.75	8.29	30 000	320 000	0.002 33	0.026 52	0.028 85
			1.5~2	14.17	14.17	30 000	219 000	0.004 25	0.031 03	0.035 28
			3~3.5	13.23	13.23	30 000	35 000	0.003 97	0.004 63	0.008 60
			3.5~4	10.69	10.69	30 000	18 000	0.003 21	0.001 93	0.005 14
			4~5.5	20.45	20.45	30 000	15 000	0.006 14	0.003 07	0.009 21
	35.41	15~5	0.5~1	1.13	6.44	30 000	631 000	0.000 34	0.040 67	0.041 01
			5.5~11	7.37	14.94	30 000	90	0.002 21	0.000 01	0.002 22
草地	137.68	>75	2~2.5	39.24	31.39	30 000	150 000	0.011 77	0.047 09	0.058 86
			2.5~3	36.35	30.56	30 000	81 000	0.010 90	0.024 76	0.035 66
	159.94	75~15	1.5~2	19.82	35.83	30 000	219 000	0.005 95	0.078 46	0.084 41
			3~3.5	31.70	31.67	30 000	35 000	0.009 51	0.011 08	0.020 59
			3.5~4	20.46	20.47	30 000	18 000	0.006 14	0.003 69	0.009 81
	79.31	15~5	0.5~1	0.24	0.48	30 000	631 000	0.000 07	0.003 00	0.003 07
			1~1.5	1.27	2.78	30 000	320 000	0.000 38	0.008 88	0.009 26
			4~7	6.41	68.05	30 000	15 000	0.001 92	0.010 21	0.012 13

表 6-15　1987 年西河上游区植物蒸腾量及潜水蒸发量

植物种类	总面积（km^2）	盖度（%）	地下水位（m）	植被有效面积（km^2）	株间有效面积（km^2）	植物蒸腾定额（m^3/km^2）	潜水蒸发定额（m^3/km^2）	植物蒸腾量（亿 m^3）	潜水蒸发量（亿 m^3）	合计（亿 m^3）
胡杨	23.06	>75	2~2.5	9.78	1.72	1 200 000	150 000	0.117 3	0.002 58	0.119 88
			2.5~3	9.84	1.75	1 200 000	81 000	0.118 1	0.001 41	0.119 51
	40.51	75~15	1~1.5	2.03	2.03	1 200 000	320 000	0.024 3	0.006 48	0.030 78
			1.5~2	3.93	2.31	1 200 000	219 000	0.047 2	0.005 06	0.052 26
			3~3.5	4.25	2.63	1 200 000	35 000	0.051 0	0.000 92	0.051 92
			3.5~4	3.89	2.23	1 200 000	18 000	0.046 7	0.000 40	0.047 10
			4~6	12.23	4.54	1 200 000	15 000	0.146 8	0.000 68	0.147 48
	45.87	15~5	0.5~1	0.55	3.35	1 200 000	631 000	0.006 6	0.021 13	0.027 73
			6~10	15.50	26.47	1 200 000	90	0.186 1	0.000 02	0.186 12
灌木	26.52	>75	2~2.5	10.21	3.39	30 000	150 000	0.003 06	0.005 09	0.008 15
			2.5~3	9.68	3.24	30 000	81 000	0.002 90	0.002 62	0.005 52
	18.82	75~15	1~1.5	1.09	1.17	30 000	320 000	0.000 33	0.003 73	0.004 06
			1.5~2	1.99	1.99	30 000	219 000	0.000 60	0.004 37	0.004 97
			3~3.5	1.86	1.86	30 000	35 000	0.000 56	0.000 65	0.001 21
			3.5~4	1.51	1.51	30 000	18 000	0.000 45	0.000 27	0.000 72
			4~5.5	2.88	2.88	30 000	15 000	0.000 86	0.000 43	0.001 29
	12.25	15~5	0.5~1	0.39	2.23	30 000	631 000	0.000 12	0.014 07	0.014 19
			5.5~11	2.55	5.17	30 000	90	0.000 76	0.000 00	0.000 76
草地	9.88	>75	2~2.5	2.82	2.25	30 000	150 000	0.000 84	0.003 38	0.004 22
			2.5~3	2.61	2.19	30 000	81 000	0.000 78	0.001 78	0.002 56
	36.47	75~15	1.5~2	4.52	8.17	30 000	219 000	0.001 36	0.017 89	0.019 25
			3~3.5	7.23	7.22	30 000	35 000	0.002 17	0.002 53	0.004 70
			3.5~4	4.66	4.67	30 000	18 000	0.001 40	0.000 84	0.002 24
	2.12	15~5	0.5~1	0.01	0.01	30 000	631 000	0.000 00	0.000 08	0.000 08
			1~1.5	0.03	0.07	30 000	320 000	0.000 01	0.000 24	0.000 25
			4~7	0.17	1.82	30 000	15 000	0.000 05	0.000 27	0.000 32

表 6-16　1987 年西河中游区植物蒸腾量及潜水蒸发量

植物种类	总面积（km^2）	盖度（%）	地下水位（m）	植被有效面积（km^2）	株间有效面积（km^2）	植物蒸腾定额（m^3/km^2）	潜水蒸发定额（m^3/km^2）	植物蒸腾量（亿 m^3）	潜水蒸发量（亿 m^3）	合计（亿 m^3）
胡杨	8.20	>75	2~2.5	3.48	0.61	1 200 000	150 000	0.041 7	0.000 92	0.042 62
			2.5~3	3.50	0.62	1 200 000	81 000	0.042 0	0.000 50	0.042 50
	32.03	75~15	1~1.5	1.60	1.60	1 200 000	320 000	0.019 2	0.005 12	0.024 32
			1.5~2	3.11	1.83	1 200 000	219 000	0.037 3	0.004 00	0.041 30
			3~3.5	3.36	2.08	1 200 000	35 000	0.040 4	0.000 73	0.041 13
			3.5~4	3.07	1.76	1 200 000	18 000	0.036 9	0.000 32	0.037 22
			4~6	9.67	3.59	1 200 000	15 000	0.116 1	0.000 54	0.116 64
	12.51	15~5	0.5~1	0.15	0.91	1 200 000	631 000	0.001 8	0.005 76	0.007 56
			6~10	4.23	7.22	1 200 000	90	0.050 7	0.000 01	0.050 71
灌木	26.02	>75	2~2.5	10.02	3.33	30 000	150 000	0.003 00	0.004 99	0.007 99
			2.5~3	9.50	3.17	30 000	81 000	0.002 85	0.002 57	0.005 42
	16.59	75~15	1~1.5	0.96	1.03	30 000	320 000	0.000 29	0.003 29	0.003 58
			1.5~2	1.76	1.76	30 000	219 000	0.000 53	0.003 85	0.004 38
			3~3.5	1.64	1.64	30 000	35 000	0.000 49	0.000 57	0.001 06
			3.5~4	1.33	1.33	30 000	18 000	0.000 40	0.000 24	0.000 64
			4~5.5	2.54	2.54	30 000	15 000	0.000 76	0.000 38	0.001 14
	16.68	15~5	0.5~1	0.53	3.04	30 000	631 000	0.000 16	0.01915	0.019 31
			5.5~11	3.47	7.04	30 000	90	0.001 04	0.000 01	0.001 05
草地	7.22	>75	2~2.5	2.06	1.65	30 000	150 000	0.000 62	0.002 47	0.003 09
			2.5~3	1.91	1.60	30 000	81 000	0.000 57	0.001 30	0.001 87
	22.79	75~15	1.5~2	2.82	5.11	30 000	219 000	0.000 85	0.01118	0.012 03
			3~3.5	4.52	4.51	30 000	35 000	0.001 36	0.001 58	0.002 94
			3.5~4	2.92	2.92	30 000	18 000	0.000 87	0.000 53	0.001 40
	14.42	15~5	0.5~1	0.04	0.09	30 000	631 000	0.000 01	0.000 55	0.000 56
			1~1.5	0.23	0.50	30 000	320 000	0.000 07	0.001 61	0.001 68
			4~7	1.17	12.37	30 000	15 000	0.000 35	0.001 86	0.002 21

表 6-17　1987 年西河下游区植物蒸腾量及潜水蒸发量

植物种类	总面积（km^2）	盖度（%）	地下水位（m）	植被有效面积（km^2）	株间有效面积（km^2）	植物蒸腾定额（m^3/km^2）	潜水蒸发定额（m^3/km^2）	植物蒸腾量（亿 m^3）	潜水蒸发量（亿 m^3）	合计（亿 m^3）
胡杨	4.04	>75	2~2.5	1.71	0.30	1 200 000	150 000	0.020 5	0.000 45	0.020 95
			2.5~3	1.72	0.31	1 200 000	81 000	0.020 7	0.000 25	0.020 95
	11.11	75~15	1~1.5	0.56	0.56	1 200 000	320 000	0.006 7	0.001 78	0.008 48
			1.5~2	1.08	0.63	1 200 000	219 000	0.012 9	0.001 39	0.014 29
			3~3.5	1.17	0.72	1 200 000	35 000	0.014 0	0.000 25	0.014 25
			3.5~4	1.07	0.61	1 200 000	18 000	0.012 8	0.000 11	0.012 91
			4~6	3.36	1.24	1 200 000	15 000	0.040 3	0.000 19	0.040 49
	19.41	15~5	0.5~1	0.23	1.42	1 200 000	631 000	0.002 8	0.008 94	0.011 74
			6~10	6.56	11.20	1 200 000	90	0.078 7	0.000 01	0.078 71
灌木	12.49	>75	2~2.5	4.81	1.60	30 000	150 000	0.001 44	0.002 40	0.003 84
			2.5~3	4.56	1.52	30 000	81 000	0.001 37	0.001 23	0.002 60
	25.45	75~15	1~1.5	1.48	1.58	30 000	320 000	0.000 44	0.005 05	0.005 49
			1.5~2	2.70	2.70	30 000	219 000	0.000 81	0.005 91	0.006 72
			3~3.5	2.52	2.52	30 000	35 000	0.000 76	0.000 88	0.001 64
			3.5~4	2.04	2.04	30 000	18 000	0.000 61	0.000 37	0.000 98
			4~5.5	3.89	3.89	30 000	15 000	0.001 17	0.000 58	0.001 75
	17.46	15~5	0.5~1	0.56	3.18	30 000	631 000	0.000 17	0.020 05	0.020 22
			5.5~11	3.63	7.37	30 000	90	0.001 09	0.000 01	0.001 10
草地	5.51	>75	2~2.5	1.57	1.26	30 000	150 000	0.000 47	0.001 88	0.002 35
			2.5~3	1.45	1.22	30 000	81 000	0.000 44	0.000 99	0.001 43
	138.65	75~15	1.5~2	17.18	31.06	30 000	219 000	0.005 15	0.068 01	0.073 16
			3~3.5	27.48	27.45	30 000	35 000	0.008 24	0.009 61	0.017 85
			3.5~4	17.73	17.75	30 000	18 000	0.005 32	0.003 19	0.008 51
	46.19	15~5	0.5~1	0.14	0.28	30 000	631 000	0.000 04	0.001 75	0.001 79
			1~1.5	0.74	1.62	30 000	320 000	0.000 22	0.005 17	0.005 39
			4~7	3.73	39.63	30 000	15 000	0.001 12	0.005 95	0.007 07

表 6-18 1987 年东戈壁区植物蒸腾量及潜水蒸发量

植物种类	总面积（km^2）	盖度（%）	地下水位（m）	植被有效面积（km^2）	株间有效面积（km^2）	植物蒸腾定额（m^3/km^2）	潜水蒸发定额（m^3/km^2）	植物蒸腾量（亿 m^3）	潜水蒸发量（亿 m^3）	合计（亿 m^3）
胡杨	19.76	>75	2~2.5	8.38	1.47	1 200 000	150 000	0.100 5	0.002 21	0.102 71
			2.5~3	8.44	1.50	1 200 000	81 000	0.101 2	0.001 21	0.102 41
	6.24	75~15	1~1.5	0.31	0.31	1 200 000	320 000	0.003 7	0.001 00	0.004 70
			1.5~2	0.61	0.36	1 200 000	219 000	0.007 3	0.000 78	0.008 00
			3~3.5	0.66	0.41	1 200 000	35 000	0.007 9	0.000 14	0.008 04
			3.5~4	0.60	0.34	1 200 000	18 000	0.007 2	0.000 06	0.007 26
			4~6	1.89	0.70	1 200 000	15 000	0.022 6	0.000 10	0.022 70
	7.74	15~5	0.5~1	0.09	0.56	1 200 000	631 000	0.001 1	0.003 56	0.004 66
			6~10	2.61	4.46	1 200 000	90	0.031 4	0.000 00	0.031 40
灌木	7.49	>75	2~2.5	2.88	0.96	30 000	150 000	0.000 87	0.001 44	0.002 31
			2.5~3	2.73	0.91	30 000	81 000	0.000 82	0.000 74	0.001 56
	93.20	75~15	1~1.5	5.41	5.78	30 000	320 000	0.001 62	0.018 49	0.020 11
			1.5~2	9.88	9.88	30 000	219 000	0.002 96	0.021 63	0.024 59
			3~3.5	9.23	9.23	30 000	35 000	0.002 77	0.003 23	0.006 00
			3.5~4	7.46	7.46	30 000	18 000	0.002 24	0.001 34	0.003 58
			4~5.5	14.26	14.26	30 000	15 000	0.004 28	0.002 14	0.006 42
	5.96	15~5	0.5~1	0.19	1.08	30 000	631 000	0.000 06	0.006 84	0.006 90
			5.5~11	1.24	2.51	30 000	90	0.000 37	0.000 00	0.000 37
草地	13.65	>75	2~2.5	3.89	3.11	30 000	150 000	0.001 17	0.004 67	0.005 84
			2.5~3	3.60	3.03	30 000	81 000	0.001 08	0.002 45	0.003 53
	310.71	75~15	1.5~2	38.50	69.60	30 000	219 000	0.011 55	0.152 42	0.163 97
			3~3.5	61.58	61.52	30 000	35 000	0.018 47	0.021 53	0.040 00
			3.5~4	39.74	39.77	30 000	18 000	0.011 92	0.007 16	0.019 08
	179.33	15~5	0.5~1	0.54	1.08	30 000	631 000	0.000 16	0.006 79	0.006 95
			1~1.5	2.87	6.28	30 000	320 000	0.000 86	0.020 08	0.020 94
			4~7	14.49	153.86	30 000	15 000	0.004 35	0.023 08	0.027 43

表 6-19 1987 年中戈壁区植物蒸腾量及潜水蒸发量

植物种类	总面积 (km^2)	盖度 (%)	地下水位 (m)	植被有效面积 (km^2)	株间有效面积 (km^2)	植物蒸腾定额 (m^3/km^2)	潜水蒸发定额 (m^3/km^2)	植物蒸腾量 (亿 m^3)	潜水蒸发量 (亿 m^3)	合计 (亿 m^3)
胡杨	0.42	>75	2~2.5	0.18	0.03	1 200 000	150 000	0.002 2	0.000 05	0.002 20
			2.5~3	0.18	0.03	1 200 000	81 000	0.002 2	0.000 03	0.002 23
	2.26	75~15	1~1.5	0.11	0.11	1 200 000	320 000	0.001 4	0.000 36	0.001 76
			1.5~2	0.22	0.13	1 200 000	219 000	0.002 6	0.000 28	0.002 88
			3~3.5	0.24	0.15	1 200 000	35 000	0.002 8	0.000 05	0.002 85
			3.5~4	0.22	0.12	1 200 000	18 000	0.002 6	0.000 02	0.002 62
			4~6	0.68	0.25	1 200 000	15 000	0.008 2	0.000 04	0.008 24
	0.00	15~5	0.5~1	0.00	0.00	1 200 000	631 000	0.000 0	0.000 00	0.000 00
			6~10	0.00	0.00	1 200 000	90	0.000 0	0.000 00	0.000 00
灌木	0.00	>75	2~2.5	0.00	0.00	30 000	150 000	0.000 00	0.000 00	0.000 00
			2.5~3	0.00	0.00	30 000	81 000	0.000 00	0.000 00	0.000 00
	9.53	75~15	1~1.5	0.55	0.59	30 000	320 000	0.000 17	0.001 89	0.002 06
			1.5~2	1.01	1.01	30 000	219 000	0.000 30	0.002 21	0.002 51
			3~3.5	0.94	0.94	30 000	35 000	0.000 28	0.000 33	0.000 61
			3.5~4	0.76	0.76	30 000	18 000	0.000 23	0.000 14	0.000 37
			4~5.5	1.46	1.46	30 000	15 000	0.000 44	0.000 22	0.000 66
	1.71	15~5	0.5~1	0.05	0.31	30 000	631 000	0.000 02	0.001 97	0.001 99
			5.5~11	0.36	0.72	30 000	90	0.000 11	0.000 00	0.000 11
草地	12.67	>75	2~2.5	3.61	2.89	30 000	150 000	0.001 08	0.004 33	0.005 41
			2.5~3	3.35	2.81	30 000	81 000	0.001 00	0.002 28	0.003 28
	48.28	75~15	1.5~2	5.98	10.82	30 000	219 000	0.001 79	0.023 69	0.025 48
			3~3.5	9.57	9.56	30 000	35 000	0.002 87	0.003 35	0.006 22
			3.5~4	6.18	6.18	30 000	18 000	0.001 85	0.001 11	0.002 96
	24.57	15~5	0.5~1	0.07	0.15	30 000	631 000	0.000 02	0.000 93	0.000 95
			1~1.5	0.39	0.86	30 000	320 000	0.000 12	0.002 75	0.002 87
			4~7	1.99	21.08	30 000	15 000	0.000 60	0.003 16	0.003 76

表 6-20　1987 年西戈壁区植物蒸腾量及潜水蒸发量

植物种类	总面积（km^2）	盖度（%）	地下水位（m）	植被有效面积（km^2）	株间有效面积（km^2）	植物蒸腾定额（m^3/km^2）	潜水蒸发定额（m^3/km^2）	植物蒸腾量（亿 m^3）	潜水蒸发量（亿 m^3）	合计（亿 m^3）
胡杨	0.30	>75	2~2.5	0.13	0.02	1 200 000	150 000	0.001 5	0.000 03	0.001 53
			2.5~3	0.13	0.02	1 200 000	81 000	0.001 6	0.000 02	0.001 62
	0.00	75~15	1~1.5	0.00	0.00	1 200 000	320 000	0.000 0	0.000 00	0.000 00
			1.5~2	0.00	0.00	1 200 000	219 000	0.000 0	0.000 00	0.000 00
			3~3.5	0.00	0.00	1 200 000	35 000	0.000 0	0.000 00	0.000 00
			3.5~4	0.00	0.00	1 200 000	18 000	0.000 0	0.000 00	0.000 00
			4~6	0.00	0.00	1 200 000	15 000	0.000 0	0.000 00	0.000 00
	0.23	15~5	0.5~1	0.00	0.02	1 200 000	631 000	0.000 0	0.000 11	0.000 11
			6~10	0.08	0.13	1 200 000	90	0.000 9	0.000 00	0.000 90
灌木	0.00	>75	2~2.5	0.00	0.00	30 000	150 000	0.000 00	0.000 00	0.000 00
			2.5~3	0.00	0.00	30 000	81 000	0.000 00	0.000 00	0.000 00
	0.22	75~15	1~1.5	0.01	0.01	30 000	320 000	0.000 00	0.000 04	0.000 04
			1.5~2	0.02	0.02	30 000	219 000	0.000 01	0.000 05	0.000 06
			3~3.5	0.02	0.02	30 000	35 000	0.000 01	0.000 01	0.000 02
			3.5~4	0.02	0.02	30 000	18 000	0.000 01	0.000 00	0.000 01
			4~5.5	0.03	0.03	30 000	15 000	0.000 01	0.000 00	0.000 01
	4.22	15~5	0.5~1	0.14	0.77	30 000	631 000	0.000 04	0.004 85	0.004 89
			5.5~11	0.88	1.78	30 000	90	0.000 26	0.000 00	0.000 26
草地	227.49	>75	2~2.5	64.84	51.87	30 000	150 000	0.019 45	0.077 80	0.097 25
			2.5~3	60.06	50.50	30 000	81 000	0.018 02	0.040 91	0.058 93
	256.27	75~15	1.5~2	31.75	57.40	30 000	219 000	0.009 53	0.125 71	0.135 24
			3~3.5	50.79	50.74	30 000	35 000	0.015 24	0.017 76	0.033 00
			3.5~4	32.78	32.80	30 000	18 000	0.009 83	0.005 90	0.015 73
	233.01	15~5	0.5~1	0.70	1.40	30 000	631 000	0.000 21	0.008 82	0.009 03
			1~1.5	3.73	8.16	30 000	320 000	0.001 12	0.026 10	0.027 22
			4~7	18.83	199.93	30 000	15 000	0.005 65	0.029 99	0.035 64

表 6-21　1987 年两湖区植物蒸腾量及潜水蒸发量

植物种类	总面积（km²）	盖度（%）	地下水位（m）	植被有效面积（km²）	株间有效面积（km²）	植物蒸腾定额（m³/km²）	潜水蒸发定额（m³/km²）	植物蒸腾量（亿 m³）	潜水蒸发量（亿 m³）	合计（亿 m³）
胡杨	0.00	>75	2~2.5	0.00	0.00	1 200 000	150 000	0.000 0	0.000 00	0.000 00
			2.5~3	0.00	0.00	1 200 000	81 000	0.000 0	0.000 00	0.000 00
	0.29	75~15	1~1.5	0.01	0.01	1 200 000	320 000	0.000 2	0.000 05	0.000 25
			1.5~2	0.03	0.02	1 200 000	219 000	0.000 3	0.000 04	0.000 34
			3~3.5	0.03	0.02	1 200 000	35 000	0.000 4	0.000 01	0.000 41
			3.5~4	0.03	0.02	1 200 000	18 000	0.000 3	0.000 00	0.000 30
			4~6	0.09	0.03	1 200 000	15 000	0.001 1	0.000 00	0.001 10
	0.24	15~5	0.5~1	0.00	0.02	1 200 000	631 000	0.000 0	0.000 11	0.000 11
			6~10	0.08	0.14	1 200 000	90	0.001 0	0.000 00	0.001 00
灌木	6.78	>75	2~2.5	2.61	0.87	30 000	150 000	0.000 78	0.001 30	0.002 08
			2.5~3	2.47	0.83	30 000	81 000	0.000 74	0.000 67	0.001 41
	7.20	75~15	1~1.5	0.42	0.45	30 000	320 000	0.000 13	0.001 43	0.001 56
			1.5~2	0.76	0.76	30 000	219 000	0.000 23	0.001 67	0.001 90
			3~3.5	0.71	0.71	30 000	35 000	0.000 21	0.000 25	0.000 46
			3.5~4	0.58	0.58	30 000	18 000	0.000 17	0.000 10	0.000 27
			4~5.5	1.10	1.10	30 000	15 000	0.000 33	0.000 17	0.000 50
	0.90	15~5	0.5~1	0.03	0.16	30 000	631 000	0.000 01	0.001 03	0.001 04
			5.5~11	0.19	0.38	30 000	90	0.000 06	0.000 00	0.000 06
草地	17.91	>75	2~2.5	5.10	4.08	30 000	150 000	0.001 53	0.006 13	0.007 66
			2.5~3	4.73	3.98	30 000	81 000	0.001 42	0.003 22	0.004 64
	27.59	75~15	1.5~2	3.42	6.18	30 000	219 000	0.001 03	0.013 54	0.014 57
			3~3.5	5.47	5.46	30 000	35 000	0.001 64	0.001 91	0.003 55
			3.5~4	3.53	3.53	30 000	18 000	0.001 06	0.000 64	0.001 70
	47.31	15~5	0.5~1	0.14	0.28	30 000	631 000	0.000 04	0.001 79	0.001 83
			1~1.5	0.76	1.66	30 000	320 000	0.000 23	0.005 30	0.005 53
			4~7	3.82	40.59	30 000	15 000	0.001 15	0.006 09	0.007 24

表 6-22　1987 年古日乃地区植物蒸腾量及潜水蒸发量

植物种类	总面积（km^2）	覆盖度（%）	地下水位（m）	植被有效面积（km^2）	株间有效面积（km^2）	植物蒸腾定额（m^3/km^2）	潜水蒸发定额（m^3/km^2）	植物蒸腾量（亿 m^3）	潜水蒸发量（亿 m^3）	合计（亿 m^3）
胡杨	0.48	>75	2~2.5	0.20	0.04	1 200 000	150 000	0.002 4	0.000 05	0.002 45
			2.5~3	0.20	0.04	1 200 000	81 000	0.002 4	0.000 03	0.002 43
	6.50	75~15	1~1.5	0.33	0.33	1 200 000	320 000	0.003 9	0.001 04	0.004 94
			1.5~2	0.63	0.37	1 200 000	219 000	0.007 6	0.000 81	0.008 41
			3~3.5	0.68	0.42	1 200 000	35 000	0.008 2	0.000 15	0.008 35
			3.5~4	0.62	0.36	1 200 000	18 000	0.007 5	0.000 06	0.007 56
			4~6	1.96	0.73	1 200 000	15 000	0.023 6	0.000 11	0.023 71
	19.78	15~5	0.5~1	0.24	1.44	1 200 000	631 000	0.002 8	0.009 11	0.011 91
			6~10	6.69	11.41	1 200 000	90	0.080 2	0.000 01	0.080 21
灌木	124.16	>75	2~2.5	47.80	15.89	30 000	150 000	0.014 34	0.023 84	0.038 18
			2.5~3	45.32	15.15	30 000	81 000	0.013 60	0.012 27	0.025 87
	325.39	75~15	1~1.5	18.87	20.17	30 000	320 000	0.005 66	0.064 56	0.070 22
			1.5~2	34.49	34.49	30 000	219 000	0.010 35	0.075 54	0.085 89
			3~3.5	32.21	32.21	30 000	35 000	0.009 66	0.011 27	0.020 93
			3.5~4	26.03	26.03	30 000	18 000	0.007 81	0.004 69	0.012 50
			4~5.5	49.78	49.78	30 000	15 000	0.014 94	0.007 47	0.022 41
	65.45	15~5	0.5~1	2.09	11.91	30 000	631 000	0.000 63	0.075 17	0.075 80
			5.5~11	13.61	27.62	30 000	90	0.004 08	0.000 02	0.004 10
草地	31.58	>75	2~2.5	9.00	7.20	30 000	150 000	0.002 70	0.010 80	0.013 50
			2.5~3	8.34	7.01	30 000	81 000	0.002 50	0.005 68	0.008 18
	642.32	75~15	1.5~2	79.58	143.88	30 000	219 000	0.023 87	0.315 09	0.338 96
			3~3.5	127.31	127.18	30 000	35 000	0.038 19	0.044 51	0.082 70
			3.5~4	82.15	82.22	30 000	18 000	0.024 65	0.014 80	0.039 45
	631.22	15~5	0.5~1	1.89	3.79	30 000	631 000	0.000 57	0.023 90	0.024 47
			1~1.5	10.10	22.09	30 000	320 000	0.003 03	0.070 70	0.073 73
			4~7	51.00	541.59	30 000	15 000	0.015 30	0.081 24	0.096 54

从表6-23知,1987年额济纳绿洲生态总需水量约为7.50亿 m^3,其中植物蒸腾潜耗水蒸发约为5.72亿 m^3,占总需水量的76.30%,水域的生态需水量(包括湖泊和河流的生态需水量)约为1.78亿 m^3,占总需水量的23.70%。不同分区生态需水量占额济纳天然绿洲总生态需水量的比例分别为:东河上、中、下游区分别占总生态需水的6.64%、3.06%、19.69%,西河上、中、下游区分别占总生态需水的12.26%、6.35%、5.39%,东、中、西戈壁区分别占总生态需水的7.95%、0.99%、4.66%,两湖区占总生态需水的19.83%,古日乃地区占总生态需水的13.18%,其中所占比例最大的为两湖区,其次为东河下游区,这两部分是额济纳绿洲的核心区,中戈壁区生态需水所占比例最小。通过比较不同植被种类的生态需水可以看出,除水域的生态需水以外,以胡杨为主的乔木的生态需水量所占比例最大,为44.84%;其次为草本生态需水,占总生态需水的20.75%;而灌木的生态需水量最小,仅为10.70%。

分水前(1999年)额济纳绿洲生态总需水量约为4.60亿 m^3(见表6-24),较1987年减小2.90亿 m^3,其中植物蒸腾潜耗水和潜水蒸发约为4.28亿 m^3,占总需水量的93.12%,较1987年减小1.45亿 m^3,水域的生态需水量(包括湖泊和河流的生态需水量)约为0.32亿 m^3,占总需水量的6.88%,较1987年减小1.46亿 m^3。不同分区生态需水量占额济纳天然绿洲总生态需水量的比例分别为:东河上、中、下游区分别占总生态需水的9.57%、4.00%、23.41%,西河上、中、下游区分别占总生态需水的13.43%、7.81%、6.17%,东、中、西戈壁区分别占总生态需水的10.72%、1.06%、5.89%,两湖区占总生态需水的1.61%,古日乃地区占总生态需水的16.33%。其中,所占比例最大的为东河下游区,由1987年的19.69%上升到23.41%;其次为古日乃地区,而两湖区生态需水较1987年有明显减小,由1987年的19.82%下降到1.61%,主要是由于东、西居延海在本年度呈现干涸状态,故水域生态需水较小;中戈壁区生态需水所占比例仍为最小,为1.06%,略低于两湖区生态需水。通过比较不同植被种类的生态需水可以看出,除水域的生态需水外,以胡杨为主的乔木的生态需水量所占比例最大,为52.63%;其次为草本生态需水,占总生态需水的27.04%;而灌木的生态需水量最

表 6-23　1987 年黑河下游额济纳绿洲生态需水量分区计算结果统计　（单位：万 m^3）

植被种类	覆盖度(%)	东河上游区	东河中游区	东河下游区	西河上游区	西河中游区	西河下游区	东戈壁区	中戈壁区	西戈壁区	两湖区	古日乃地区	合计
胡杨	>75	2 173	275	5 489	2 394	852	419	2 052	44	32	0	50	13 780
	75~15	909	1 010	3 202	3 295	2 605	904	508	184	0	24	529	13 169
	15~5	202	177	1 386	2 138	583	905	361	0	11	11	922	6 695
灌木	>75	47	21	489	137	134	64	39	0	0	35	640	1 606
	75~15	223	9	871	123	108	166	607	62	1	47	2 119	4 335
	15~5	124	7	432	150	204	213	73	21	52	11	799	2 084
草本	>75	21	12	945	68	50	38	94	87	1 562	123	217	3 215
	75~15	419	138	1 148	262	164	995	2 231	347	1 840	198	4 611	12 352
水体		862	649	807	630	67	342	0	0	0	14 423	0	17 780
合计		4 979	2 297	14 770	9 196	4 766	4 046	5 963	744	3 497	14 872	9 887	75 017

表 6-24　1999 年黑河下游额济纳绿洲生态需水量分区计算结果统计　（单位：万 m^3）

植被种类	覆盖度（%）	东河上游区	东河中游区	东河下游区	西河上游区	西河中游区	西河下游区	东戈壁区	中戈壁区	西戈壁区	两湖区	古日乃地区	合计
胡杨	>75	2 052	246	4 530	2 130	760	374	1 832	39	28	0	44	12 035
	75~15	957	789	1 832	2 597	2 034	706	397	144	0	19	413	9 888
	15~5	93	82	657	318	258	254	167	0	0	5	426	2 260
灌木	>75	24	19	324	65	69	53	32	0	0	33	606	1 225
	75~15	151	8	370	145	109	135	542	17	1	30	1 809	3 317
	15~5	110	5	332	117	159	166	57	16	40	12	623	1 637
草本	>75	20	11	1 049	60	45	56	89	83	1 477	119	192	3 200
	75~15	269	112	1 079	188	94	791	1 808	190	1 160	145	3 389	9 225
水体		721	568	585	551	58	299	0	0	0	378	0	3 160
合计		4 397	1 840	10 758	6 171	3 586	2 834	4 924	489	2 706	741	7 502	45 948

小，仅为13.45%。各项的生态需水量均小于1987年，但所占比例均较1987年增大，这主要是因为本年度两湖区河道干涸，水域生态需水所占比例减小较多，致使其他类型生态需水所占比例升高。

现状年(2010年)额济纳绿洲生态总需水量为5.71亿m^3(见表6-25)，较1987年减小1.79亿m^3，较1999年增加1.11亿m^3，其中植物蒸腾潜耗水和潜水蒸发约为4.28亿m^3，占总需水量的75.00%，水域的生态需水量包括湖泊和河流的生态需水量约为1.43亿m^3，占总需水量的25.00%，较1987年减小0.35亿m^3，较1999年增加1.11亿m^3。不同生态需水量分区占额济纳天然绿洲总生态需水量的比例分别为：东河上、中、下游区分别占总生态需水的7.01%、3.12%、18.81%，西河上、中、下游区分别占总生态需水的10.73%、6.43%、4.84%，东、中、西戈壁区分别占总生态需水的8.63%、0.94%、5.32%，两湖区占总生态需水的20.89%，古日乃地区占总生态需水的13.28%。其中，所占比例最大的为两湖区，由1987年的19.82%上升到20.89%；其次为东河下游区，由1987年的19.69%下降到18.81%，中戈壁区生态需水所占比例仍为最小，为0.94%。通过比较不同植被种类的生态需水可以看出，除水域的生态需水外，以胡杨为主的乔木的生态需水量所占比例最大，为41.37%；其次为草本生态需水，占22.00%，而灌木的生态需水量最小，仅为11.63%，各项的生态需水量仍小于1987年。

(二)去除古日乃地区后的绿洲需水结果

古日乃地区的绿洲主要靠黑河下游鼎新至狼心山断裂带地下水渗漏补给维持。根据实地考察和水文地质队1982年作的《务桃亥、特罗西滩区域水文地质普查报告》，古日乃地区与黑河无地表水力联系，植被生长所利用的水资源主要为黑河下游鼎新至狼心山断裂带地下水渗漏补给。另根据仵彦卿等(2010)对黑河下游同位素分析和地球物理探测分析，黑河下游哨马营至古日乃存在地堑式断层，断层带为黑河古河道，鼎新段河水主要通过这一断层渗入地下水，每年大约有1.8亿m^3的地下水沿该断层进入古日乃和巴丹吉林沙漠。理由一是鼎新段河水中δD和$\delta^{18}O$组分在黑河流域降水线以下，且在局地蒸发线附近，与巴丹吉林沙漠地下水几乎相同，这说明

表 6-25 2010 年黑河下游额济纳绿洲生态需水量分区计算结果统计

（单位：万 m^3）

植被种类	覆盖度（%）	东河上游区	东河中游区	东河下游区	西河上游区	西河中游区	西河下游区	东戈壁区	中戈壁区	西戈壁区	两湖区	古日乃地区	合计
胡杨	>75	1 940	246	4 292	2 138	760	374	1 832	39	28	0	44	11 693
	75~15	710	789	1 887	2 573	2 034	706	397	144	0	19	413	9 672
	15~5	93	82	641	318	269	254	167	0	0	5	426	2 255
灌木	>75	45	19	422	129	127	61	37	0	0	33	606	1 479
	75~15	157	8	528	109	96	126	542	55	1	33	1 892	3 547
	15~5	97	5	329	117	159	166	57	16	40	9	623	1 618
草本	>75	20	11	1 176	64	45	56	89	83	1 477	119	192	3 332
	75~15	263	112	792	185	126	752	1 808	202	1 491	113	3 389	9 233
水体		677	510	673	495	53	269	0	0	0	11 596	0	14 273
合计		4 002	1 782	10 740	6 128	3 669	2 764	4 929	539	3 037	11 927	7 585	57 102

巴丹吉林沙漠地下水来源于鼎新段河水补给。二是鼎新段河水中 Ca^{2+} 和 Mg^{2+} 浓度分别为 134.68 mg/L 和 228.54 mg/L，而断层带中地下水 Ca^{2+} 和 Mg^{2+} 浓度分别为 153.81 mg/L 和 201.45 mg/L。水化学分析显示，河水和断层带水—岩交换提供沙漠区地下水中的钙富集，地下水中钙的沉淀维持着沙丘的稳定。三是河水和地下水中 ^3H 分析揭示，河水渗漏补给地下水，地下水沿断层流到古日乃盆地需要 15~25 年，巴丹吉林沙漠泉水年龄为 20~30 年，这同样说明古日乃和巴丹吉林沙漠地下水来源于黑河鼎新段河水。因此，可以认为哨马营断层每年损失的 1.8 亿 m^3 水量主要补给古日乃地区地下水，基本可以满足植被的生态需水要求。1987 年额济纳绿洲生态总需水量为 6.51 亿 m^3，黑河水量统一调度前（1999 年）额济纳绿洲生态总需水量为 3.84 亿 m^3，现状年（2010 年）额济纳绿洲生态总需水量为 4.95 亿 m^3。

（三）去除古日乃地区和东、西戈壁绿洲需水结果

黑河下游额济纳绿洲东、西河沿线及其下游河网（包括东、西居延海）地区，绿洲面积大、集中连片、植被种类多样，主要分布在两河范围内，东、西戈壁上零星的、不连片的绿洲覆盖度较低，受黑河地表水直接灌溉影响较小，主要靠天然降水，故此区域作为生态保护的最低范围。1987 年额济纳绿洲生态总需水量为 5.57 亿 m^3，黑河水量统一调度前（1999 年）额济纳绿洲生态总需水量为 3.08 亿 m^3，现状年（2010 年）额济纳绿洲生态总需水量为 4.15 亿 m^3。

根据前述对于下游绿洲区的不同范围的计算结果，不同范围的绿洲生态需水结果不同，与已有的研究成果（见表 6-26）对比可见，前人对额济纳绿洲的计算结果都集中在 5.23 亿~7.57 亿 m^3，差异不大。基于古日乃地区绿洲区、东西戈壁与狼心山断面水力联系较小，以狼心山断面水量分析计算下游绿洲需水量，则结果三计算较为合理，即通过狼心山断面的地表水能补给到区域的生态需水量，1987 年、1999 年和 2010 年分别为 5.57 亿 m^3、3.08 亿 m^3、4.15 亿 m^3。

表 6-26 现有研究成果计算的下游生态需水量

成果	研究范围	研究区面积（km^2）	研究时段	生态需水量（亿 m^3）	强度（m^3/km^2）
成果一	狼心山以下	3 010.47	80 年代	6.78~7.57	225 214
成果二	狼心山以下	6 535.84	1995 年	5.70	87 211
成果三	狼心山以下	5 701.38	2000 年	5.313	93 188
成果四	额济纳绿洲	3 328	2000 年	5.57~6.0	167 368
成果五	额济纳绿洲	2 940	2000 年	5.25	178 571
成果六	额济纳绿洲	5 998.73	1995 年	5.23~5.70	91 102

注：成果一：高前兆等《黑河流域水资源合理利用》；成果二：内蒙古水利科学研究院《内蒙古西部额济纳旗绿洲水资源开发利用与生态环境保护研究报告》；成果三：华北水利水电学院"黑河流域东部子系统水资源承载力研究"；成果四："黑河重大问题及其对策研究"，程国栋院士主持的"黑河流域生态环境问题及其对策研究"；成果五：杨国宪等《黑河生态与水》；成果六：王根绪和程国栋《干旱内陆流域生态需水量及其估算——以黑河流域为例》。

第七章　调度曲线长系列年模拟及优化研究

"九七分水方案"是根据1954~1985年水文资料和20世纪80年代的经济社会需水量来制定的，其合理性和可操作性通过模拟验证是可行的，但自2000年依据该分水方案实施黑河水量统一调度以来，在丰水年完成不了分水指标，累计欠账已达20多亿 m^3。通过第五章构建的水量调度模型，模拟分水方案长系列年(1954~2012年)实施情况，结果表明，即使对中游地表水和地下水进行联合调配及全线闭口的优化，在丰水年和特丰年份依然不能满足水量统一分配与调度的要求。本章通过对不同情境下水量调度进行长系列年模拟，提出水量调度关系曲线的优化方案。

第一节　社会经济需水研究

一、中游社会经济需水

(一)中游社会经济发展概述

20世纪90年代以来，黑河中游区域内的社会经济发展取得了巨大进步。国民经济飞速发展，2012年实现国内生产总值(GDP)198.12亿元，1990~2012年GDP年均增长率15.81%，2012年GDP较1990年增加了24.27倍。城乡居民生活水平也大幅提高，2012年人均GDP达到2.41万元，比1990年增加了16.33倍，农村居民人均纯收入和城镇居民家庭总收入也分别达到了7 504元和15 451.8元，整体呈增长态势。三次产业逐步向合理化的趋势发展，比重由1990年的84.3∶23.7∶34.4发展为2012年的30.0∶32.3∶37.7，第二、三产业的比重显著增加。种植业结构趋于合理，2012年研究区域内粮食产量达到71 945.12 t，人均粮食产量877.92 kg，较

1990 年增加了 20%。

在社会指标方面也取得了显著成果，人民生活水平不断提高。居民消费结构发生很大变化，2012 年城镇居民人均消费支出 12 486.21 元，告别了以吃、穿等基本生存需求为主的消费结构，更多地把消费投入教育、娱乐、医疗等方面。研究区内医疗条件明显改善，每万人拥有医疗卫生院的床位由 1990 年的 6 张增加到 2012 年的 14 张，每万人拥有的医疗人员数量 2012 年为 70 人。教育条件更为完善，每万人拥有教师数量由 1995 年的 64 人上升为 2012 年的 125 人，每万人在校学生人数达到了 1 942 人，是 2000 年的 1.15 倍；九年制义务教育得到了落实，小学和初中入学率均达到了 100%。2012 年区内在校人数 24.96 万人，是 2000 年的 1.91 倍。这些指标都超过了甘肃省平均水平，与全国水平接近，有的甚至超过了全国水平，见表 7-1，说明黑河流域在社会指标方面的发展比较突出。

表 7-1　黑河流域经济指标分析比较

统计指标	年份	甘州区	临泽县	高台县	黑河中游区域	全国
GDP（亿元）	1990	4.48	1.54	1.82	7.84	18 547
	2000	26.2	7.7	7.59	41.49	89 403
	2008	76.7	21.83	20.93	119.46	300 670
	2012	123.82	36.69	37.61	198.12	519 322
人均 GDP（元）	1990	1 042	1 168	1 223	1 395	1 634
	2000	5 466	5 275	4 849	5 346	7 078
	2008	14 855	14 855	13 250	14 546	22 640
	2012	24 255	27 138	26 082	25 082	38 354
一产增加值（亿元）	1990	2.28	0.93	1.42	4.63	5 017
	2000	9.35	3.44	4.58	17.37	14 212
	2008	19.2	7.15	8.7	35.05	34 000
	2012	33.17	12.1	14.11	59.38	52 377

续表 7-1

统计指标	年份	甘州区	临泽县	高台县	黑河中游区域	全国
二产增加值（亿元）	1990	0. 85	0. 29	0. 22	1. 36	7 717
	2000	7. 17	2. 46	1. 83	11. 46	45 479
	2008	27. 16	9. 36	7. 65	44. 17	146 183
	2012	36. 41	13. 43	14. 18	64. 02	235 319
三产增加值（亿元）	1990	1. 34	0. 32	0. 18	1. 84	5 814
	2000	9. 68	1. 8	1. 18	12. 66	29 704
	2008	30. 37	5. 32	4. 58	40. 27	120 487
	2012	54. 24	11. 16	9. 32	74. 72	231 626
粮食总产量（万 t）	1990	28. 29	12. 18	14. 89	58. 65	44 624
	2000	28. 66	14. 2	15. 43	60. 65	46 218
	2008	33. 02	13. 52	7. 85	54. 39	52 850
	2012	40. 93	15. 14	15. 87	71. 94	58 957
人均粮食产量（kg）	1990	647	889	1 000	733	390
	2000	598	972	977	687	365
	2008	647	897	496	664	3 980
	2012	802	1 005	1 002	878	4 354
每万人在校学生数（人）	1995	1 056	1 411	1 425	1 151	—
	2000	1 733	1 724	1 659	1 664	1 659
	2008	1 203	342	368	1 913	1 890
	2012	1 221	348	374	1 942	1 871
每万人拥有教师数量（人）	1995	62	81	59	64	—
	2000	94	95	92	95	89
	2008	67	19	21	107	98
	2012	78	23	24	125	108

续表 7-1

统计指标	年份	甘州区	临泽县	高台县	黑河中游区域	全国
每万人拥有卫生机构床位数（张）	1995	7.5	5.8	7.1	9.2	—
	2000	25.6	15	20.8	23.2	25
	2008	23	7	7	37	28
	2012	34	10	11	55	32

虽然纵向比较成果显著,但研究区域经济从全国总体水平来看却有明显的不足。首先产业结构不合理(见表 7-2),第一产业比重仍然过高,第二产业发展严重滞后,2012 年我国三次产业比例为 10.1∶45.3∶44.6,第二产业比重比黑河流域高出 13 个百分点。人均 GDP 水平较低,2012 年仅占全国平均水平的 63%。研究区域内经济明显滞后,1990 年以来区域内 GDP 的平均增长速度为 15.81%,比全国平均水平低了 0.5 个百分点,差距呈缩小趋势,但基础水平低,与全国水平仍有很大差距。

表 7-2　黑河流域产业结构状况　(%)

统计年份	三次产业	甘州区	临泽县	高台县	黑河中游区域	全国
1990	一产	50.9	60.4	78.0	59.1	27.1
	二产	19.0	18.8	12.1	17.3	41.6
	三产	29.9	20.8	9.9	23.5	31.3
2000	一产	35.7	44.7	60.3	41.9	15.9
	二产	27.4	31.9	24.1	27.6	50.9
	三产	36.9	23.4	15.5	30.5	33.2
2008	一产	25.0	32.8	41.6	29.3	11.3
	二产	35.4	42.9	36.6	37.0	48.6
	三产	39.6	24.4	21.9	33.7	40.1

续表 7-2

统计年份	三次产业	甘州区	临泽县	高台县	黑河中游区域	全国
2012	一产	26.8	33.0	37.5	30.0	10.1
	二产	29.4	36.6	37.7	32.3	45.3
	三产	43.8	30.4	24.8	37.7	44.6

各分区经济结构变化的总体趋势为,第一、第二产业比重有升有降,第三产业比重逐步上升。第一产业内部,农业生产区域化、优质化、产业化加快推进。第二产业内部形成了以轻工、能源、矿业、建材和医药、化工为重点的地方工业体系。第三产业提质增速,对经济增长的拉动作用不断增强。以旅游消费为主的现代服务业快速发展,消费拉动型经济特征开始显现,经济发展的活力不断增强。住房、教育、旅游等新的消费热点正在形成。交通运输邮电业、批零贸易餐饮业和其他服务业发展迅速。

通过对黑河流域发展的分析,认为其发展特征与面临的问题如下:

(1)呈区域性落后状态,人均 GDP 和全国发展差距有进一步扩大的趋势。

20 世纪 90 年代以来,人均 GDP 均低于全国平均水平,2000 年为全国平均水平的 75.53%,而 2012 年仅为 63.03%,虽然全区 GDP 发展速度高于全国平均水平,但由于人口增长相对较快,抵消了 GDP 的增长。城镇化进程缓慢,2012 年城镇化率仅为 39.41%,远低于全国 52.57% 的平均水平。

(2)经济结构性矛盾突出,传统工业和国有企业比重大,新兴产业发展滞后。

“二元”结构特征明显,如城市工业与以自给半自给农业产业为主要特征的传统经济并存,少量较为先进的产业同大量落后产业并存,一部分较为富裕的地区同另一部分极端贫困的地区并存。产业内部结构不相协调,农业种植业比重过高,牧业、林业发展缓慢;轻工业、重工业比例不协调,重工业以采掘业和原材料工业占据主导地位;第三产业第一、第二层次中的相关产业发展较快,新兴产业发展缓慢。

(3)现代服务业及基础设施依然薄弱,不能适应消费升级和增长的需求。

旅游景区分散,基础设施建设功能不完善,庞大的旅游消费市场未得到充分利用,旅游接待能力有待进一步提高。传统行业所占比重仍然较大,现代物流、旅游服务业缺乏龙头行业和品牌企业;信息传输、计算机服务和软件、金融业等现代服务业发展缓慢。2012 年区域内第三产业增加值占生产总值的比重为 35.8%,仅比 2000 年提高了 5 个百分点,与全国 45.5% 的水平相距甚远。总体来说,黑河流域发展要落后于全国水平,处于发展的初期阶段,应该有较高的积累率和投资率,但由于基础薄弱,财政收入少,无法做到消费和积累的合理兼顾,同时处于内陆区,与外界的经济交流相对较少,外来资本投资不足,这些都导致了该地区社会经济发展缓慢。

(二)社会经济发展预测模型

社会经济发展预测采用模型预测法,基于该区历史年份数据建立社会经济发展预测模型,对未来年份的社会经济发展状况进行模拟预测。由于建立模型所需要的数据较为复杂,不可能全面收集到本次研究的区域性数据,因此模型是基于张掖市统计资料建立的。涉及区域包括中游的甘州区、临泽县和高台县,研究中涉及的人口和经济主要集中在黑河流域的中游的张掖市所辖的甘州区、临泽县、高台县,2012 年总人口和 GDP 分别占黑河流域的 90% 以上,同时上述三县(区)的人口和 GDP 分别占张掖市的 65.4% 和 67.9%,具有很强的代表性,因此基于张掖市统计资料建立起的社会经济发展预测模型,用于对本次研究区域的社会经济发展状况进行指导预测是现实、可行的。

模型的建立采用计量经济学方法。利用经济计量学方法研究经济问题,一般要经过四个步骤:建立理论模型、估计模型中的参数、检验估计的模型和应用模型进行定量分析,见图 7-1。

1. 建立理论模型

经济增长理论讨论的是产出的增长率,以及资本、人口和技术的增长率

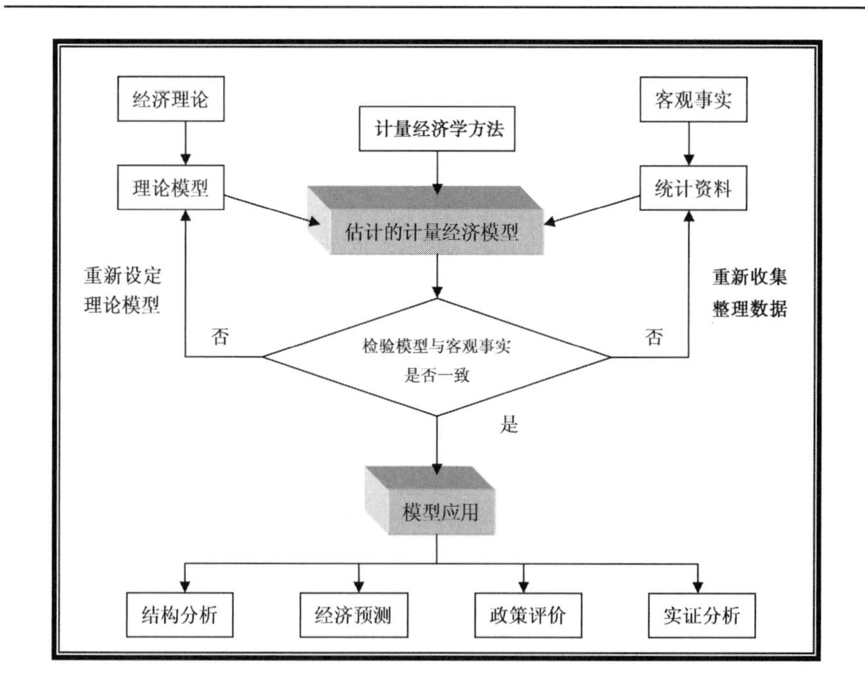

图 7-1　社会经济发展预测模型建立流程

与产出增长率的关系,因此经济增长模型在描述主要的经济行为或经济关系时,通常要运用一系列的方程。本次研究所采用的模型是在“中国宏观经济年度模型”的基础上,结合张掖市的区域特点修改而来的。原模型是1987 年中国社会科学院数量经济与技术经济研究所与诺贝尔经济学奖获得者、美国宾夕法尼亚大学劳伦斯·克莱因教授和美国斯坦福大学刘遵义教授合作研究开发的,并于 1990 年被中国社会科学院成立的“经济形势分析与预测”课题组采用,利用该模型对我国经济形势进行分析预测,取得了很好的效果。

1)模型结构及模型变量

在考虑数据可获得性的情况下,把整个模型分成六个模块,即人口和劳动力、增加值、财政金融、固定资产、居民收入和居民消费模块,各模块的关系如图 7-2所示。每个模块又分别包含若干个方程,详见表 7-3。

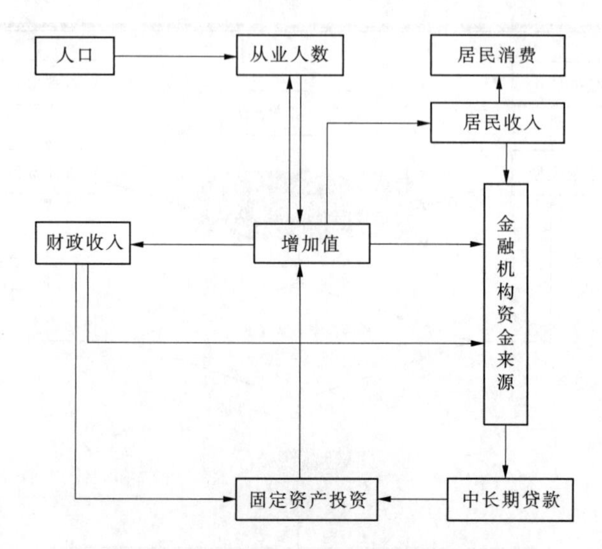

图 7-2 社会经济发展预测模型结构

表 7-3 模型方程

模块	方程
人口和劳动力模块	总人口(TPOP)、城镇人口(TPT)、农村人口(TPR)、社会劳动力资源(LR)、第一产业劳动力(LRR)、第二产业劳动力(LI)、第三产业劳动力(LT)
增加值模块	国内生产总值(GDPF)、第一产业增加值(V1F)、第二产业增加值(V2F)、第三产业增加值(V3F)
财政金融模块	财政总收入(FIF)、金融机构资金来源合计(CFIF)、中长期贷款(LOANF)
固定资产投资模块	固定资产总投资(IIF)、第一产业固定资产投资(IRF)、第二产业固定资产投资(IINF)、第三产业固定资产投资(ITF)、总固定资产(FA)、第一产业固定资产(FARF)、第二产业固定资产(FAIF)、第三产业固定资产(FATF)
居民收入模块	农村居民纯收入(ICRF)、城镇居民生活费收入(ICTF)
居民消费模块	农村居民消费(CRF)、城镇居民消费(CTF)

2)模型方程的建立

(1)模型方程的评价标准。

没有参考标准或指导方针,就无法确定所选择的模型是不是正确合理,因此需要检验手段。著名经济计量学家哈维(A. C. Harvey)列出了如下标准。根据这些标准,可以判断一个模型的优劣。

①节省性。一个模型永远无法完全把握现实,在任何模型的建立过程中,一定程度的抽象或者简化是不可避免的,简单优于复杂或者节俭原则表明模型应尽可能地简单。

②可识别性。即对给定的一组数据,估计的参数必须具有唯一值,或者说,每个参数只有一个估计值。

③拟合优度。回归分析的基本思想是用模型中所包含的解释变量来尽可能地解释被解释变量的变化。比如可用校正的样本决定系数 R^2 来度量拟合度,R^2 越高,则认为模型就越好。

④理论一致性。无论拟合度有多高,一旦模型中的一个或多个系数的符号有误,该模型就不能说是一个好的模型。简言之,在构建模型时,必须有一些理论基础来支撑这一模型,“没有理论的测量”经常会导致令人非常失望的结果。

⑤预测能力。正如诺贝尔奖得主米尔顿·弗里德曼所指出的那样,“对假设模型的真实性唯一有效的检验就是将预测值与经验值相比较”。因而,在货币主义模型和凯恩斯模型两者之间选择时,根据这一标准,应该选择理论预测能够被实际经验所验证的模型。

(2)模型假设。

利用样本数据估计回归模型中的参数时,为了选择适当的参数估计方法,提高估计精度,通常需要对模型的随机误差和解释变量的特性事先做出假定。本书所用的函数模型均采纳经济计量学中关于建立模型的假设,回归模型的基本假定为:

①零均值假定:$E(u_i)=0\ (i=1,2,\cdots,n)$,即随机误差项是一个期望值或平均值为零的随机变量,在此情况下才有

$$E(Y_i) = \beta_0 + \beta_1 X_{1i} + \beta_2 X_{2i} + \cdots + \beta_k X_{ki}$$

回归方程才能反映总体的平均变化趋势,否则将产生系统误差。

②同方差假定:对于解释变量 $X_1, X_2, \cdots, X_k$ 的所有观测值,随机误差项有相同的方差,即 $\mathrm{Var}(u_i) = E(u_i^2) = \sigma^2 (i = 1, 2, \cdots, n)$。

于是, Y_i 的方差也都是相同的,都等于 σ^2 ,即 $\mathrm{Var}(Y_i) = \sigma^2 (i = 1, 2, \cdots, n)$。

③非自相关假定:随机误差项彼此之间不相关,即

$\mathrm{Cov}(u_i, u_j) = E(u_i u_j) = 0 (i \neq j; i, j = 1, 2, \cdots, n)$,这样可以独立考虑各个水平下随机误差的影响。

④解释变量 $X_1, X_2, \cdots, X_k$ 是确定性变量,不是随机变量,与随机误差项彼此之间不相关,即 $\mathrm{Cov}(X_{ij}, u_j) = 0 (i = 1, 2, \cdots, k; j = 1, 2, \cdots, n)$。

⑤解释变量 $X_1, X_2, \cdots, X_k$ 之间不存在精确的(完全的)线性关系,即解释变量的样本观测值矩阵 X 是满秩矩阵,应满足关系式 $\mathrm{rank}(X) = k + 1 < n$。

⑥随机误差项服从正态分布,即 $u_i \sim N(0, \sigma^2) (i = 1, 2, \cdots, n)$,于是被解释变量也服从正态分布,即

$$Y_i \sim N(\beta_0 + \beta_1 X_{1i} + \beta_2 X_{2i} + \cdots + \beta_k X_{ki}, \sigma^2) \quad (i = 1, 2, \cdots, n)$$

(3)模型方程的选择。

应用经济计量学进行研究的第一步,就是用数学关系式表示所研究的客观经济现象,即构造数学模型方程。根据所研究的问题与经济理论,找出经济变量间的因果关系及相互间的联系。把要研究的经济变量作为被解释变量,影响被解释变量的主要因素作为解释变量,影响被解释变量的非主要因素及随机因素归并到随机误差项,建立计量经济数学模型。经济计量学中被解释变量和解释变量的解释关系主要有三种:线性函数模型方程、半对数线性需求函数模型和对数线性需求函数模型。通过对现有数据的分析和应用各种不同曲线类型对数据进行拟合,对数线性需求函数模型拟合的效果很好。本次研究构建的基本模型方程为

$$\ln M = \beta_1 \ln K + \beta_2 \ln L + \cdots + \mu$$

式中: M 为被解释变量; K 、L 为解释变量; β_1 、β_2 …都是参数; μ 是随机

变量。

结合模型结构中各模块的相互关系以及具体情况，各个模型方程中被解释变量的解释变量见表7-4。表中的解释变量为暂定量，在参数确定的过程中还需要根据模型检验的条件对各被解释变量的解释变量进行调整。

表7-4 模型方程变量解释关系

模块名称	被解释变量	解释变量	随机误差项
人口模块	TPOP	TPOP(-1)、TPOT(-2)、TPOP(-3)	C
	TPT	TPT(-1)、TPOP	C
	TPR	TPOP、TPT	C
	LR	LR(-1)、TPOP	C
	LRR	LRR(-1)、LR、(V1F/GDPF)	C
	LI	LI(-1)、LR、(V2F/GDPF)	C
	LT	LR、LRR、LI	
增加值模块	GDPF	GDPF(-1)、FA、LR	C
	V1F	GDPF、LRR	C
	V2F	GDPF、LI	C
	V3F	GDPF、LT	C
财政金融模块	FIF	FIF(-1)、GDPF	C
	CFIF	CFIF(-1)、FIF	C
	LOANF	LOANF(-1)、CFIF	C
固定资产投资模块	IIF	IIF(-1)、LOANF(-1)、GDPF(-1)	C
	IRF	IRF(-1)、IIF	C
	IINF	IRF(-1)、IINF	C
	ITF	IRF(-1)、ITF	C
	FA	FARF、FAIF、FATF	
	FARF	FARF(-1)、IRF	
	FAIF	FAIF(-1)、IINF	
	FATF	FATF(-1)、ITF	

续表 7-4

模块名称	被解释变量	解释变量	随机误差项
居民收入模块	*ICRF*	*ICRF*(-1)、*V*1*F*	*C*
	ICTF	*ICTF*(-1)、*V*2*F*、*V*3*F*	*C*
居民消费模块	*CRF*	*CRF*(-1)、*ICRF*	*C*
	CTF	*CTF*(-1)、*ICRF*	*C*

注:*TPOP*(-1)表示上年总人口数,以此类推。

2. 确定模型参数及结果

本次研究的所有数据均来自甘肃省张掖市统计年鉴以及实际调查所得,数据是确实可信的。统计数据采用时间序列数据,时间频率为年。由于统计年鉴上所载录的数据大部分为当年价,需要根据各种价格指数及 GDP 消长指数将所有数据折算成同一基准年的价格,本次研究以 2012 年为基准年。采用 Eviews 计量经济软件包进行模型参数的预测。

同时,对于固定资产投资模块,每年的总固定资产要考虑上年总固定资产的折旧,考虑到统计资料的可获得性因素,同时该系列数据在模型中主要反映的是增量关系,主要目的是得到其不同年份的相对数量关系,因此本次研究中采用最简单的折旧计算方法。假定每笔固定资产的残值为 0,折旧采用平均年限法,第一产业折旧年限为 35 年,第二产业 30 年,第三产业 25 年。最后得出各产业当年的固定资产总值的计算公式为

$$\text{固定资产} = \text{上年度固定资产} \times \left(1 - \frac{1}{\text{固定资产折旧年限}}\right) + \text{本年度固定资产投资}$$

用建立的模型对张掖市规划水平年的社会经济发展进行预测,预测成果见表 7-5。从表 7-5 中数据可以看出,该区的城镇化率呈逐年增长的趋势,2020 年城镇化率将达到 47.09%,到 2030 年将将达到 53.61%。国民经济方面,该区国内生产总值将保持持续稳定增长,预测数据可以用于指导黑河中游地区社会经济发展预测。

表 7-5　张掖市经济发展预测

项目	总人口	2012 年	2020 年(2013～2020 年)			2030 年(2021～2030 年)		
			低方案	中方案	高方案	低方案	中方案	高方案
人口模块	总人口(万人)	78.99	80.71	80.71	80.71	85.76	85.76	85.76
	城镇人口(万人)	31.13	38.01	38.01	38.01	45.98	45.98	45.98
	农村人口(万人)	47.86	42.70	42.70	42.70	39.78	39.78	39.78
	城镇化率(%)	39.41	47.09	47.09	47.09	53.61	53.61	53.61
	人口增长速度(‰)	—	2.70	2.70	2.70	4.58	4.58	4.58
增加值模块(万元)	GDP	1 981 200	3 386 537	3 927 175	4 457 797	5 436 694	7 327 570	10 203 765
	第一产业增加值	593 800	877 313	1 020 259	1 099 082	2 007 004	2 801 026	3 885 562
	第二产业增加值	640 200	1 020 382	1 184 966	1 372 326	1 296 928	1 540 718	2 163 833
	第三产业增加值	747 200	1 488 843	1 721 951	1 986 390	2 132 762	2 985 826	4 154 370
经济增长速度(%)	GDP	—	6.93	8.93	10.67	13.45	17.76	22.74
	第一产业	—	5	7	8	7	9	11
	第二产业	—	6	8	10	4	5	7
	第三产业	—	9	11	13	6	8	10
三产比例(%)	第一产业	29.97	25.91	25.98	24.66	36.92	38.23	38.08
	第二产业	32.32	30.13	30.17	30.78	23.86	21.03	21.21
	第三产业	37.71	43.96	43.85	44.56	39.23	40.75	40.71

(三)人口与城镇化进程预测

1.人口分布及其特点

2012 年黑河中游地区甘州、临泽、高台三县(区)总人口为 78.99 万人(见表 7-6),人口特点为:

(1)人口增长稳定,接近全国增长速度。

表 7-6　人口发展统计

指标	年份/时段	甘州区	临泽县	高台县	合计	全国
总人口(万人)	1990	42.99	13.21	14.85	71.05	117 171
	1995	44.92	14.07	15.30	74.29	121 121
	2000	47.93	14.61	15.79	78.33	126 583
	2008	51.63	14.70	15.80	82.13	132 802
	2012	51.05	13.52	14.42	78.99	135 404
增长率(‰)	1991～1995	8.82	12.69	5.99	8.96	6.65
	1996～2000	13.06	7.56	6.32	10.65	8.86
	2001～2008	9.34	0.77	0.08	5.94	6.01
	2009～2012	-2.82	-20.70	-22.59	-9.70	4.86
城镇人口(万人)	1990	8.69	1.11	1.35	11.15	32 372
	1995	10.24	1.44	1.61	13.29	35 174
	2000	12.19	1.94	1.85	15.98	45 844
	2008	19.08	2.32	-2.59	18.81	60 667
	2012	21.98	4.86	4.29	31.13	71 182
城镇化率(%)	1990	20.21	8.40	9.09	15.69	27.63
	1995	22.80	10.23	10.52	17.89	29.04
	2000	25.43	13.28	11.72	20.40	36.22
	2008	36.96	15.78	-16.39	22.90	45.68
	2012	43.06	35.95	29.75	39.41	52.57

1990 年以来,人口增长较为稳定,平均增长速度与全国接近,2001～2008 年该区与全国的平均年增长率分别为 5.94‰和 6.01‰。2009～2012 年,研究区的平均年增长率为负值,人口数量的减少对水资源的承载压力具

有一定的缓解作用。

（2）城镇化进程缓慢，与全国的差距逐渐加大。

与全国平均水平相比，城镇化进程明显滞后，1990～2012年全国城镇化率由27.63%增长到52.57%，增加了近25个百分点，同期研究区的城镇化率仅增加了约23个百分点，2012年研究区域城镇化率为39.41%，比全国水平低13.16个百分点。

2. 人口发展预测

人口的增长有许多影响因素，主要包括人口基数、人口年龄构成、人口平均寿命、人口迁入迁出状况、生育状况等。结合历史数据，参照经济发展预测模型的人口增长速度，黑河流域人口发展预测成果数据见表7-7。

表7-7　人口发展预测

指标	年份/时段	甘州区	临泽县	高台县	合计
总人口（万人）	2012	51.05	13.52	14.42	78.99
	2020	48.10	17.22	15.39	80.71
	2030	50.92	18.39	16.45	85.76
增长率（‰）	2013～2020	-7.41	30.70	8.17	2.70
	2021～2030	5.71	6.60	6.68	6.09
城镇人口（人）	2012	21.98	4.86	4.29	31.13
	2020	23.57	5.34	4.92	33.83
	2030	28.00	6.62	6.25	40.87
城镇化率（%）	2012	43.06	35.95	29.75	39.41
	2020	49.00	31.01	31.97	41.92
	2030	54.99	36.00	37.99	47.66

3. 居民生活需水定额

居民生活需水量仅包括狭义的居民家庭生活需水量，而非传统统计分类的在城镇地区包括公共用水以及在农村地区包括牲畜用水的广义的“大生活”需水量。本次研究将农村地区生活用水和牲畜用水分开列项，具体数据见表7-8、表7-9。

表7-8　居民生活用水定额　（单位:L/d）

县区	现状年		2020水平年		2030水平年	
	农村	城镇	农村	城镇	农村	城镇
甘州区	60.7	103.7	68.0	110.7	73.4	115.9
临泽县	59.5	101.3	65.8	108.5	69.8	112.1
高台县	59.2	101.3	65.5	108.6	69.3	112.1

表7-9　牲畜蓄水定额　（单位:L/(头·d)）

县区	现状年		2020水平年		2030水平年	
	大	小	大	小	大	小
甘州区	38.8	13.4	49.7	18.9	60	25
临泽县	39.7	13.8	51.1	19.6	60	25
高台县	40.0	14.3	51.3	20.0	60	25

（四）国民经济发展预测

1.社会经济发展现状

黑河流域中游现状是一个以农业经济为主的地区,1990～2012年间研究区内新增GDP 190.28亿元,GDP年均增长率15.81%,发展速度略低于全国水平,分析当地的产业构成特点,主要存在以下几方面问题:

(1)第一产业比重太大,对经济发展的贡献减弱。历史上,农业为黑河中游地区的社会经济发展做出了不可磨灭的贡献,2008年第一产业增加值占总GDP的42%,2012年仍占30%。由于水资源的限制,农业资源的开发能力已趋于衰竭,第一产业对国民经济增长的贡献作用逐渐减弱,2000～2012年,考虑价格因素,第一产业对经济增长的贡献只占到了20%,对经济增长的拉动微弱,贡献乏力。

(2)第二产业效益不佳,特别是工业经济增长乏力,缺少拉动工业增长的大型骨干企业。2012 年仅完成固定资产投资 101.6 亿元,与全国平均水平相距甚远。重大项目支撑不足,2012 年研究区内亿元以上项目完成投资额占项目投资额的比重只占 40%。

(3)第三产业水平不高,发展薄弱。服务业占比是反映一个地区服务业发展水平以及整个经济发展水平的标志性指标,2012 年研究区内第三产业增加值占生产总值的比重为 35.8%,与全面建设小康社会 50%的目标值差距很大。第三产业发展薄弱,社会化服务水平低下,使第一、第二产业得不到充分必要的发展,也是生产部门经济效益不佳的重要原因之一。

2. 区域产业发展预测

依据区域经济发展规划及历史、现状数据,运用统计分析方法构建经济发展模型对区域经济发展速度进行预测,根据经济发展情况,拟订高、中、低三个方案,预测结果见表 7-10、表 7-11。未来 10 年,区域内经济将保持高速增长,这与区域内部的特点是紧密相关的。其一,区域内部基础设施建设已基本完善,势必对经济发展起到促进作用;其二,"一带一路"的影响,将改善中游地区的经济现状,国家投资及外资的引进会大大增加,从而对该区经济产生推动作用;其三,中游城市化进程的发展也会对经济起到推动作用,城市化进程的发展必将促进人力资源的转移,从低生产率部门转向高生产率部门,提高劳动产出率,同时城市化进程也必然会导致基础设施建设的投入,从而带动经济的发展。

表 7-10　黑河中游地区市一、二、三产发展速度预测　(%)

项目	2020 水平年			2030 水平年		
	低方案	中方案	高方案	低方案	中方案	高方案
一产	5	7	8	7	9	11
二产	8	9	11	6	8	10
三产	9	11	13	6	8	10

表 7-11　黑河中游地区第二、三产业万元增加值用水量　(单位:m^3)

县(区)		现状水平	2020 水平年			2030 水平年		
			低方案	中方案	高方案	低方案	中方案	高方案
第二产业	甘州区	86	58	39	30	35	23	18
	临泽县	86	58	39	30	35	23	18
	高台县	86	58	39	30	35	23	18
第三产业	甘州区	60.9	29.2	29.2	29.2	21.8	21.8	21.8
	临泽县	40.3	21	21	21	16.5	16.5	16.5
	高台县	57	27.9	27.9	27.9	20.8	20.8	20.8

(五)土地利用及农业发展战略

1. 土地资源及利用状况

黑河流域涉及青海、甘肃以及内蒙古三省(自治区),位于河西地区的中部,黑河干流全长 928 km,面积约 14.29 万 km^2。本次研究区域土地总面积 11.43 万 km^2。中游是黑河流域最大的绿洲区域,土地资源状况较好,灌溉农业发达,人口和经济也主要集中在该区域。2012 年区域内部总灌溉面积 282.38 万亩,粮食和林草面积分别为 217.91 万亩和 64.47 万亩,是重要的粮食生产基地。

2. 农业生产分析

农业发展应以需求为导向,以大区内部粮食自给为前提,以调整产业结构、内涵发展为方向,以发展农村经济、提高农民收入为目的,以水资源综合利用为手段,结合区域环境及地理特点进行预测。

1) 耕地面积

根据对各分区在各规划水平年农产品总需求量以及满足当地需求农作物的最小种植面积,以 2012 年为现状年,预测所需耕地面积,成果见表 7-12。

表 7-12　黑河中游各灌区灌溉面积统计　（单位：万亩）

分区	灌区名称	现状年耕地面积		适当压缩耕地面积		近期治理规划耕地面积	
		农田	林草	农田	林草	农田	林草
甘州区	大满	33.33	5.57	27.65	5.57	22.13	5.57
	盈科	34.74	0.59	25.34	0.59	21.54	0.62
	西浚	35.44	2.47	28.21	2.30	24.36	2.47
	上三	11.70	0.46	10.47	0.58	8.37	0.79
	小计	115.21	9.09	91.67	9.04	76.40	9.45
临泽县	梨园河	24.46	17.09	20.12	17.09	19.32	17.09
	平川	7.25	11.66	4.38	11.66	4.12	11.66
	板桥	8.00	9.29	6.22	9.29	5.34	9.29
	鸭暖	5.46	1.65	4.31	1.72	3.27	1.83
	蓼泉	6.84	3.75	4.66	4.23	3.67	5.21
	沙河	5.79	4.25	4.21	4.25	3.84	4.25
	小计	57.80	47.69	43.90	48.24	39.56	49.33
高台县	友联	36.82	5.50	32.86	5.70	28.36	6.30
	六坝	3.54	0.77	2.43	0.86	2.43	1.65
	罗城	4.54	1.42	3.62	1.43	3.62	2.38
	小计	44.90	7.69	38.91	7.99	34.41	10.33
总计		217.91	64.47	174.48	65.27	150.37	69.11

2）灌溉定额及灌溉水利用系数

根据区域发展战略情况以及当地的土地资源特征，拟订高、中、低三个方案的灌溉定额，具体数据见表 7-13、表 7-14。

表 7-13　黑河中游地区作物灌溉定额　　（单位：m^3/亩）

<table>
<tr><th colspan="3">县区</th><th>甘州区</th><th>临泽县</th><th>高台县</th></tr>
<tr><td rowspan="7">农作物净灌溉定额</td><td colspan="2">现状年</td><td>400</td><td>430</td><td>440</td></tr>
<tr><td rowspan="3">2020 水平年</td><td>低方案</td><td>400</td><td>430</td><td>440</td></tr>
<tr><td>中方案</td><td>360</td><td>390</td><td>400</td></tr>
<tr><td>高方案</td><td>330</td><td>360</td><td>370</td></tr>
<tr><td rowspan="3">2030 水平年</td><td>低方案</td><td>360</td><td>390</td><td>400</td></tr>
<tr><td>中方案</td><td>320</td><td>340</td><td>360</td></tr>
<tr><td>高方案</td><td>300</td><td>320</td><td>340</td></tr>
<tr><td rowspan="7">林草灌溉定额</td><td colspan="2">现状年</td><td>280</td><td>280</td><td>285</td></tr>
<tr><td rowspan="3">2020 水平年</td><td>低方案</td><td>280</td><td>280</td><td>285</td></tr>
<tr><td>中方案</td><td>280</td><td>280</td><td>285</td></tr>
<tr><td>高方案</td><td>280</td><td>280</td><td>285</td></tr>
<tr><td rowspan="3">2030 水平年</td><td>低方案</td><td>280</td><td>280</td><td>285</td></tr>
<tr><td>中方案</td><td>280</td><td>280</td><td>285</td></tr>
<tr><td>高方案</td><td>280</td><td>280</td><td>285</td></tr>
</table>

表 7-14　黑河中游地区农田灌溉水利用系数

<table>
<tr><th rowspan="2">县区</th><th rowspan="2">现状年</th><th colspan="3">2020 水平年</th><th colspan="3">2030 水平年</th></tr>
<tr><th>低方案</th><th>中方案</th><th>高方案</th><th>低方案</th><th>中方案</th><th>高方案</th></tr>
<tr><td>甘州区</td><td>0. 53</td><td>0. 58</td><td>0. 61</td><td>0. 63</td><td>0. 61</td><td>0. 66</td><td>0. 68</td></tr>
<tr><td>临泽县</td><td>0. 53</td><td>0. 58</td><td>0. 61</td><td>0. 63</td><td>0. 61</td><td>0. 66</td><td>0. 68</td></tr>
<tr><td>高台县</td><td>0. 53</td><td>0. 58</td><td>0. 61</td><td>0. 63</td><td>0. 61</td><td>0. 66</td><td>0. 68</td></tr>
</table>

（六）社会经济发展需水预测

1. 社会经济发展需水量

需水量分析的基准年（现状水平年）为 2012 年，预测针对的规划水平年分别是 2020 年和 2030 年。对 13 个分区的各需水用户（类别）的各水平年的需水量都进行了分析预测。

需水量的预测主要采用指标预测的方法。指标包括社会经济发展指标、生态系统保持指标以及各用水户的需水定额指标。社会经济发展指标包括各类农田粮食与经济作物的灌溉面积、牲畜数量、人口及其农村与城镇人口构成、第二产业及第三产业增加值等;生态系统保持指标在这里主要是指为维持中游张掖市的人为生态系统(人工绿洲)以及为增加黑河向下游输送水量以保证下游天然生态系统而退耕还林、还草后所需灌溉的林、草类作物面积,另外还包括城镇地区改善人居环境的一些指标,如城市绿地灌溉面积、娱乐水域水景补水面积等;需水定额指标就是各用水户的需水定额,包括各类作物的灌溉定额、城镇居民与农村居民的人均生活需水定额、牲畜需水定额、第二产业及第三产业万元增加值需水量等。

根据我国国民经济发展目标,考虑到黑河流域的各种自然、社会、经济的具体条件,认为中等社会经济发展情景最符合实际情况并满足区域发展要求,相应的需水方案也适应资源配置条件,针对社会经济发展的高、中、低三种方案,耕地面积所列的现状年、2020 年以及 2030 年灌溉面积以及近期治理规划面积三种方案分别预测不同方案组合值下的需水量,见表 7-15 ~ 表 7-17。

表 7-15　现状年黑河中游需水方案　(单位:万 m^3)

指标	现有灌溉面积	2000 年灌溉面积	近期治理规划面积
农业需水	91 259	69 130	62 711
工业及三产需水	9 327	9 327	9 327
生活需水(人蓄)	3 503	3 503	3 503
人工林草	18 090	21 259	19 402
天然植被	11 520	11 520	11 520
水域	5 000	5 000	5 000
合计	138 699	119 739	111 463

表 7-16 2020 水平年黑河中游需水方案 (单位:万 m³)

指标	现有灌溉面积			2000 年灌溉面积			近期治理规划面积		
	低方案	中方案	高方案	低方案	中方案	高方案	低方案	中方案	高方案
农业需水	90 694	81 978	75 440	68 711	62 121	57 178	62 711	56 696	52 185
工业及三产需水	12 412	10 380	9 891	12 412	10 380	9 891	12 412	10 380	9 891
生活需水(人畜)	4 186	4 186	4 186	4 186	4 186	4 186	4 186	4 186	4 186
人工林草	18 051	16 762	15 472	21 259	19 688	18 173	19 402	17 968	16 586
天然植被	13 480	13 480	13 480	13 480	13 480	13 480	13 480	13 480	13 480
水域	7 000	7 000	7 000	7 000	7 000	7 000	7 000	7 000	7 000
合计	145 823	133 786	125 469	127 048	116 855	109 908	119 191	109 710	103 328

表 7-17 2030 水平年黑河中游需水方案 (单位:万 m³)

指标	现有灌溉面积			2000 年灌溉面积			近期治理规划面积		
	低方案	中方案	高方案	低方案	中方案	高方案	低方案	中方案	高方案
农业需水	81 978	72 683	68 325	62 121	55 097	51 802	56 696	50 286	47 278
工业及三产需水	10 048	8 927	12 795	10 048	8 927	12 795	10 048	8 927	12 795
生活需水(人畜)	4 865	4 865	4 865	4 865	4 865	4 865	4 865	4 865	4 865
人工林草	16 762	15 472	14 183	19 687	18 173	16 658	17 968	16 586	15 204
天然植被	16 422	16 422	16 422	16 422	16 422	16 422	16 422	16 422	16 422
水域	9 000	9 000	9 000	9 000	9 000	9 000	9 000	9 000	9 000
合计	139 074	127 369	125 590	122 143	112 484	111 542	114 999	106 086	105 564

2. 方案分析

农田灌溉是黑河中游第一大用水户,其变化走势影响全局。要保证下游天然生态系统用水,使其不再继续恶化并有所恢复,必须全线压缩作为第一大用水户的农田灌溉用水。据此确定了三种灌溉面积,分别是现有灌溉面积、2000 年灌溉面积以及近期治理规划面积三种方案。根据表 7-15 ~ 表 7-17,以现状年灌溉面积为基础进行比较:农业和林草需水量呈逐年下降趋势，而生活需水量、天然植被需水量和水域用水量则呈逐年上升趋势；研究区内居民生活需水量将从现状年的 3 503 万 m^3 上升至 2030 水平年的 4 865万 m^3，随着城镇化进程的不断加快和社会经济的不断发展，预计黑河中游地区的居民用水量还将逐步增加；第二、三产业虽然紧随农田灌溉和林、草类作物灌溉之后在黑河中游地区列第三大用水户，但无论是绝对数量还是占总需水量的比例其都远不如前两者。以现状年为例，现有灌溉面积下，第二、三产业需水量仅占农业需水量的 10% 以及林、草类作物的 50% 左右。

就拟订的三种社会经济发展方案进行比较可以看出：在低方案下，第二、三产业用水量随着时间的推移先减小后增加，用水总量呈先增加、后减小的态势，到 2030 水平年，预测用水总量较现状年增加 0.1 亿 m^3 左右；在中方案下，第二、三产业用水量随着时间的推移先增加后减小，用水总量呈逐年下降态势，到 2030 水平年，预测用水总量较现状年减少 1 亿 m^3 左右；在高方案下，第二、三产业用水量逐年递增，用水总量呈先减小、后增加的态势，2030 水平年的预测用水量较现状年减少 1 亿 m^3，较中方案用水总量减少 0.1 亿 m^3。考虑到黑河中游地区的自然资源条件以及社会经济发展情况，最终确定中方案为本次研究的最佳方案。

就中方案下针对耕地面积确定的三种方案（现状年面积、2000 年耕地面积、近期治理规划灌溉面积）的需水结构进行比较可以得出以下结论：若黑河中游退耕面积至 2000 水平年，在中方案下，总需水量可由现状年的 13.7 亿 m^3减少到 2030 水平年的 11 亿 m^3 多；同时农田灌溉需水比重由现状水平的 58% 减小到 2030 水平年的 49% 左右；而生态需水比重则由现状水平的 25% 增加到 2030 水平年的 39%，中游各部门的需水结构趋于合理。

二、下游社会经济需水

黑河下游的额济纳旗，地处中国北部边疆，位于内蒙古自治区阿拉善盟最西端，总面积为 11.46 万 km^2。全旗总人口为 24 821 人，流动人口总数为 8 052 人，占总人口比例的 32.44%。

据2012年统计年鉴资料,额济纳旗全年实现地区生产总值453 178万元。其中:第一产业增加值14 800万元,第二产业增加值281 850万元,第三产业增加值156 528万元。三次产业结构的比例为3∶62∶35,实现了经济实力的稳步增强。城镇居民人均可支配收入为24 890元,家庭人均消费支出22 110.37元,家庭恩格尔系数为35.79%。农牧民人均纯收入为12 158元,人均生活消费支出12 151元,居民家庭恩格尔系数为21%。全旗农作物播种面积67 680亩,其中粮食作物播种面积5 070亩,总产量1 983 t;棉花播种面积11 120亩,总产量892 t;种植结构有了进一步的优化。年末牲畜存栏80 646头(只),其中牛存栏403头,羊存栏62 632只,骆驼存栏15 278只,生猪存栏1 552头。全年黑河累计调水5.7亿m^3,灌溉绿洲及农田草牧场58.5万亩,东居延海保有水域面积42.3 km^2。围封休牧禁牧草场40万亩,草原虫鼠害防治120万亩。人工造林3.1万亩,全旗森林面积738.3万亩,全旗森林覆盖率为4.29%。

在文化教育以及卫生方面,2012年全旗共有各类学校7所,招生839人,在校学生2 683人;全年推广农牧业适用技术16项,推广率达到80%以上,新增经济效益2 000万元;拥有卫生机构13所,病床173张,卫生技术人员162人,执业医师70人,注册护士56人。

旅游业快速发展,投资1.9亿元实施旅游景区基础设施建设改造,制订出台《额济纳旗旅游景区管理体制与运营实施方案》,进一步规范企业运营管理,全年共接待中外游客66万人(次),实现旅游综合收入5.66亿元。倾力打造推介"大漠童话额济纳"文化旅游品牌,主动与央视、旅游卫视等主流媒体合作,播出《文明中国行》《美丽中国乡村行》《大漠童话额济纳》等系列专题片,宣传进一步提升了额济纳旗的知名度和影响力,逐步将文化旅游打造成当地富民强旗的支柱产业。

下游生态环境在普遍好转的同时,也存在局部地区生态环境退化的情况,主要退化原因是非法开垦土地现象突出,耕地面积增加,下游地区耕地大量扩张,导致农业用水大量挤占生态用水,生态环境退化。因此,本研究采用退耕还草方案,根据经济社会需水预测方法,对黑河下游额济纳经济社会需水进行预测,结果见表7-18。

表7-18　黑河下游额济纳旗需水结果　（单位:万 m^3）

指标	现状年	2020水平年			2030水平年		
		低方案	中方案	高方案	低方案	中方案	高方案
工业及三产需水	2 583	2 866.57	3 070	3 185	2 982	3 582	4 165
生活需水(人畜)	76	89	89	89	197	197	197
合计	2 659	2 955	3 158	3 273	3 180	3 779	4 362

第二节　调度曲线优化的控制阈值分析

如第五章第四节所述,通过黑河水量调度配置模型计算,在莺落峡来水特枯年、枯水年、平水年、丰水年和特丰水年不同来水情景下,正义峡断面可控下泄水量分别为5.83亿 m^3、7.70亿 m^3、9.42亿 m^3、10.83亿 m^3 和12.52亿 m^3,与下泄指标偏离值分别为0.03亿 m^3、-0.07亿 m^3、-0.36亿 m^3、-1.05亿 m^3 和-2.59亿 m^3,通过模型进行模拟可知在莺落峡断面来水量超过17.1亿 m^3 时,正义峡断面可控下泄水量与应下泄指标偏离值出现较大偏差。2000年黑河调度以来的经验也表明,莺落峡断面来水超过17.1亿 m^3 时,正义峡断面实际下泄量与应下泄指标出现较大偏差,因此在现状条件下要保障中游地区基本用水,分水曲线应对莺落峡来水超过17.1亿 m^3 以上部分进行优化调整。

第三节　不同情景下水量调度的长系列年模拟分析

在黑河水量调度中,目前需要考虑两个重要要素:第一个是耕地对中游需水的刚性需求,第二个是黑河干流骨干调蓄工程黄藏寺水库的开工建设。这两个要素对黑河水量调度的影响需要通过模型进行模拟,在模拟的基础上再根据具体情况进行水量调度曲线的优化调整。

一、中游退耕方案下"九七分水方案"长系列年模拟分析

中游需水量的增加及区间支流来水量的减少是分水方案丰水年不能完成分水指标的主要原因。中游耕地面积增加是需水增加的主要驱动因子，在"九七分水方案"不做调整的情况下，减少中游需水是丰水年完成分水指标的重要途径。本研究设置中游耕地退耕至 2000 年和黑河近期治理确定中游耕地面积两种情景，计算相应的农业需水量，然后通过模型模拟这两种中游需水情景下长系列年分水指标的完成情况。图 7-3 是中游退耕至 2000 年需水条件下分水方案长系列年（1954 ~ 2012 年）模拟结果，表 7-19 是中游退耕至 2000 年需水条件下不同来水年正义峡分水指标完成情况模拟。从表 7-19 可以看到，丰水年正义峡依然不能完成分水方案要求的下泄指标，特别是莺落峡断面来水大于 19 亿 m^3 的特丰年份，正义峡欠水较多，丰水年正义峡断面下泄水量偏离值为 - 0.63 亿 m^3，特丰年正义峡断面下泄水量偏离值为 - 1.56 亿 m^3。

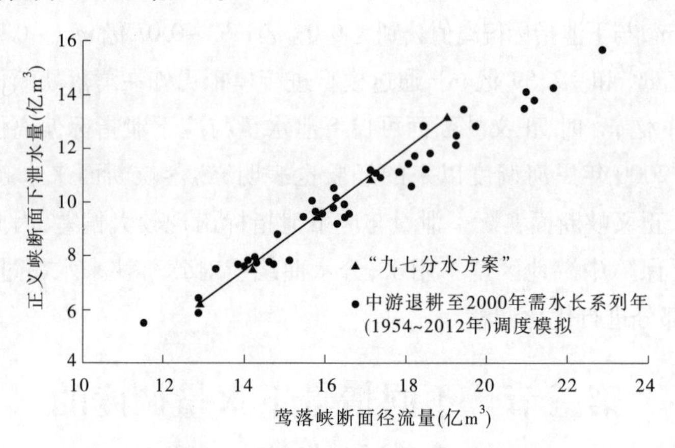

图 7-3　中游退耕至 2000 年需水条件下分水方案长系列年（1954 ~ 2012 年）模拟结果

表 7-19　中游退耕至 2000 年需水条件下不同来水年正义峡分水指标完成情况模拟

（单位：亿 m^3）

来水年份	莺落峡	正义峡下泄指标	正义峡模拟下泄量	分水指标完成情况	中游耗水量
特枯年均值	12.40	5.80	5.96	0.16	6.44
枯水年均值	14.35	7.77	7.85	0.08	6.43
平水年均值	16.07	9.78	9.67	-0.11	6.43
丰水年均值	17.92	11.88	11.25	-0.63	6.87
特丰年均值	20.58	15.11	13.55	-1.56	7.03
多年平均	16.77	10.61	10.28	-0.33	6.49

图 7-4 是中游退耕至近期治理规划要求的耕地需水条件下分水方案长系列年（1954～2012 年）模拟结果，表 7-20 是中游退耕至近期治理规划要求的耕地需水条件下不同来水年正义峡分水指标完成情况模拟。从表 7-20 可以看到，不同来水年基本可以满足分水方案的要求。

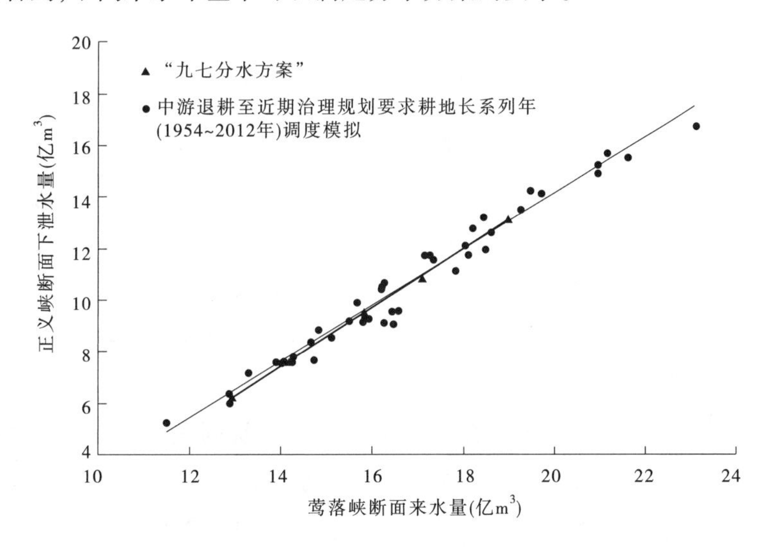

图 7-4　中游退耕至近期治理规划要求的耕地需水条件下分水方案长系列年（1954～2012 年）模拟结果

表 7-20　中游退耕至近期治理规划要求的耕地需水条件下不同来水年正义峡分水指标完成情况模拟　（单位：亿 m^3）

来水年份	莺落峡	正义峡下泄指标	正义峡模拟下泄量	分水指标完成情况	中游耗水量
特枯年均值	12.40	5.80	6.04	0.24	6.36
枯水年均值	14.35	7.77	8.04	0.27	6.31
平水年均值	16.07	9.78	9.92	0.14	6.15
丰水年均值	17.92	11.88	12.08	0.20	5.84
特丰年均值	20.58	15.11	14.86	-0.25	5.72
多年平均	16.77	10.61	10.80	0.19	5.97

二、黄藏寺水库建成运行下“九七分水方案”长系列年模拟分析

黄藏寺水库是黑河上游控制性工程（见图 7-5），水库总库容 4.03 亿 m^3，调节库容 2.95 亿 m^3，已于 2015 年 3 月开工建设。黄藏寺水利枢纽在黑河水资源合理配置方面具有重要的作用。黄藏寺水库建成后可缓解黑河中游灌溉高峰期供水矛盾和恢复下游生态系统，满足黑河干流水量配置需要。合理调配中、下游生态和经济社会用水，提高黑河水资源综合管理能力，兼顾发电等综合利用。

（1）合理调配中、下游生态和经济社会用水，提高黑河水资源综合管理能力。通过黄藏寺水库调节，合理向中、下游配水，科学合理地开展黑河水量统一调度，实现下游生态和中游经济社会用水的合理配置。

（2）提高黑河水资源利用效率。替代中游现有的大部分平原水库，减少平原水库的蒸发、渗漏损失；在下游生态关键期以较大流量集中输水，减少河道蒸发、渗漏损失。

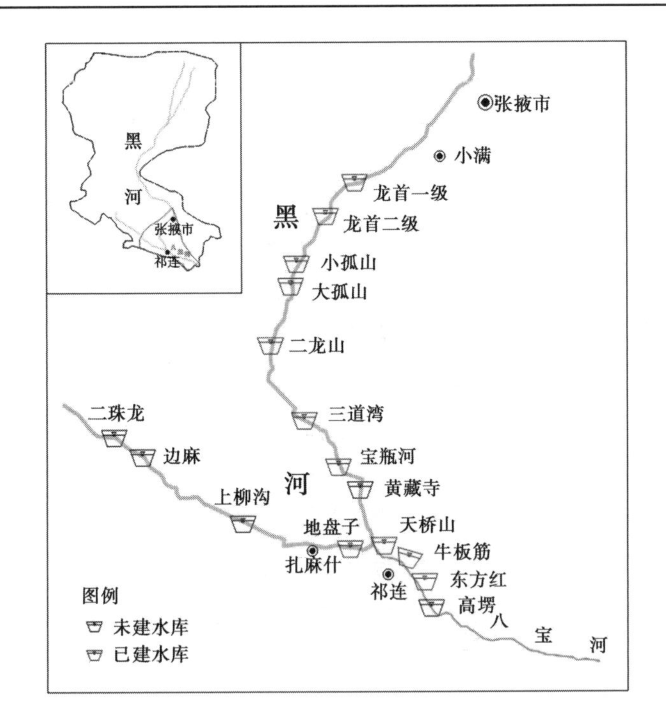

图7-5　黑河上游水库群布局示意图

(3)兼顾发电。利用水库抬高水头发电,在电量调度服从水量调度的原则下,服务于当地经济社会的发展。

根据上述目标,构建黑河上游水库调度模型,并与黑河中、下游水资源配置模型进行耦合。图7-6和表7-21是黄藏寺运行情况下现状需水年分水方案长系列年(1954~2012年)模拟结果。从图7-6和表7-21可以看到,在水库集中下泄和全线闭口的情况下,分水指标在长系列年完成得很好,不同来水年基本满足分水方案的要求。由于水库能够控制来水过程,对中游而言,随时引用地表水的粗放式经营模式一去不返,一定程度上可以遏制中游耕地面积的扩张。

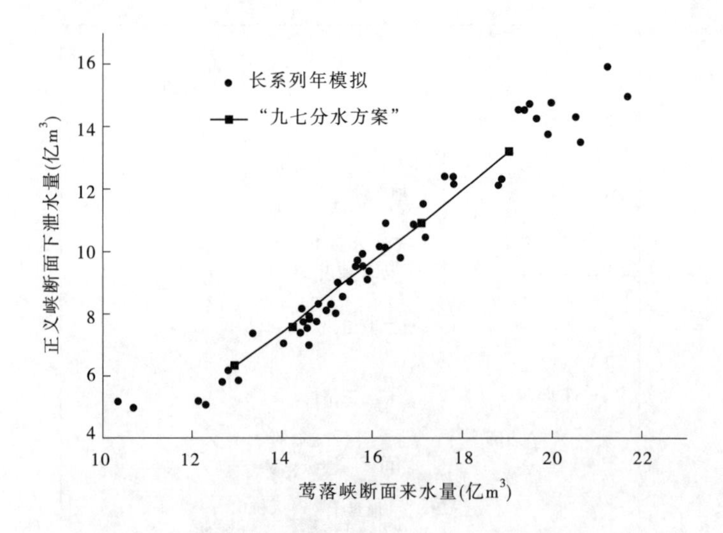

图7-6　黄藏寺水库运行状况下长系列年模拟结果

表7-21　黄藏寺水库运行状况下长系列年模拟结果（单位:亿 m^3）

来水年份	莺落峡	正义峡下泄指标	正义峡模拟下泄量	分水指标完成情况	中游耗水量
特枯年均值	11.81	5.21	5.45	0.24	6.36
枯水年均值	14.34	7.74	7.57	-0.17	6.77
平水年均值	15.82	9.52	9.51	-0.01	6.31
丰水年均值	17.86	11.72	11.93	0.21	5.93
特丰年均值	20.14	14.58	14.54	-0.04	5.60
多年平均	16.77	10.61	10.52	-0.09	6.25

第四节　黑河水量调度关系曲线优化研究

通过前述分析,尽管由于背景条件发生诸多的变化,而影响水量调度指标完成的主要因素仍然是中游耕地面积的扩大,长系列年模拟分析结果表明,如中游退耕至近期治理规划要求的耕地面积,能够完成分水指标任务。

如退耕至2000年的水平，除特丰年份外，丰、平、枯年份基本能够完成下泄指标，需要在莺落峡断面来水超过19亿m^3的年份适当进行调整，保证中、下游合理利用水资源。如维持现状耕地面积不变，需要对调度曲线进行优化。即使到2020年黄藏寺水库建成运行，仍有必要适当优化黑河水量调度关系曲线。根据以上分析，提出两种优化方案。

方案一：基于中游耕地面积维持现状条件下的优化调度关系曲线。此方案是在综合分析现状条件下正义峡可控下泄水量和下游绿洲生态基本需水量的基础上，确定并调整的起始阈值区间，并通过水量调度配置模型模拟实现曲线优化结果。

方案二：仅对莺落峡断面来水大于19亿m^3的来水量进行分配。由于“九七分水方案”在来水大于19亿m^3时，没有给出明确分配方案，目前按直线延长处理，导致分配给中游的耗水量持续减少。从图7-7可以看到，在莺落峡断面来水大于19亿m^3时，正义峡来水均在分水曲线下方，根据图7-8的模拟结果画调度曲线优化方案，见图7-8，因此该优化方案考虑莺落峡断面来水大于19亿m^3时，正义峡增泄水量中游分配40%、下游分配60%，具体分配方法见表7-22中方案二。

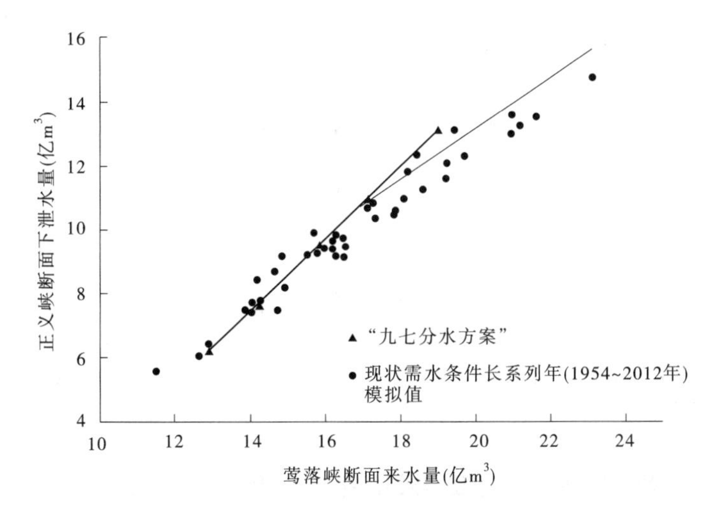

图7-7　分水方案优化方案一

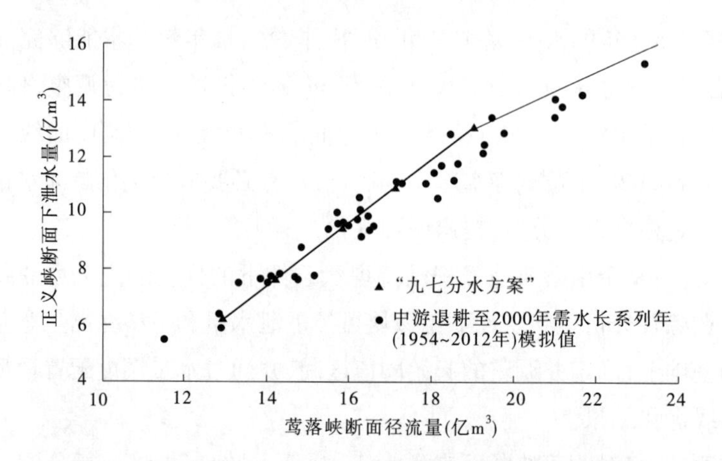

图 7-8 分水方案优化方案二

表 7-22 分水方案优化方案

"九七分水方案"

保证率(%)	10	25	50	75	90
莺落峡来水量(亿 m³)	19.0	17.1	15.8	14.2	12.9
正义峡下泄水量(亿 m³)	13.2	10.9	9.5	7.6	6.3

方案一

完善莺落峡大于 17.1 亿 m³时正义峡水量分配

正义峡下泄水量	12.3	10.9	9.5	7.6	6.3

方案二

完善莺落峡大于 19 亿 m³时正义峡水量分配

莺落峡来水大于 19 亿 m³时,超过 19 亿 m³的水量按照中游分配 40%、下游分配 60%

优化方案一长系列年模拟结果见表 7-23,优化方案二长系列年模拟结果见表 7-24。

表7-23 优化方案一模拟结果 （单位：亿 m^3）

保证率(%)	莺落峡来水量	正义峡下泄指标	正义峡模拟下泄量	分水指标完成情况
10	19.0	12.3	11.52	-0.78
25	17.1	10.9	10.25	-0.65
50	15.8	9.5	9.20	-0.30
75	14.2	7.6	7.56	-0.04
90	12.9	6.3	6.31	0.01

表7-24 优化方案二模拟结果 （单位：亿 m^3）

保证率(%)	莺落峡来水量	正义峡下泄指标	正义峡模拟下泄量	分水指标完成情况
10	19.0	13.2	11.52	-1.68
25	17.1	10.9	10.25	-0.65
50	15.8	9.5	9.20	-0.30
75	14.2	7.6	7.56	-0.04
90	12.9	6.3	6.31	0.01

由方案一模拟结果可计算当莺落峡断面为10%和25%保证率来水时，狼心山断面应下泄水量分别为6.57亿 m^3 和5.81亿 m^3，同时黑河中、下游生态演变规律与驱动机制研究表明，维持1987年、1999年和2010年不同绿洲规模下通过狼心山断面的生态需水量分别为5.57亿 m^3、3.08亿 m^3、4.15亿 m^3，因此当莺落峡来水超过17.1亿 m^3 时，狼心山断面来水量仍大于额济纳绿洲恢复到1987水平年所需的生态水量，不影响额济纳绿洲生态恢复目标。

由方案二模拟结果可计算当莺落峡断面为10%和25%保证率来水时，狼心山断面应下泄水量分别为7.07亿 m^3 和5.81亿 m^3，因此当莺落峡来水超过17.1亿 m^3 时，狼心山断面来水量仍大于额济纳绿洲恢复到1987年水平所需的生态水量，不影响额济纳绿洲生态恢复目标。

统计常规调度以来正义峡断面在不同优化方案下完成指标情况，分析优化方案对正义峡完成指标的影响。

一、优化方案一

统计常规调度以来正义峡断面在优化方案一下完成的指标情况，见表7-25。由表7-25可见，常规调度以来，按照“九七分水方案”的正义峡指标计算，正义峡断面下泄量与指标相差25.19亿 m^3，偏离－14.25%，除个别年份外，调度差值均为负值，多数年份调度偏离小于－10%。按照优化方案一的正义峡指标计算，正义峡断面下泄量与指标相差10.55亿 m^3，偏离－6.51%，除个别年份，调度差值均为负值，多数年份调度偏离小于－5%。由此可见，按照优化方案一，正义峡断面下泄水量与下泄指标差值会比“九七分水方案”少14.64亿 m^3，优化效果显著。

表7-25　优化方案一正义峡断面完成指标情况

年份	莺落峡来水（亿 m^3）	正义峡下泄（亿 m^3）	“九七分水方案”指标（亿 m^3）	差值（亿 m^3）	偏离百分比（%）	方案一指标（亿 m^3）	差值（亿 m^3）	偏离百分比（%）
2004	14.98	8.55	8.53	0.02	0.28	8.53	0.02	0.28
2005	18.08	10.49	12.09	－1.60	－13.21	11.62	－1.13	－9.74
2006	17.89	11.45	11.86	－0.41	－3.43	11.48	－0.03	－0.28
2007	20.65	11.96	15.20	－3.24	－21.30	13.52	－1.56	－11.51
2008	18.87	11.82	13.04	－1.22	－9.37	12.20	－0.38	－3.15
2009	21.3	11.98	15.98	－4.00	－25.05	13.99	－2.01	－14.40
2010	17.45	9.57	11.32	－1.75	－15.49	11.16	－1.59	－14.23
2011	18.06	11.27	12.06	－0.79	－6.57	11.61	－0.34	－2.91
2012	19.35	11.13	13.62	－2.49	－18.30	12.56	－1.43	－11.37
2013	19.53	11.91	13.84	－1.93	－13.95	12.69	－0.78	－6.15
2014	21.9	13.02	16.71	－3.69	－22.09	14.44	－1.42	－9.81
2015	20.66	12.78	15.21	－2.43	－15.97	13.52	－0.74	－5.50
2016	22.37	15.62	17.28	－1.66	－9.60	14.78	0.84	5.66
合计	251.09	151.55	176.74	－25.19	－14.25	162.10	－10.55	－6.51

二、优化方案二

统计常规调度以来正义峡断面在优化方案二下完成指标情况，见表7-26。

表7-26　优化方案二正义峡断面完成指标情况

年份	莺落峡来水（亿 m^3）	正义峡下泄（亿 m^3）	“九七分水方案”指标（亿 m^3）	差值（亿 m^3）	偏离百分比（%）	方案二指标（亿 m^3）	差值（亿 m^3）	偏离百分比（%）
2004	14.98	8.55	8.53	0.02	0.28	8.53	0.02	0.28
2005	18.08	10.49	12.09	-1.60	-13.21	12.09	-1.60	-13.21
2006	17.89	11.45	11.86	-0.41	-3.43	11.86	-0.41	-3.43
2007	20.65	11.96	15.20	-3.24	-21.30	14.19	-2.23	-15.72
2008	18.87	11.82	13.04	-1.22	-9.37	13.04	-1.22	-9.37
2009	21.30	11.98	15.98	-4.00	-25.05	14.58	-2.60	-17.83
2010	17.45	9.57	11.32	-1.75	-15.49	11.32	-1.75	-15.49
2011	18.06	11.27	12.06	-0.79	-6.57	12.06	-0.79	-6.57
2012	19.35	11.13	13.62	-2.49	-18.30	13.41	-2.28	-17.00
2013	19.53	11.91	13.84	-1.93	-13.95	13.52	-1.61	-11.90
2014	21.9	13.02	16.71	-3.69	-22.09	14.94	-1.92	-12.85
2015	20.66	12.78	15.21	-2.43	-15.97	14.20	-1.42	-9.97
2016	22.37	15.62	17.28	-1.66	-9.60	15.22	0.40	2.61
合计	251.09	151.55	176.74	-25.19	-14.25	168.95	-17.40	-10.30

由表7-26可见，常规调度以来，按照“九七分水方案”的正义峡指标计算，正义峡断面下泄量与指标相差25.19亿 m^3，偏离-14.25%，除个别年份外，调度差值均为负值，多数年份调度偏离小于-10%。按照优化方案二的正义峡指标计算，正义峡下泄量偏离下泄指标-17.40亿 m^3，偏离-10.30%，除个别年份外，调度差值均为负值，多数年份调度偏离小于

-9%。由此可见,按照优化方案二,正义峡断面下泄水量与下泄指标差值会比“九七分水方案”少7.79亿m^3,优化效果显著。

综合以上分析,考虑黑河中、下游发展现状,且调整“九七分水方案”存在一定的困难,同时考虑到黄藏寺工程运行后,能够通过水库运行调度来优化调度过程,增加正义峡断面下泄量,建议对现状工程条件下黑河调度曲线的两种优化方案,按分步实施的原则,先按照方案二对“九七分水方案”中未明确给出莺落峡断面来水超过19亿m^3进行优化,待黄藏寺工程建成运行一段时间后,视正义峡断面下泄水量情况,再考虑是否按方案一进行调整。

第八章　结论与展望

第一节　结　论

通过梳理黑河流域用水管理历史沿革和水量分配方案形成过程,分析现状黑河分水方案的合理性;评价变化条件下分水方案的适应性;研究影响水量调度的控制要素和关键指标,构建中下游水资源配置模型并计算正义峡断面可控下泄水量;研究生态演化驱动机制以及下游生态需水;提出生态水量调度曲线优化控制阈值及不同情境下调度方案。得到的主要结论有:

(1)黑河“九七分水方案”考虑现有工程条件和中、下游需水特点,并对节水潜力等进行了充分估计,分析了不同保障措施对方案执行的支撑作用。分水方案实施以来,全流域生活、生产和生态用水得到了初步合理配置,促进了全流域经济社会发展,遏制了下游生态恶化的趋势,初步形成了高效的水资源管理模式,该方案总体来说是合理的。

(2)黑河“九七分水方案”制订前后黑河流域经济社会和自然条件发生了较大的变化,主要表现在:一是分水前后黑河水系连通性发生了较大变化,支流入黑河水量锐减,丰水年黑河干流得不到支流补充,影响了正义峡下泄水量;二是中游经济社会快速发展,特别是中游扩耕,使得耗水量增加;三是“九七分水方案”没有对大于90%和小于10%来水年情况下的水量分配做出具体规定,而近年来连续丰水,给分水方案的具体实施造成一定的困难。因此,基于20世纪80年代中期黑河流域经济社会和水文条件的“九七分水方案”与黑河现状存在一定的不适应性。针对黑河分水方案中存在的适应性问题,应统筹考虑分水方案制订的历史条件和时代背景,制订分水方案背景变化情况下的科学水量分配体系,进一步优化分水曲线。

黑河干支流水系连通性变弱,黑河中游经济社会变化对水资源的需求不断增加，中游每年比分水方案指标多耗水量近 2 亿 m^3，严重影响了分水方案的实施。水量调度效果受上游来水和中游灌溉用水过程影响，具有很大的不确定性，特别是丰水或特丰年份，完成正义峡下泄指标存在一定的困难。

(3)调查分析了影响黑河干流水量调度的社会、经济、工程、技术、水文气象和管理等方面的因素，分析了各因素对水量调度效果的影响，提出了影响水量调度的控制要素集；建立了黑河水资源调度配置模型；模拟分析在不同水文条件、用水条件和调水情境下水量输送效果，综合考虑中游用水需求条件，分析了影响正义峡水量的关键影响指标。通过调度配置模型模拟，即使对中游地表水和地下水进行联合调配，以及实施全线闭口的优化，在丰水年份及特丰年份正义峡断面可控下泄水量依然不能满足“九七分水方案”正义峡下泄指标的要求。

(4)通过分析绿洲生态和水文的协同关系、绿洲生态与经济的协同关系，揭示了绿洲生态演化驱动机制；研究了流域生态景观与水文情势的响应关系；分析了流域人工绿洲经济发展与天然绿洲退化萎缩的响应关系，定性提出了流域社会经济发展对水资源再分布规律和生态演化格局的影响，对比分析了黑河水量统一调度前后中、下游经济社会和生态环境的变化；结合气候变化及流域经济社会发展布局和情势，计算了下游的植被生态保护与水量配置的分区、分级范围及相应的生态需水量。

(5)模拟了不同情境下水量调度的长系列年“九七分水方案”的完成情况。在中游退耕至近期治理规划要求的水平时，不同来水年份正义峡可以完成分水指标。在中游退耕至 2000 水平年时，除特丰年份外，丰、平、枯年份基本能够完成下泄指标，需要在莺落峡断面来水超过 19 亿 m^3 的年份适当进行调整，保证中、下游合理利用水资源。如维持现状耕地面积不变，需要对调度曲线进行优化。即使到 2020 年黄藏寺水库建成运行，仍有必要适当优化黑河水量调度关系曲线。

(6)基于维持中、下游经济社会和生态环境可持续发展的原则，初步提出了现状工程条件下黑河调度曲线调整的两种优化方案：一种是调整 17. 1

亿 m^3 以上的部分(调整主要根据正义峡可控下泄水量以及下游绿洲生态需水量);另一种是只调整 19 亿 m^3 以上部分,这部分水量按照 4∶6的比例(中游 40%,下游 60%)分配。通过方案优化后对中游水资源供需和下游生态的影响分析,两种方案拟分阶段实施。

第二节　展　望

一、推进流域综合规划

黑河流域水资源统一管理以来,基本依据是国务院批复实施的《黑河流域近期治理规划》,这是特殊时期制定的应急措施,解决了调水中的突出矛盾和棘手问题,许多重大问题仍没有得到合理解决。根据维持黑河健康生命、致力构建黑河和谐流域的必然要求,从巩固黑河流域近期治理成果和继续改善生态环境的长远考虑,应尽快促请《黑河流域综合规划》早日批复实施,从而构建黑河流域水资源管理和调度的工程与非工程综合保障体系。

二、促进水权转换

通过水价改革和水权流转,对中、下游水权进行合理配置,用经济手段保障流域分水的顺利实施,促进全流域水资源的合理分配。目前,水权转换只在局部开展,尚处于政府主导状态,建议进一步探索水权转换机制,激活公开、公平、公正的水权交易市场,在全流域实现水权流转。

三、强化计量手段

科学实施水量调度,应建立在水量精确计量的基础上。黑河中游农业用水至关重要,有关数据应建立在各灌区用水的精确计量上,但由于灌区基层管理单位几乎都没有计量手段,根本弄不清楚有关引水数据。为此,建议在各引水口门建设计量设施,强化用水计量管理手段,为流域水资源统一管理提供数据支撑。

四、加快推进《黑河流域管理条例》立法进程

黑河水资源管理和水量调度缺乏必要的法律、法规支撑，监督乏力，迫切需要研究出台《黑河流域管理条例》。近几年已相继开展了部分前期研究，建议有关部门进一步加大支持和指导力度，加快推进《黑河流域管理条例》立法进程，为黑河水资源统一管理与调度提供法律、法规支撑。

五、建立生态监测体系

随着生态文明理念的深入，国家“十三五”规划也要求推进自然生态系统保护与修复，构建生态廊道和生物多样性保护网络，提升各类自然生态系统的稳定性和生态服务功能，全面筑牢生态安全屏障。黑河调水的主要目的之一就是解决下游生态恶化问题，而下游的生态效果如何评估，有赖于生态监测指标的连续观测，建立生态监测体系极为迫切。与此同时，对于中游地区建设的湿地保护区，也要建立生态监测体系。因此，建设覆盖流域的生态监测体系，对于流域生态建设、生态恢复、生态价值评估具有非常重要的意义。

参考文献

[1] Bragg O M, Brown J M B, Ingram H A P. Modelling the ecohydrological consequences of peat extraction from a Scottish raised mire [A] // H P Nachtnebel, K. Kovar, Hydrological basis of ecologically sound management of soil and groundwater[C], IAHS, Wallingford. 1991:13-22.

[2] Cai X, McKinney D C, Lasdon L S. An integrated hydrologic-agronomic-economic model for river basin management[J]. Journal of Water Resources Planning and Management, 2003, 129 (1):4-17.

[3] Ceawford R M M . Eco-hydrology: Plants and Water in Terrestrial and Aquatic Environments[M]. Routledge, 1999.

[4] Chang F J, Wang K W. A systematical water allocation scheme for drought mitigation [J]. Journal of Hydrology, 2013, 507:124-133.

[5] Herzog F, Lausch A, Muller E, et al. Landscape metrics for assessment of landscape destruction and rehabilitation[J]. Environmental Management, 2001, 27(1): 91-107.

[6] Jansen A J M, Maas C. Ecohydrological processes in almost flat wetlands[A] // In: Proceedings of the Symposium on Engineering Hydrology[C], San Francisco 25-30 July 1993, ASCE, New York, 150-155.

[7] Jacobs J M . Ecohydrology: Darwinian Expression of Vegetation Form and Function[J]. Eos Transactions American Geophysical Union, 2004, 84(35):345-345.

[8] Lambin E F, Turner B L, Geist H J, et al. The causes of land-use and land-cover change: moving beyond the myths[J]. Global Environmental Change-human and Policy Dimensions, 2001, 11(4): 261-269.

[9] Lambin E F, Baulies X, Bockstael N, et al. Land-use and land-cover change (LUCC): Implementation strategy[R]. Stockholm, IGBP, Bonn ,IHDP, 1999.

[10] Mehmet Kucukmehmetoglu. An integrative case study approach between game theory and Paretofrontier concepts for the transboundary water resources allocations [J]. Journal of Hydrology, 2012, 450:308-319.

[11] Mtalas N C. System analysis in water-resources investigations [J] . Computer

Applications in Earth Sciences, 1969(6):143-69.

[12] Mul M L, Kemerink J S, Vyagusa N F, et al. Water allocation practices among smallholder farmers in the South Pare Mountains, Tanzania: The issue of scale[J]. Agricultural Water Management, 2011, 98: 1752-1760.

[13] Van Cauwenbergh N, Pinte D, Tilmant A, et al. Multi-objective, multiple participant decision support for water management in the Andarax catchment, Almeria[J]. Environmental Geology, 2008, 54(3):479-489.

[14] Nuttle W K. Is ecohydrology one idea or many? [J]. Hydrological Sciences Journal, 2002, 47(5): 805-807.

[15] Pearson D, Walsh P D. The Derivation and Use of Conrtol Curves for the Regional Allocation of Water Resources[J]. Water Resources. Research, 1982(7):907-912.

[16] Qin Zhang, Shigeya Maeda, Toshihiko Kawachi. Stochastic multi-objective optimization model for allocating irrigation water to paddy fields [J]. Paddy and Water Environment, 2007, 5(2): 93-99.

[17] Rodriguez-Iturbe I. Ecohydrology: a hydrologic perspective of climate-soil-vegetation dynamics[J]. Water Resources Research, 2000, 36(1): 3-9.

[18] Romijn E, Tamiga M. Multi-objective Optimal Allocation of Water resources[J]. Water Resour. Plan. Manage. AS CE, 1982, 108(20):217-229.

[19] Rounsevell M D A, Evans S P, Mayr T R, et al. Integrating biophysical and socio-economic models for land use studies[C]//In Proceedings of the ITC-ISSS Conference on Geo-information for Sustainable Land Management, Enschede, 1997.

[20] Stolbovoi V, Fischer G. Comprehensive GIS analysis of current land use and land cover patterns of Russia and its application for assessment of carbon budget[C]// In: Proceedings of the Fifth International Carbon Dioxide Conference, Karlsruhe, 1997.

[21] Tianxiang Yue, Zemeng Fan, Jiyuan Liu. Changes of Major Terrestrial Ecosystems in China since 1960[J]. Global and planetary change, 2005, 48: 287-302.

[22] Turner II B L, Skole D, Fisher G, et al. Land-Use and Land-Cover Change: Science/Research Plan[R]. IGBP Report No35 and IHDP Report No7, 1995.

[23] Veldkamp A, Fresco L O. An integrated multi-scale model to simulate land use change scenarios in Costa Rica[J]. Ecol. Model, 1996(91):231.

[24] Willis. R, Yeh W W-G. Groundwater system planning and management[C]. New

jersey Prentice Hall,1987.

[25] Yue T X, Liu J Y, J! rgensen S E,et al. Landscape changes detection of the newly created wetland in Yellow River Delta[J]. Ecological Modelling, 2003, 164: 21-31.

[26] Zalewski M. Ecohydrology—the scientific background to use ecosystem properties as management tools toward sustainability of water resources [J]. Ecological Engineering, 2000, 16(1):1-8.

[27] 安新代, 王宝玉, 张继勇, 等. 现状工程条件下黑河干流(含梨园河)水量分配方案[R].郑州:水利部黄河水利委员会勘测规划设计研究院, 1996.

[28] 曹永潇,方国华. 黄河流域水权分配体系研究[J]. 人民黄河,2008,30(5):6-8.

[29] 陈进. 长江流域水量分配方法探讨[J]. 长江科学院院报,2011,28(12):1-4.

[30] 陈仁升,康尔泗,杨建平,等. 内陆河流域分布式水文模型——以黑河干流山区建模为例[J]. 中国沙漠,2004,24(4):416-424.

[31] 陈佑启. 我国土地利用变化及其对粮食生产影响的建模分析[J]. 中国土地科学,2000,14(4):22-26.

[32] 陈直.两汉经济史料论丛[M].西安:陕西人民出版社,1958.

[33] 崔云胜.从均水到调水——黑河均水制度的产生与演变[J].河西学院学报,2005,21(3):33-37.

[34] 关锋,左其亭,庞莹莹. 塔里木河流域水量分配新方案及保障措施探讨[J]. 水资源与水工程学报,2009,20(1):15-19.

[35] 何志斌,赵文智,方静. 黑河中游地区植被生态需水量估算[J]. 生态学报,2005,25(4):705-710.

[36] 黄清华,张万昌. SWAT分布式水文模型在黑河干流山区流域的改进及应用[J]. 南京林业大学学报(自然科学版),2004,28(2):22-26.

[37] 金博文,康尔泗,宋克超,等. 黑河流域山区植被生态水文功能的研究[J]. 冰川冻土,2003,25(5):580-584.

[38] 李福生,侯红雨,谢越韬. 黑河中游地表水、地下水转化及水资源配置模型[J]. 人民黄河,2008,30(8):64-66.

[39] 李雪萍. 国内外水资源合理配置研究[J]. 海河水利,2002(5):13-15.

[40] 李昭阳. 多源遥感数据支持下的松嫩平原生态环境变化研究[D]. 长春:吉林大学,2006.

[41] 刘纪远,张增祥,庄大方,等. 20世纪90年代中国土地利用变化时空特征及其成

因分析[J]. 地理研究,2003(1):1-12.

[42] 柳小龙,王令钊. 对黑河干流调度方案及调水曲线的探讨[J]. 甘肃水利水电技术,2012,48(10):16-18.

[43] 卢玲,程国栋,李新. 黑河流域中游地区景观变化研究[J]. 生态学报,2001,12(1):68-74.

[44] 聂振龙,陈宗宇,程旭学,等. 黑河干流浅层地下水与地表水相互转化的水化学特征[J]. 吉林大学学报(地球科学版),2005,35(1):48-53.

[45] 钱云平,Andrew L H,章春岚,等. 应用222Rn 研究黑河流域地表水与地下水转换关系[J]. 人民黄河,2005,27(12):58-59.

[46] 石亚东,莫李娟,程媛华. 太湖水量分配方案实施保障措施探讨[J]. 长江科学院院报,2012,30(5):49-51.

[47] 史培军,周武光. 西北地区可持续发展的几个关键问题[J]. 北京师范大学学报(人文社会科学版),2000(5):130-133.

[48] 王根绪,程国栋. 近50a 来黑河流域水文及生态环境的变化[J]. 中国沙漠,1998,18(3):233-238.

[49] 王浩. 我国水资源合理配置的现状和未来[J]. 水利水电技术,2006,37(2):7-14.

[50] 王金叶,于澎涛,王彦辉,等. 森林生态水文过程研究——以甘肃祁连山水源涵养林为例[M]. 北京:科学出版社, 2008.

[51] 王立群,陈敏建,戴向前,等. 松辽流域湿地生态水文结构与需水分析[J]. 生态学报,2008,28(6):2894-2899.

[52] 王元第. 黑河水系农田水利开发史[M]. 兰州:甘肃民族出版社, 2003.

[53] 夏军,丰华丽,谈戈,等. 生态水文学概念、框架和体系[J]. 灌溉排水学报,2003,22(1):4-10.

[54] 肖洪浪,程国栋,李彩芝,等. 黑河流域生态－水文观测试验与水－生态集成管理研究[J]. 地球科学进展,2008,23(7):666-670.

[55] 云开文. 甘蒙黑河分水下泄水量指标初探[J]. 内蒙古水利, 2007(4):7-8.

[56] 张芳. 居延汉简所见屯田水利[J]. 中国农史, 1988(3):45-47.

[57] 张新时,周广胜,高琼,等. 中国全球变化与陆地生态系统关系研究[J]. 地学前缘,1997,4(2): 137-144.

[58] 张永贵,陈敏俭. 黑河分水曲线修正调整方案研究[J]. 水利建设与管理,2008,28(7):78-80.

[59] 赵传燕,李守波,贾艳红,等. 黑河下游地下水波动带地下水与植被动态耦合模拟[J]. 应用生态学报,2008,19(12):2687-2692.

[60] 赵建世,王忠静,翁文斌. 水资源系统整体模型研究[J]. 中国科学 E 辑,2004,34(S1):60-73.

[61] 郑宝滨. 黑龙江省流域水量分配及实施探析[J]. 东北水利水电,2012(6):38-41.

[62] 钟方雷, 徐中民, 窪田顺平,等. 黑河流域分水政策制度变迁分析[J]. 水利经济,2014(5):37-42.

[63] 中尾正义. 黑河下游内蒙古额济纳地区缺水问题和黑城研究[A]//沈卫荣,中尾正义,史金波. 黑水城人文与环境研究:黑水城人文与环境国际学术讨论会文集[C]. 北京:中国人民大学出版社,2007.

[64] 周侃. 黑河干流水利规划简要报告[R]. 兰州:水利部兰州勘测设计院,1992.

[65] 朱会义,何书金,张明. 土地利用变化研究中的 GIS 空间分析方法及其应用[J]. 地理科学进展,2001(20):104-110.